完全攻略 化学オリンピック 第2版

LET'S CHALLENGE! INTERNATIONAL CHEMISTRY OLYMPIAD

渡辺 正 [編著]

上野幸彦・菅原義之・本間敬之・森 敦紀・米澤宣行 [著]

日本評論社

まえがき

　1968年に旧東欧の3か国(ハンガリー，チェコスロバキア，ポーランド)が始めた高校生の化学コンテストは，しだいに規模を拡大し，「世界の化学オリンピック」となっています。2003年にようやく初参加の日本が主催した2010年の第42回大会は，参加国が68，代表生徒の総数が267でした。

　もはや化学製品のない暮らしはありえず，国の将来にとって「化学力」は欠かせません。毎年開かれる化学オリンピックは，化学力にすぐれた若い人材の発掘・育成と，国際親善を目的にした知の祭典です。2003～12年の10大会で世界の仲間と競い合った日本の若者40名は，いま職場や大学院，大学で大きく飛躍しようとしています。オリンピック代表枠には届かないにせよ毎年の国内予選に参加してくれる高校生2000名以上の中からも，化学に目覚めた若者が出てくるはずです。

　スポーツ界や文学・芸術・芸能の世界と同じく，日本国の存立基盤たる科学技術の世界も，少数のスターがいるからこそ活性化して前に進みます。化学オリンピックへの参加を通じ，化学の学界・産業界を担うヒーロー・ヒロインが育つ——それが私たち関係者一同の願いです。

　国内選抜にも代表生徒の派遣にも，数年前から多額の援助をいただいています。とりわけ2010年の日本主催では，化学の産業界と研究・教育関係者，政府から数億円規模のご支援をいただきました。各位の熱いエールに応えるため，また国内外の仲間と競った生徒が自信をいっそう深めるためにも，「参加することに意義がある」という「オリンピック精神」を少しは忘れ，いい成績をとってほしい。それに役立ててもらおうと，使命を終えて2011年春に解散した化学オリンピック日本委員会の編になる旧版(2009年4月刊)の第2版が本書です。国内選抜(化学グランプリ)を経てオリンピック出場を目指す高校生諸君にぜひ読んでいただきたいと思っています。

　まずは最初の【戦略篇】に，オリンピック問題の顔つきを紹介します。本書を一見しただけで，オリンピックの問題は(化学グランプリの問題も)，日本の高

校化学や大学入試のレベルより，はるかに高度だとわかるでしょう．けれど，オリンピックゆえの高度さだけではありません．海外の高校化学，いわば国際標準の高校化学が，残念ながら日本よりずっと進んでいるのです．なぜそうなのかも，【戦略篇】に少し述べておきました．

続く【実践篇】が本書の実質部分です．オリンピックのギリシャ大会(03年)〜アメリカ大会(12年)と，化学グランプリで出た問題を精選し，くわしい解答と解説をつけました．筆記問題は「物理化学」「無機化学」「有機化学」に分類してあります．また，「解答」を書きにくい実験問題には，挑戦するうえでのヒントなどを述べました．

最後の【化学オリンピックに参加しよう！】には，化学オリンピックの歴史やルール，実施方法，実績などのほか，国内選抜(化学グランプリ)への参加手順などを紹介してあります．

収録した問題の数は，戦略篇・実践篇を合わせ，筆記が65題，実験が11課題にのぼります．高校生諸君が本書を通じて実力を磨き，化学オリンピックへの挑戦に活かしてくれるなら望外の幸せです．

「世界の高校化学」をじっくり紹介した資料でもある本書は，日本の化学(理科)教育関係者にとって有益な参考・指針にもなると思います．本書に紹介した「ほんとうの化学力」を試す問題が，大学入試で出題されるようになれば，日本の初中等教育の近代化に向けた一歩が踏み出されたことになるでしょう．

2013年1月

著者を代表して 渡辺　正

(2010年日本大会実行委員長)

目次
CONTENTS

まえがき……i
執筆者一覧……vi

第1部 戦略篇……1
STRATEGY SECTION

1 化学オリンピックの「かたち」……2
1.1 成績評価……2 ／ 1.2 試験の言語……4 ／ 1.3 解答形式……4

2 化学オリンピック問題の特徴……5
2.1 高校化学という科目……5 ／ 2.2 化学のココロ……6 ／ 2.3 オリンピックの出題範囲……7 ／ 2.4 準備問題と本試験……8 ／ 2.5 日本の高校化学は低レベルだが……9

3 出題範囲と問題の例……10
A 基礎化学・無機化学……11 ／ B 物理化学……17 ／ C 有機化学……26 ／ D 実験問題……34 ／ E ご当地問題……39

4 参考書……47

第2部 実践篇……49
PRACTICE SECTION

1 物理化学……50
1.1 化学エネルギーの問題……52 ／ 1.2 溶解平衡の問題……58 ／ 1.3 酸塩基平衡の問題……62 ／ 1.4 酸化還元（電気化学）平衡の問題……67 ／ 1.5 反応速度の問題……79 ／ 1.6 気体の問題……87 ／ 1.7 量子論・光化学の問題……93

2 無機化学……99
2.1 典型元素の問題……100 ／ 2.2 遷移元素の問題……110 ／ 2.3 化学結合の問題……116 ／ 2.4 結晶の問題……124 ／ 2.5 無機分析の問題……136

3 有機化学……146

3.1 構造・性質の問題……147／3.2 反応・合成の問題……156／3.3 高分子・超分子化学の問題……169／3.4 生化学の問題……176

4 実験問題……188

4.1 有機物質変換の実験課題……191／4.2 高分子の実験課題……201／4.3 反応速度の実験課題……208／4.4 酸化還元分析の実験課題……211／4.5 無機重量分析の実験課題……214／4.6 無機定量分析の実験課題……220／補足 実験課題の傾向と対策……223

化学オリンピックに参加しよう！……225

LET'S CHALLENGE THE INTERNATIONAL CHEMISTRY OLYMPIAD!

1 化学オリンピックの歴史……226
2 化学オリンピックの実施形態……227
3 日本の取り組み……230
4 グランプリと化学オリンピック代表選抜……232
5 国際化学オリンピック規則……234
6 まとめ……237

執筆者一覧

渡辺 正（わたなべ・ただし）
東京理科大学総合教育機構・教授
twatanabe@rs.tus.ac.jp
戦略篇，実践篇「物理化学」執筆

菅原義之（すがはら・よしゆき）
早稲田大学理工学術院・教授
実践篇「無機化学」執筆

森 敦紀（もり・あつのり）
神戸大学大学院工学研究科・教授
実践篇「有機化学」執筆

米澤宣行（よねざわ・のりゆき）
東京農工大学大学院工学研究院・教授
実践篇「実験問題」執筆

上野幸彦（うえの・ゆきひこ）
早稲田大学本庄高等学院・教諭
実践篇「実験問題」執筆

本間敬之（ほんま・たかゆき）
早稲田大学理工学術院・教授
化学オリンピックに参加しよう！執筆

第1部 戦略篇
STRATEGY SECTION

1 化学オリンピックの「かたち」

　化学オリンピックでは，登録手続きの日(初日)から解散日(最終日)まで10日間のうち，4日目に5時間の実験試験を，6日目に5時間の筆記試験を行う(巻末の「化学オリンピックに参加しよう！」参照)。中身のほうは**2**以下にゆずり，まずは試験の「かたち」やルールを紹介する。

1.1 成績評価

　実験試験(図**1**)が40点満点，筆記試験(図**2**)が60点満点，計100点満点の採点結果をもとに，生徒の数で上位からほぼ1割に金メダル，続く2割に銀メダル，3割に銅メダルを与える(数学・物理・生物など，他科目のオリンピックもだいたい同じ)。

図**1**. 実験試験の一場面
(2012年アメリカ大会の写真集 http://www.icho2012.org/olympiad/photo-gallery より)

図**2**. 筆記試験の一場面(出典は図1に同じ)

2010年の日本大会では，68か国から集まった生徒267名のうち32名が金メダル，58名が銀メダル，86名が銅メダルを授与され，メダルに届かない次点の9名も表彰された。

日本の生徒(**図3**)は，2名が金，2名が銀というみごとな成績をあげている。なお総合点トップは中国の生徒で96.6点，日本の生徒は最高が92.1点で，ぎりぎり銅メダルの生徒(ブラジル)が55.7点だった(小数点がつく理由は**コラム**参照)。

図3. 表彰式の直後
(2010年日本大会の写真集 http://photo.icho2010.org/ より)
生徒は左から浦谷浩輝君(膳所2年)，遠藤健一君(栄光3年)，片岡憲吾君(筑駒3年)，斉藤颯君(灘2年)

コラム
得点は整数にならない

5時間もの長丁場となる筆記試験には，当然ながら設問が多い。2012年のアメリカ大会では大問が8個あり，こまかく見ると設問が計81個にのぼった。むろん設問の難易度はいろいろだから，ただ整数を足し合わせて満点(60点)とするわけにはいかない。

そこでたとえば，「6点分の大問」を5個の設問に分け，正答時の「ポイント」をそれぞれ4，2，4，8，10 (計28ポイント)と決めておく。設問1と4に正答すれば $6×(4+8)÷28 = 2.5714$ 点で，各設問の「部分ポイント」を少しもらえたらその分だけコンマ以下の点数が増す。というわけで，最終的な総合点は「43.9095」のような小数になる。なお上記の本文中では，四捨五入で総合点を小数点1桁にした。

設問のポイント配分は問題用紙に明記してあるため，解く順序をよく考えてから問題に手をつけるのも，生徒の腕の見せどころだ。

1.2 試験の言語

　試験問題は，会期前に主催国が最終版のたたき台(英語)を用意する。開会式のあと，各国の引率者が集まる全体会議でその内容を検討し合い，ときには激しいやりとりを経て最終版に仕上げる。

　最終版を手渡された各国の引率教員は，実験・筆記それぞれ約1日かけて英語から生徒の母語に翻訳する(図4)。英語圏の引率教員も，主催国のつくった英語版が気に入らなければ手入れしてよい。自国の高校生にすんなりわかる訳文になっているかどうかが，成績を少しは左右するだろう。

図4. 翻訳作業の一場面
(ハンガリー大会，2008年7月14日，渡辺撮影)

　用語や表現に細心の注意を払いながら作成した翻訳版が，主催者経由で生徒に渡る(翻訳版は印刷体と電子ファイルの2本立て。印刷体は試験会場で監督者が生徒それぞれに手渡し，電子ファイルは主催国がしばらく保管)。2010年の日本大会では翻訳に約40種の言語が使われた。

　蛇足ながら主催国の実施担当者は，むろん言語すべての校閲は不可能にせよ，できるだけ各国の翻訳版にも目を通す。そして，もとの英語版にはなかった用語や表現など不正な書きこみが見つかった場合，閉会式＝表彰式(9日目)の前夜に開かれる成績確定会議(図5)の議題にする。ハンガリー大会では某国が生徒向けの印刷体に不正な書きこみをして，出場禁止1年間のペナルティを課された。

1.3 解答形式

　各国の代表生徒は，実験・筆記とも母語版の試験問題にとり組む。試験後の採点はまず主催国が行うので(そのあと確認のため各国の引率教員も採点するが)，

図 5. 全体会議の一場面
(2010年日本大会の写真集 http://photo.icho2010.org/ より)

記述式の解答はまずありえない。記号や番号を選ぶ多肢選択型のほか，数値（物理量），化学構造式，反応式，理論式，グラフ化などが基本になる（国内選抜問題や後述の「準備問題」には記述式も多い）。

最終解答だけを○×で採点する設問は少ない。正答には達していなくても途中経過（理論式や化学式）が書いてあり，内容が正しいと採点者が判断すれば部分点がもらえる（実例を p.20 で紹介）。そのため生徒は，途中経過も**きれいに**（可能なら英語で）書いておくのがよい。

筆記試験では問題用紙の冒頭に，原子量つきの周期表，物理定数（アボガドロ定数，気体定数，ファラデー定数，プランク定数など），理論式（理想気体の状態方程式，ギブズエネルギー変化と平衡定数を結ぶ式，ネルンストの式，光子エネルギーを表すアインシュタインの式，ランベルト–ベールの式など）が載せてある（p.43 参照）。理論式まで載せるのは，**「覚える必要はない。使えればよい」**の精神だ。

実験試験のほうは，使う試薬のくわしい説明と，安全上の注意事項が問題用紙に書いてある。なお生徒たちは，会期2日目の開会式終了後，主催国の担当者から安全講習を受ける。

2 化学オリンピック問題の特徴

2.1 高校化学という科目

いうまでもなく化学は，小中学校なら「理科」と呼ぶ自然科学の一科目で，自然科学の本質は，自然界の森羅万象を解き明かすことにある。そして化学

を学ぶ目的は,「物質」の成り立ちを知り,物質の性質と変化をつかさどる自然界の原理をつかむこと。ある物質の色がどうだとか,芳香族化合物は付加反応より置換反応を受けやすいとか,雑多な知識だけを(理由をいっさい追求せずに)覚えることではない。

いま日本では同世代のほぼ半数が大学に入るけれど,入学者の多くは文系の学部・学科に進む。理系の進学先もさまざまだから,化学系に進む若者の割合はせいぜい 1～2% だろう(むろん日本だけの話ではない)。つまり国民のほとんどは化学の学習を高校で終える。そんな世の高校化学は,**物質の理解に役立つ良質な素養を国民に授けるもの**であってほしい。

それは当然やってある……というのが,本篇を読み進むとおわかりいただける国際的な共通理解だ。少なくとも先進諸国は高校化学を,「**論理的な思考力を鍛える自然科学の一分野**」とみて,**物質世界を「理屈でつかむ」**のに必要な知恵をたたきこむ。

あいにく日本はそうでないため,化学オリンピックに出る代表生徒が(彼らを訓練する担当者も)四苦八苦することとなる(後述)。

2.2 化学のココロ

私見によれば,化学の要諦は下記四つの「なぜ?」に集約できる。
① 原子は**なぜ**そういう性質をもつのか?
② 原子たちは**なぜ**つながり合うのか?
③ ある反応は**なぜ**その向きに進むのか?
④ 物質や材料は**なぜ**そういう性質をもつのか?

小学校 → 中学校 → 高校とバーを少しずつ上げながら,こうした「なぜ?」を提示して,子どもが「あぁそうか」と納得する場面を積み重ねれば,国民の「化学力」も高まるだろう。

その化学力は,ビールはなぜPET容器に入れないのか(入れたら輸送の省エネができるのに),糖尿病の患者さんはなぜインスリンの注射を打たれるのか(飲めるなら痛い思いをせずにすむ)……といった身近な疑問を解き明かすばかりか,大学の化学にもスッとつながる。

上記①～④を高校生としてどれだけ身につけたか——それをきびしく問うのが,化学オリンピックの姿勢だといえる。

2.3 オリンピックの出題範囲

オリンピックの出題範囲は大会の「規則」に従う。2008年ハンガリー大会までは，高校化学の内容を約400項目に分解し，それをレベル1（ほぼすべての高校で教える話），レベル2（大半の高校で教える話），レベル3（高校ではまず教えない話）に分類していた。レベル1と2の内容は，本試験で断りなく扱える。レベル3の内容は，準備問題（次項）に組みこんであれば扱えた（事実上あらゆる大会でそうする）。

筆記試験の場合，2008年大会で承認された新規則（一部を巻末の「化学オリンピックに参加しよう！」に転載）のもと，2009年のイギリス大会からは，旧レベル1と2を合体させた「既習の化学概念」と，旧レベル3に相当する「未習の化学概念」の2分類になる。「既習の化学知識」も合わせ，項目の一部を表1に示す。

表1．化学オリンピック出題範囲の基準（筆記用．項目のごく一部）

既習の化学概念	量子数（n, l, m）と s・p・d 軌道，電子対4個までの原子価殻電子対反発理論，ギブズエネルギー，σ結合とπ結合，有機化合物の構造と反応性（求核性・求電子性）など
未習の化学概念	固体の原子配列とブラッグの式，一次反応の積分反応速度式，クラウジウス-クラペイロンの式，ジアステレオ選択的反応，単純な分子軌道法，ハース投影図と立体配座など
既習の化学知識	炎色反応，H_2O，H_2S，CO，NO_2，SO_2 の簡単な反応，おもな遷移金属元素の酸化数，両性水酸化物，sp^3 炭素における E1・E2 反応（脱離反応），グリニャール反応など

さらにくわしい内容（項目）は，物理化学・有機化学などの分野ごとに次節でじっくり紹介する。ともかく表1をちらりと見ただけで，日本の高校化学との大差は明らかだろう。

大会が開かれる7月は，海外諸国の高校生は3年の全課程を終えた夏休み時期なのに，日本の高校生はせいぜい3年生になってすぐだから未習部分が多い……という話だけではない（ちなみに韓国は新学期が3月なので，開催時期のハンディは日本とほぼ同じ）。日本だと表1に見える「既習の化学概念」のほとんどは，理系の大学1〜2年（一部は3年）でようやく学ぶのだ。とりわけ有機化学は，「既習の化学概念」どころか「既習の化学知識」さえレベルがずいぶん高いとわかる（p.26参照）。

表1にあげた程度の概念や知識を身につけないかぎり，**なぜ**原子が結合を組み替え，**なぜ**物質がそれぞれ特有の性質をもつのか理解できるはずはない——それが「国際標準の高校化学」精神なのだろう。つまり諸国は，国民のほぼ全員に「最後の学習機会」となる高校で，少なくとも理系進学者には，質のよい化学，本物の化学を教えている。日本が**なぜ**世界に立ち遅れているのかは，あとの **2.5** で考えたい。

2.4 準備問題と本試験

化学オリンピックの主催国は，毎年7月の大会に先立つ1月下旬から2月上旬，ホームページに「準備問題」(規則に従い，筆記25問以上，実験5課題以上)を公開する。過去10年間について，準備問題と本試験の問題数(実験は課題数)を**表2**にまとめた。

準備問題は，本試験の顔つきをあらかじめ参加諸国に伝える。準備問題を完璧にこなし，周辺のことがらも押さえて本番に臨めば(それがなかなかむずかしい)，かなりの高得点が期待できる。だから各国とも公開後すぐ準備問題を翻訳し，代表候補の生徒に渡して訓練に使う。

表2でわかるとおり実験試験は例年，準備問題の6～8課題が本試験の2～3課題に統合された姿となる。かたや筆記は，準備問題そっくりのコマギ

表2. 筆記試験と実験試験の問題(課題)数(2003～09年)

大　会	筆記試験の問題数		実験試験の課題数	
	準備問題	本試験	準備問題	本試験
ギリシャ (03年)	33	35	7	3
ド イ ツ (04年)	34	8	6	2
台　湾 (05年)	27	8	8	2
韓　国 (06年)	30	11	6	3
ロ シ ア (07年)	28	8	6	2
ハンガリー (08年)	29	9	8	3
イギリス (09年)	29	6	5	3
日　本 (10年)	31	9	9	3
ト ル コ (11年)	30	6	7	3
アメリカ (12年)	27	8	6	2

レ出題をした2003年ギリシャ大会を例外として，およそ30問の準備問題から6〜10問の本試験問題がつくられる。

筆記の本試験では，**表1**に例を少しあげた「未習の化学概念」も，6項目以内なら扱ってよい。扱う際は，各項目あたり2題以上を準備問題に含めておく。その2題以上が連番とはかぎらないため，準備問題の全体をよく眺め渡し，ぬかりなく派遣前の訓練に励むのが肝要となる。

2.5 日本の高校化学は低レベルだが……

以上から自明なように，日本の高校化学を学んだだけで化学オリンピックの攻略はおぼつかない。たとえ大学入試に満点をとる力があっても，オリンピックで好成績をとるのはむずかしい。

レベルのちがいが懸念材料のひとつになって，オリンピック参加は先進国中ビリだったし，初参加した2003年以降の代表生徒が，未知の世界に分け入って，もがき苦しむことにもなる(むろん彼らの貴重な体験は，以後の人生で大きな力になるのだが)。

日本の高校化学は前記の「**なぜ？**」①〜④をほとんど扱わない。雑知識のあれこれを覚えさせ，簡単な計算をさせてお茶を濁す。むろん知識の大事さは否定しない。豊かな物質世界と，物質たちが織りなす多様な現象を鑑賞するのも化学の一部だ。花の名を知っていると親しみが増すのと同様，物質の名前や性質を覚えていれば化学の「わかりぐあい」もぐっと増す。ただし，物質界の支配原理をしっかりつかんでいないなら，ただの雑知識に終わってしまう(だから高校を出たとたんに忘れる)。

たとえば2008年ハンガリー大会で銅メダルを得た生徒のひとりは，帰国直後の模擬試験で60点満点の化学に10点もとれず，「これから社会復帰しなきゃ」と焦っていた。彼は渡航前に参加した国内大会(高校化学グランプリ)で，オリンピック級の筆記試験にほぼ満点をとり，本物の化学をたっぷりと身につけながらも，もっぱら雑知識を問う「日本の化学」には苦戦したのだ。この事実から，日本の高校化学の遅れがよくわかる。

同じことは，筆記だけでなく実験にもいえる。日本の高校でやる化学実験は，マニュアルどおりの操作をして全員が同じ結果を出すものばかり。もちろん初心の高校生にはそれでよいのだが，オリンピックでは，簡潔な文章で与えられた課題(目標)に向かい，実験室と各自の実験台にある試薬・器具の

どれをどういう順に使えばよいかも，自分で考えつつ作業を進めなければいけない課題もある。日ごろ訓練を受けていない日本の生徒は，だから実験試験の成績が例年あまりよくない。

とはいえ愚痴を言っても始まらないし，国内選抜に挑む大集団から選びぬかれた代表生徒4名の実力はさすがにすごい。けっして誇張ではなく，磨けば光る原石だ。初中等教育で世界に大きく後れる日本のような国が，過去6回の出場(生徒総数40名)で金9個，銀12個，銅17個のメダルをとったのは，トップ集団の優秀さをよく物語っていよう。

そんな先輩たちに続き，本書を手がかりとして化学オリンピックに挑む若者たちが，学術界と産業界の未来を担うヒーロー・ヒロインになってくれるよう心から願っている。

3 出題範囲と問題の例

以下，**基礎化学・無機化学**，**物理化学**，**有機化学**，**実験**の4分野に分け，それぞれ「既習の化学概念」「未習の化学概念」「既習の化学知識」(実験の場合はスキル)を眺めたあと，過去問をいくつか紹介したい。「国際標準の高校化学」と「日本の高校化学」で「既習」事項がどれほどちがうのかを鑑賞しながら読み進もう。例年よく出る「ご当地問題」も少しあげた。なお4分野の区別はあくまでも形だけのことにすぎず，現実の本試験では，当然ながら分野横断的な出題も多い。

なお，1冊の本とするにあたって，過去問のスリム化や一部改変，公開ずみ和訳文の添削などを行った。かつて準備問題や本試験問題の和訳を担当された方々に，そのことをお断りしておく。

A 基礎化学・無機化学
出題範囲の基準

既習の 化学概念	核子，同位体，放射性壊変(α崩壊，β崩壊，γ崩壊)，水素類似原子の量子数(n, l, m)とs・p・d軌道，フントの規則，パウリの排他律，典型元素と第4周期遷移元素(およびイオン)の電子配置，周期表と元素の性質(電気陰性度，電子親和力，イオン化エネルギー，原子半径，イオン半径，融点，金属性，反応性)，化学結合(共有結合，イオン結合，金属結合)，分子間力，分子間力が生む性質，分子構造と単純な原子価殻電子対反発理論(電子対4個まで)，化学反応式，組成式，モル，アボガドロ定数，化学式をもとにした計算，密度，いろいろな濃度単位を使う計算，「既習の化学知識」にあげた無機イオンの定性
未習の 化学概念	高度な原子価殻電子対反発理論(配位子5個以上)，無機物質の立体化学，錯体の異性化，固体(金属，NaCl構造，CsCl構造)の原子配列とブラッグの式
既習の 化学知識	1族・2族(sブロック)元素と水・酸素・ハロゲンとの反応，炎色反応，非金属の単純な水素化物(H_2O, H_2S, NH_3など)の化学式・反応性・性質，CO, CO_2, NO, NO_2, N_2O_4, SO_2, SO_3の簡単な反応，13〜18族(pブロック)元素の酸化数，単純なハロゲン化物とオキソ酸(HNO_2, HNO_3, H_2CO_3, H_3PO_4, H_2SO_3, H_2SO_4, HOCl, $HClO_3$, $HClO_4$)の化学式，ハロゲンと水の反応，おもな遷移金属元素が通常もつ酸化数 [Cr(III), Cr(VI), Mn(II), Mn(IV), Mn(VII), Fe(II), Fe(III), Co(II), Ni(II), Cu(I), Cu(II), Ag(I), Zn(II), Hg(I), Hg(II)]とイオンの色，以上の金属とAlの溶解性，両性水酸化物[$Al(OH)_3$, $Cr(OH)_3$, $Zn(OH)_2$]，過マンガン酸イオン・クロム酸イオン・二クロム酸イオンの酸化還元反応，ヨウ素滴定(チオ硫酸イオンとヨウ素との反応)，Ag^+・Ba^{2+}・Fe^{3+}・Cu^{2+}・Cl^-・CO_3^{2-}・SO_4^{2-}の検出

量子論の基礎や核反応，そして「単純な」原子価殻電子対反発理論(要するに H_2O や CH_4 の分子がああいう形になる理由)を既習とみるところが，日本とは大きくちがう。前記(p.6)の①(原子は**なぜ**そういう性質をもつのか?)と②(原子たちは**なぜ**つながり合うのか?)を真正面から扱うのだ。

知識のほうは，酸化還元滴定(ヨウ素滴定)を除き，おおむね日本並みだといえよう(「未習の化学概念」はさすがに高度だが)。

問題の例

A1：電子対反発則 (化学グランプリ2003年。第1問の抜粋)

ふつう分子内の電子はペア(電子対)をつくっている。その電子対は，二つ

の原子間にまたがって運動しているとき原子間結合に関与する。それを共有電子対という。結合に関与せず，ある原子のまわりだけに存在する電子対は非共有電子対(孤立電子対)と呼ぶ。電子対どうしは，電気的反発を通じて，互いにできるだけ遠ざかろうとするだろう。その考え方を「電子対反発則(理論)」という。電子対反発則を使うと，分子の形を予想したり説明したりできる。分子の形を予測するときは，次の2点を仮定する。

① 二重結合や三重結合の電子対も，単結合の電子対と同じく「ひとつの電子対」とみなす。
② 非共有電子対と共有電子対は，電気的反発の面で同じようにふるまうと考える。

電子対反発則で CO_2 分子の形を考えよう。まず CO_2 を図1の電子式(正しい用語は「ルイス構造」。p.90参照)で表す。次に，中心原子(この例では炭素原子)のまわりにある電子対間の反発を考える。図1のように中心原子のまわりには二重結合が左右に2個あるが，二重結合は一対の電子対とみるので，左右1個ずつの電子対と非共有電子対(例にはない)の反発だけを考えればよい。

CO_2 ではそれが互いに180°(2対の電子対が空間的にいちばん遠ざかる角度)をなして広がるため，CO_2 分子の形(分子をつくる原子3個を結んだ形)は直線になる(図2)。

図1

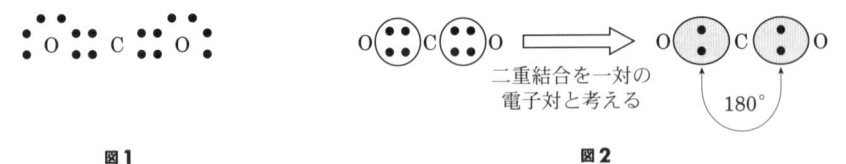

図2

問1. 図1にならって，次の分子・イオンの電子式を描け。イオンについては，図3(OH^- の電子式)を参考にせよ。
(1) NH_3 (2) $BeCl_2$ (3) CCl_4 (4) CO_3^{2-}

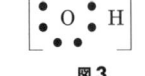

図3

問2. 問1の分子やイオン(1)～(4)の形を電子対反発則で予想し，その形を次の中からそれぞれ選び，記号で答えよ。
(ア) 直線形 (イ) V字形 (ウ) T字形 (エ) 正三角形
(オ) 三角錐形 (カ) 正方形 (キ) ひし形 (ク) 正四面体

問3. ある生徒が，水分子の電子式と電子対反発則から，∠HOH(H-O-Hの

なす角度)を,メタン分子 CH_4 の∠HCH(H–C–Hのなす角度)と同じ 109.5°と考えた。しかし測定によれば現実の∠HOH は 104.5°となり,その予想値よりやや小さい。

(1) 実際の∠HOH は,なぜ生徒の予想値(109.5度)より小さいのか,わかりやすく説明せよ。

(2) 水分子の形を問2の(ア)～(ク)から選び,記号で答えよ。

解　答

問1.

(1) H:N:H と下に N （電子式）

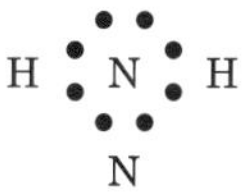

(2) Cl:Be:Cl （電子式）

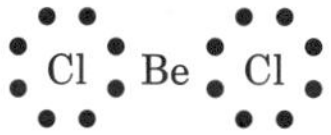

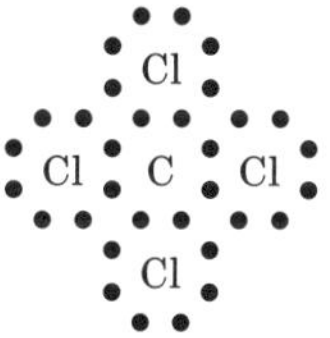

(3) 中心C の上下左右に Cl 4個（電子式）

(4) $\left[\begin{array}{c} \text{O:C:O} \\ \text{O} \end{array}\right]^{2-}$

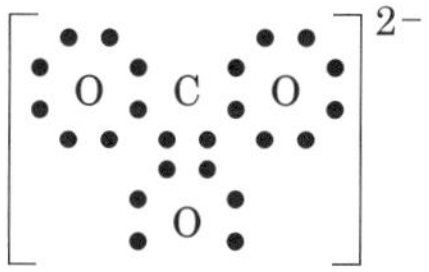

問2. (1) (オ)　(2) (ア)　(3) (ク)　(4) (エ)

問3. (1) 水の電子式は右図となり,酸素原子のまわりに電子対が四つある。電子対反発則によれば電子対は正四面体の頂点方向に広がり,H_2O 分子の形(原子3個を結んだ形)はV字形になるだろう。そのとき予想される∠HOH は 109.5°だが,非共有電子対どうしは共有電子対どうしより強く反発し合うため,∠HOH は予想値よりもやや小さい 104.5°となる。

(2) (イ)

解　説

ふつう平面で描く構造式も電子式も,現実の立体的な形を表すものではない。分子やイオンの形を決めるおもな要因は,電子対どうしの反発だと考えられる。負電荷をもつ電子は反発し合うため,電子対どうしなるべく遠ざかろうとする性質が,分子の形に反映される。反対に,電子対どうしの反発を

考えれば分子の形を予想できる．その発想を VSEPR（valence shell electron pair repulsion **原子価殻電子対反発**）理論といい，オリンピックでは「既習の化学概念」になる。ものものしい用語だけれど，意味はやさしい。

さらにくわしい解説は，http://gp.csj.jp/data/gp2003-1A.pdf を参照。もとの問題には，オリンピックの有機化学で「既習の化学知識」に属する「**シクロヘキサンの立体配座**」を VSEPR 理論で考察させる**問4**もあったが，その紹介・解説は紙幅の都合で省略した。

A2：硫黄分子の結合角 （化学グランプリ 2012 年。第 1 問の抜粋）

問1． 環状の斜方硫黄分子(S_8)で，結合角 ∠SSS は次のどれに最も近いか。
① 90°　②約 93°　③約 107°　④ 109.5°　⑤約 120°
⑥約 117°　⑦ 120°　⑧約 123°　⑨ 135°　⓪ 180°

問2． 同じ環状構造の S_6 分子も知られる。次の炭化水素のうち，炭素骨格の形が S_6 に最も近いものはどれか。
①ベンゼン　②シクロヘキセン　③シクロヘキサン

解 答

問1． ③
問2． ③

解 説

前問と同様，原子価殻電子対反発(VSEPR)理論で結合角を予想する。S_8 分子はS–S単結合ででき，各S原子のまわりには共有電子対2個と孤立電子対(非共有電子対)2個がある。中心原子のまわりに電子対4個がある点はメタン(∠HCH = 109.5°)と同じでも，原子核から遠い孤立電子対どうしが共有電子対どうしより強く反発し合うため，∠SSS は 109.5° より少し小さい値になる(**問1**)。

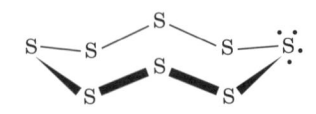

S₆ 分子も S₈ と同じく単結合でできた環状分子だから，孤立電子対どうしの反発により，ベンゼンのような平面六角形ではなく，シクロヘキサンのような折れ曲がった環状構造をとる。∠SSS の実測値は 103° となる(**問2**)。

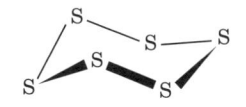

なお化学グランプリの一次選考(筆記試験)は 2011 年から，参加者増に応じて採点を簡素化するため，マークシート方式に変わった。

A3：放射性炭素を使う年代測定 (2007 年大会準備問題。第 11 問)

炭素の放射性同位体 ^{14}C は，考古学試料の年代測定によく使う。^{14}C の半減期 $t_{1/2}$ は 5730 y (年) だが，古い試料中の ^{14}C については $t'_{1/2} = 5568$ y とみる。^{14}C は，宇宙線の作用で大気中の窒素から生まれ，光合成と食物連鎖を通じて動植物の組織に入る。

生体の ^{14}C 含有量は，放射能として炭素 1 kg あたり約 230 Bq (ベクレル) の一定値とみてよい(Bq は，1 秒間に崩壊する放射性原子の数)。生物が死ぬと炭素の交換が止まるため，体内の ^{14}C 量はゆっくりと減っていく。

問1. ^{14}C の生成と崩壊を核反応式で書け。

問2. エジプトのピラミッドから出土した布は，炭素 1 g あたり 1 時間に 480 個の ^{14}C が崩壊する放射能を示した。布の年代を見積もれ。

問3. 別のピラミッドからは有機物の白い粉が見つかり，質量分析で求めた粉の $^{14}C/^{12}C$ 比は約 6×10^{-13} だった。考古学者は，^{14}C の壊変則を使って白い粉の年代を見積もった。どのような値が得られただろうか。

問4. 化学者が粉を分析したら，純粋なフェノキシメチルペニシリン(ペニシリン V) と判明。フェノキシメチルペニシリンは，炭水化物(乳糖，ブドウ糖，ショ糖)，トウモロコシのエキス，塩類，フェノキシ酢酸を含む溶液中で培養した微生物につくらせることができる。化学者は，粉の年代をどうみたか。(p.16 の図を参照)

問 1. (生成) $^{14}N + ^{1}n \to ^{14}C + ^{1}H$　（^{1}n は宇宙線の中性子）

(壊変) $^{14}C \to ^{14}N + \beta^{-}$　（β^{-} はベータ線＝高速の電子）

問 2. 最初の放射能を I_0，経過時間 t での放射能を I とすれば，定数(壊変定数)を λ として次式が成り立つ。

$$I = I_0 e^{-\lambda t} \qquad \text{①}$$

$t = 5570\,\text{y}$ で $I = 0.5 I_0$ になる(古い試料だから $t_{1/2} = 5570$ 年を使う)。それを式①に入れ，$\lambda = 1.24 \times 10^{-4}\,\text{y}^{-1}$ が得られる。

最初の放射能 I_0 は，生きている生物体内の値(1 kg あたり 230 s^{-1})とみてよい。また試料の放射能 I は，問題にある「1 g あたり 1 時間に 480 個」を 1 kg あたり毎秒の値に換算し，「1 kg あたり 133 s^{-1}」となる。

$I_0 = 230$，$I = 133$，$\lambda = 1.24 \times 10^{-4}\,\text{y}^{-1}$ を式①に代入すれば $t = 4400\,\text{y}$ なので，紀元前 2400 年前後の布だとわかる。

問 3. まず，いまの生物体内で $^{14}C/^{12}C$ 比がどうなるかを，「炭素 1 kg あたりの壊変数 230 s^{-1}」から計算する(現在の話だから $t_{1/2} = 5730$ 年を使う)。

壊変定数 λ は，問 2 と同様な計算で $1.21 \times 10^{-4}\,\text{y}^{-1} = 3.84 \times 10^{-12}\,\text{s}^{-1}$（1 秒間に原子 2600 億個のうち 1 個が崩壊）となる。つまり，試料が含む ^{14}C 原子のうち，3.84×10^{-12} という割合だけが 1 秒間に $^{14}C \to ^{14}N$ と変化する。

1 kg の炭素はほとんどが ^{12}C だから，原子量 12 とアボガドロ数から粒子の総数は 5.02×10^{25} 個。そのうち割合で $x\,(= {^{14}C}/{^{12}C})$ が ^{14}C なら，毎秒の壊変数は 230 なので次式が成り立ち，$x = 1.19 \times 10^{-12} \fallingdotseq 1.2 \times 10^{-12}$ となる。

$$5.02 \times 10^{25} \times x \times 3.84 \times 10^{-12} = 230$$

白い粉の実測値は $^{14}C/^{12}C \fallingdotseq 6 \times 10^{-13}$ だった。これは x の半分だか

16

ら，製造からちょうど半減期だけの時間(5570年)がたったように見える。そこで考古学者は，5570年前(紀元前3560年ごろ)と結論した。

問4. 分子の左側にあるフェノキシ酢酸部分(炭素8個)は天然物ではなく，石油や石炭など化石資源を原料に使って化学合成される。太古の生物体に由来する化石資源は，もはや ^{14}C を含まない。右側(炭素8個)だけは，天然物なので ^{14}C/^{12}C $= 1.2 \times 10^{-12}$ に従う。こうして炭素の半数が ^{14}C/^{12}C $= 0$，残る半数が ^{14}C/^{12}C $= 1.2 \times 10^{-12}$ なら，全体では測定値どおり ^{14}C/^{12}C $\approx 6 \times 10^{-13}$ となるはず。計算に使った ^{14}C/^{12}C は両方とも「いまの値」なので，化学者は粉を「現代の製品」とみる。

解説

　国際標準では，既習の**核子**，**同位体**，**放射性壊変**を使う素直な問題(ただし日本では大学レベルだから，かなりの予習を要する)。あとは正確な計算力を問うている。指数・対数計算は高校なら基礎学力のひとつなので，化学オリンピックでも物理化学や反応速度論には指数・対数計算の力が欠かせない(オリンピックの本試験では電卓が支給される)。

　出題者は**問3**と**問4**で，考古学者と化学者のアプローチを対比させ，「物質を見つめる」化学の姿勢を強調しようとしたのかもしれない。

B 物理化学
出題範囲の基準

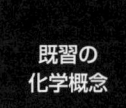

既習の化学概念	化学平衡，ルシャトリエの原理，濃度・圧力・モル分率を使った平衡定数，アレニウスとブレンステッドの酸・塩基，pH，水の電離，酸・塩基解離平衡の平衡定数，弱酸のpH，きわめて薄い水溶液のpH，単純な緩衝液，塩の加水分解，溶解度積と溶解度，錯形成反応，配位数，錯形成定数，基礎電気化学(起電力，ネルンストの式，電解，ファラデーの法則)，化学反応の速度，素反応，反応速度を左右する要因，均一反応と不均一反応の反応速度式，反応速度定数，反応次数，化学反応のエネルギー図，活性化エネルギー，触媒反応，触媒が反応の熱力学と速度論に及ぼす影響，エネルギー，熱と仕事，エンタルピー，熱容量，ヘスの法則，標準生成エンタルピー，溶解，溶媒和と結合エンタルピー，エントロピー，ギブズエネルギー，熱力学の第二法則，自発変化の向き，理想気体の状態方程式，分圧

未習の 化学概念	平衡定数-起電力-標準生成ギブズエネルギーの相互関係，一次反応の積分反応速度式，半減期，アレニウスの式，活性化エネルギーの決定，定常状態法と擬平衡近似による複雑な反応の解析，触媒反応の機構，複雑な反応の反応次数と活性化エネルギーの決定，分子衝突の理論，単純な相図とクラウジウス-クラペイロンの式，三重点と臨界点，複雑な溶解度計算(アニオンの加水分解，錯形成)，単純なシュレーディンガー方程式と分光学の計算，単純な分子軌道法

　項目の半数くらいは日本でも教えるが，前記(p.6)の③(ある反応は**なぜ**その向きに進むのか？)をつかむのに必須の熱力学第二法則までしっかり教えるのが国際標準の高校化学だ。電気化学の標準電極電位やネルンストの式も，諸国では「高校の常識」になる。

　表には明記してないが，pH と同じ発想の pK (酸解離平衡定数 K_a に対応する p$K_a = -\log_{10} K_a$ など)もオリンピックでは既習概念になる。pH や pK の p が power (べき数)だと知っていればむずかしくはない。

　日本だと『化学 II』でおざなりに扱うだけの反応速度論は，微分反応速度式を書いたうえ速度定数や反応次数を求めるあたりまでが「常識」になる。

　未習事項のほうも，準備問題で扱ったうえ本試験に出るものが多い。

問題の例

B1：ラベルの破れた試薬びん (2008年大会。第1問)

　ラベルの一部が破れたびんに，酸の薄い水溶液が入っている。濃度だけは読みとれて，その値は pH 測定でわかる水素イオン濃度に等しかった。

問1. 水溶液を10倍に薄めたら pH が1だけ変わるとすれば，溶けている酸はどのようなものか。候補を四つ，化学式で書け。

問2. びんに入っている酸が硫酸の可能性はあるか。硫酸の pK_{a2} は 1.92 とする。　☐ Yes　　☐ No
　　　Yes なら，pH の値を計算せよ(少なくとも見積もってみよ)。

問3. びんに入っている酸が酢酸の可能性はあるか。酢酸の pK_a は 4.76 とする。　☐ Yes　　☐ No
　　　Yes なら，pH の値を計算せよ(少なくとも見積もってみよ)。

問 4. びんに入っている酸が EDTA(エチレンジアミン四酢酸)の可能性はあるか。EDTA の pK_a は，pK_{a1} = 1.70, pK_{a2} = 2.60, pK_{a3} = 6.30, pK_{a4} = 10.60 とする。 ☐ Yes ☐ No

Yes なら，EDTA の濃度を計算せよ。

解 答

問 1. HCl，HBr，HI，HNO$_3$，HClO$_4$ など強酸のうち四つ(HF は不可)。

問 2. No (理由：水中で 1 段目の電離 H$_2$SO$_4$ → H$^+$+HSO$_4^-$ はほぼ完全に進むため，酸の濃度が c なら，必ず [H$^+$] > c となるので)

問 3. Yes　酢酸の電離で生じる H$^+$ と，水の電離で生じる H$^+$ の合計濃度が，酢酸の濃度 c に等しくなる状況はありうる。水からの H$^+$ は少ないし，c が大きいと酢酸の電離度は低いため，c はきわめて小さいだろう。

題意から，次式が成り立つ

c = [HA] + [A$^-$] = [H$^+$]

[H$^+$] = [A$^-$] + [OH$^-$] (電気的中性条件)

以上より [HA] = [OH$^-$]

平衡についての条件式：

$$K_a = \frac{[H^+][A^-]}{[HA]} = \frac{[H^+]([H^+]-[OH^-])}{[OH^-]}$$

$$= \frac{[H^+]^3}{K_w} - [H^+] \quad \text{①}$$

溶液は酸性だが，中性に近い酸性(pH 6～7)だろう。

<u>近似解</u>：K_a = 10$^{-4.76}$, [H$^+$] < 10^{-6} だから $K_a \gg$ [H$^+$] とみて，式①右辺の [H$^+$] を無視すれば [H$^+$] = $\sqrt[3]{K_a K_w}$ となる。計算すると [H$^+$] = 5.58×10^{-7} mol L^{-1}，つまり pH = 6.25。

<u>厳密解</u>：式①を [H$^+$] = $\sqrt[3]{K_a K_w + [H^+]K_w}$ と変形したのち，繰り返し代入法で解けば [H$^+$] = 5.64×10^{-7} mol L^{-1}，つまり pH = 6.25。

問 4. Yes　溶液はかなりの酸性と予想できるため，3 段目と 4 段目の電離は無視してよい。EDTA を H$_4$A と書けば，濃度条件は次のようになる。

c = [H$_4$A] + [H$_3$A$^-$] + [H$_2$A^{2-}] = [H$^+$]

[H$^+$] = [H$_3$A$^-$] + 2[H$_2$A^{2-}]　　以上より [H$_4$A] = [H$_2$A^{2-}]

平衡定数についての条件：
$$K_{a1}K_{a2} = \frac{[\mathrm{H^+}]^2[\mathrm{H_2A^{2-}}]}{[\mathrm{H_4A}]} = [\mathrm{H^+}]^2$$
これより，pH $= \frac{1}{2}(\mathrm{p}K_{a1}+\mathrm{p}K_{a2}) = 2.15$
したがって $c = [\mathrm{H^+}] = 10^{-2.15} = \boxed{0.0071 \text{ mol L}^{-1}}$ が得られる。

―――――――● 解 説 ●―――――――

オリンピック既習事項のうち，**水の電離，酸・塩基解離平衡の平衡定数，弱酸のpH，きわめて薄い水溶液のpH** を扱った問題。一部は日本の高校でも定性的に扱うが，問題文中の「pK_{a2} は 1.92」を見て，たちまち

$$K_{a2} = \frac{[\mathrm{H^+}][\mathrm{SO_4^{2-}}]}{[\mathrm{HSO_4^-}]} = 10^{-1.92} \text{ mol L}^{-1} = 0.012 \text{ mol L}^{-1}$$

と書ける力を要求するのが，国際標準の高校化学だといえる。

本篇で解説するオリンピック本試験問題の第一号なので，解答スタイルも含めくわしく解剖しておこう。

まず**問3**にとまどう生徒が多いだろう。酢酸の電離度は小さく，完全電離して濃度 $c = [\mathrm{H^+}]$ になるのは $c \to 0$ の極限だから，思わず「**No**」と答えたくなる。しかし水 $\mathrm{H_2O}$ の電離で $\mathrm{H^+}$ が少し生じることを思い起こせば，きわめて薄い酢酸なら $c = [\mathrm{H^+}]$ となるはず。あとは平衡定数を使って正解に至るが，素直に式を立てれば3次方程式ができてしまう。そのため，量の大小関係を考えて式の単純化(近似)を行う必要がある。

問4も，1〜4段目の電離平衡をそのまま扱えば5次方程式になってしまうため，状況をにらんで単純化(近似)する眼力が欠かせない。

本問は筆記試験(60点満点)の6点分で，各設問の「ポイント」は**問1〜4**の順に 4, 2, 8, 8 (計22ポイント)だった。【解答】中に □ をつけた化学式や **Yes・No**，数値が最終解答だけれど，途中の式や数値に部分ポイントを与える(**問3**で式 $c = [\mathrm{HA}]+[\mathrm{A^-}] = [\mathrm{H^+}]$ が書いてあれば1ポイント，pH 6〜7 と考えた証拠があれば1ポイント，**問4**で $[\mathrm{H^+}] = [\mathrm{H_3A^-}]+2[\mathrm{H_2A^{2-}}]$ が書いてあれば1ポイント，など)。そのため**問2〜4**の解答用紙には，経過記述用の広いスペース(A4判2頁分)が設けてある。□で囲った最終解答だけなら，**問3**は3ポイント，**問4**は1ポイントしかもらえない(むろん正しい推論なしに 0.0071 mol L^{-1} を出すのは奇跡だろ

うが)。

6点を横軸の100(%)とした得点分布(縦軸:生徒数)は下図の姿になり，平均は約2.5点だった。1～2点の生徒が多い半面，ほぼ満点に近い実力ある集団(18名)の存在が目を引く。

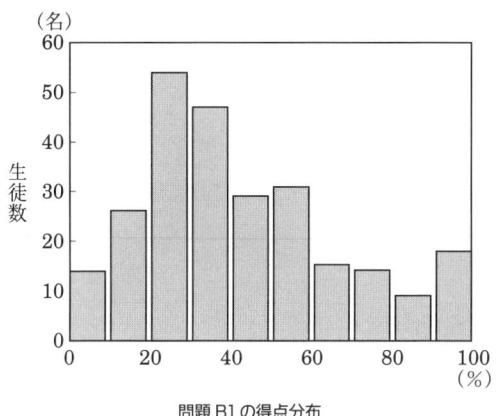

問題B1の得点分布

なお問1は，問4のあとに置いてほしかった。少なくとも日本の生徒は4名のうち3名までが，「10倍に薄めたらpHが1だけ変化」を問2～4にも当てはまる条件だと誤解したらしく，問2以下が全滅に近かった。

B2：筋肉疲労の熱力学 (2004年大会準備問題。第3問)

筋肉細胞はギブズエネルギーの供給により収縮する。そのギブズエネルギーは，グルコースをピルビン酸に分解する生化学反応(解糖)で生じる。細胞内に酸素がたっぷりあれば，ピルビン酸は CO_2 と H_2O に完全酸化され，さ

ピルビン酸 + NADH + H⁺ ⇌(乳酸脱水素酵素) 乳酸 + NAD⁺

$\Delta G^{\circ\prime} = -25.1 \text{ kJ mol}^{-1}$

らにエネルギーを生み出す．しかし短距離走のような極端条件だと，血液は十分な酸素を運べないため，ピルビン酸は乳酸に変わるだけ(蓄積する乳酸が運動後に筋肉痛をもたらす)．

問 1. ふつう細胞内の pH は一定値(7 前後)だから，一定の $[H^+]$ は標準ギブズエネルギー変化 $\Delta G°$ に含めてしまい，H^+ を除く物質の濃度だけ考えたギブズエネルギー変化 $\Delta G°'$ を考える．上に書いた平衡の $\Delta G°$ を計算せよ．

問 2. 25 ℃，pH = 7 として，上に書いた平衡の平衡定数 K' を計算せよ(水素イオン濃度 $[H^+]$ は $K' = K \times [H^+]$ の形で含まれる)．

問 3. $\Delta G°'$ は，標準状態(H^+ 以外の物質の濃度が $1\,\mathrm{mol\,L^{-1}}$)でのギブズエネルギー変化を示す．濃度は，ピルビン酸が $380\,\mathrm{\mu mol\,L^{-1}}$，NADH が $50\,\mathrm{\mu mol\,L^{-1}}$，乳酸が $3700\,\mathrm{\mu mol\,L^{-1}}$，$NAD^+$ が $540\,\mathrm{\mu mol\,L^{-1}}$ とする．25 ℃ での $\Delta G'$ を計算せよ．

解 答

問 1 と問 2. 平衡定数 K と化学熱力学の基本式は次のように書ける．

$$K = \frac{[乳酸][NAD^+]}{[ピルビン酸][NADH][H^+]} \quad ①$$

$$\Delta G° = -RT \ln K \quad ②$$

$$K' = \frac{[乳酸][NAD^+]}{[ピルビン酸][NADH]} = K \times [H^+] \quad ③$$

$$\Delta G°' = -RT \ln K' \quad ④$$

これより

$$\Delta G° = \Delta G°' + RT \ln[H^+] = -25100\,\mathrm{kJ\,mol^{-1}}$$
$$+ 8.314\,\mathrm{J\,K^{-1}\,mol^{-1}} \times 298.15\,\mathrm{K} \times \ln 10^{-7} = -65.1\,\mathrm{kJ\,mol^{-1}}$$

また，式 ④ から $K' = e^{25100/(8.314 \times 298.15)} = 2.5 \times 10^4$

問 3. $\Delta G°'$ と $\Delta G'$ は次式で結びつく．

$$\Delta G' = \Delta G°' + RT \ln \frac{[乳酸][NAD^+]}{[ピルビン酸][NADH]}$$

この式に $\Delta G°'$ 値と 4 物質の濃度を代入し，$\Delta G' = -13.6\,\mathrm{kJ\,mol^{-1}}$

解説

化学平衡，平衡定数，ギブズエネルギー，熱力学第二法則など「既習」の概念だけを使うため，準備問題に類題がなくても本番ではよく出題される。化学平衡とはどういう現象なのか(そのエッセンスが $\Delta G° = -RT \ln K$)をしっかりつかんでいるかどうかがポイント。

なお，脱水素酵素は酸化酵素ともいう。本題では左向きが酸化になるけれど(確かめよう)，乳酸脱水素酵素は正反応も逆反応も加速する。

B3：リチウムイオン電池(2010年。第4問を抜粋・改変)

充電可能なリチウムイオン電池は次の放電反応で作動し，3.70 V の標準起電力を示す。

カソード半反応：$CoO_2 + Li^+ + e^- \rightarrow LiCoO_2$

アノード半反応：$LiC_6 \rightarrow 6C + Li^+ + e^-$

問1. 全電池反応を書け。標準反応ギブズエネルギー $\Delta G°$ は何 kJ mol^{-1} か。

問2. 各 10.00 g の $LiCoO_2$ 電極と C(グラファイト)で電池をつくったとする。アノードの質量は，完全放電時と完全充電時で，それぞれ何 g になるか。

問3. リチウムイオン電池が生み出せる最大エネルギーは，電池 1 kg あたり何 kJ か。ただし，アノード物質とカソード物質のモル比は反応がちょうど完結する値をもち，2電極の総質量は電池の総質量の 50% を占めるとする。

解答

問1. 全電池反応： $CoO_2 + LiC_6 \rightarrow LiCoO_2 + 6C$

$\Delta G° = -nF \times \Delta E° = -1 \times 96485$ C mol^{-1} × 3.70 V $= -357$ kJ mol^{-1}

問2. 完全放電時の質量：10.00 g

$LiCoO_2$ の量は 10.00 g ÷ 97.87 g mol^{-1} = 0.1022 mol。C の量(10.00 g ÷ 12.01 g mol^{-1} = 0.8326 mol)は，6 × 0.1022 mol = 0.6132 mol より多いため，$LiCoO_2$ が含んでいた Li の全量が C と結合したとき完全充電となる。

以上より，完全充電時の質量：10.00 g + 0.1022 mol × 6.94 g mol^{-1} = 10.709 g = 10.71 g

問 3. 1 mol の LiCoO₂ (97.87 g) と 6 mol の C (72.06 g) を足せば 169.93 g。電池の総質量はその 2 倍だから 340 g = 0.340 kg。発生エネルギー 357 kJ を 0.340 kg で割り，最大エネルギー(エネルギー密度)は 1050 kJ kg⁻¹ となる。

―― 解 説 ――

リチウムイオン電池は日本で開発されたため，ご当地問題(p.39)の一種だといえる。

問 1 で使う「エネルギー(J 単位) = 電気量(C 単位)×電位差(V 単位)」の関係は既習事項のひとつ。

問 2 で単純に「6C → LiC₆」の変化を考え，「10 g → 10.96 g」とするのは誤り。反応物の過不足を確かめる「基礎化学」の力も問われる。

問 3 は，順々に計算を進める力があればやさしい。なお原題の作成者は，鉛蓄電池のエネルギー密度(約 200 kJ kg⁻¹)を問題文に明記し，リチウムイオン電池の優秀さも伝えたかったとおぼしい。

B4：オゾンの生成と分解 (2008 年大会準備問題。第 26 問の抜粋)

成層圏のオゾンは地表の生命を守るが，大気底層のオゾンは強い酸化力で動植物を傷める。都市部のオゾン生成は次の 2 段階反応で進む。

$$NO_2 + 光 \rightarrow NO + O \quad k_1 \quad ①$$
$$O + O_2 \rightarrow O_3 \quad k_2 \quad ②$$

ふつうの大気中なら，反応②は反応①よりもずっと速い。少量(たとえば大気中のモル分率として 10^{-7})の NO_2 を大気に入れたとき，反応①と②だけが起こるとみて，以下の問 1〜問 5 に答えよ。

問 1. 大気中の濃度がたちまち一定になる物質はどれか。また，その一定濃度を式で表せ。

問 2. オゾン生成の微分反応速度式と，それを積分した結果を書き表せ。

問 3. $k_1 = 0.0070 \text{ s}^{-1}$, $[NO_2]_0 = 2.5 \times 10^{12}$ molecules cm⁻³ のとき，NO_2 を大気に入れてから 1 分後のオゾン濃度を計算せよ。

問 4. NO_2 の半減期 $t_{1/2}$ を見積もれ。

問 5. オゾンの生成速度に温度はどう影響するか。理由とともに述べよ。

問 6. 生じたオゾンは，おもに NO と反応して消費される。

$$NO + O_3 \rightarrow NO_2 + O_2 \quad k_3 \qquad \qquad ③$$

反応①〜③をすべて考えれば，O_3, NO, NO_2 は平衡状態となる。k_3 の実測値は 1.8×10^{-14} molecules cm^{-3} s^{-1} だった。オゾンの平衡濃度を 9×10^{11} molecules cm^{-3} として，平衡になったときの濃度比 $\dfrac{[NO]}{[NO_2]}$ を計算せよ。

解 答

問 1. 酸素原子 O（理由：消失速度 ≫ 生成速度だから）

$$\dfrac{d[O]}{dt} = k_1[NO_2] - k_2[O][O_2] = 0 \text{ なので，} [O] = \dfrac{k_1[NO_2]}{k_2[O_2]}$$

問 2. 微分反応速度式：$\dfrac{d[O_3]}{dt} = k_2[O][O_2]$

[O] はほぼ一定（上記），$[O_2]$ もほぼ一定だから，右辺は定数とみてよい。また $[O_3]_0 = 0$ なので，単純な積分により $[O_3] = k_2[O][O_2]t$ と書ける。

問 3. 問 1 の結果を問 2 の式に代入して $[O_3] = k_1[NO_2]t$。NO_2 は一次反応で減少し，$[NO_2]_t = [NO_2]_0 e^{-k_1 t} = 1.64 \times 10^{11}$ molecules cm^{-3} となる。

反応①で生じた酸素原子 O がみな O_3 になると考え，次の結果を得る。

$$[O_3] = [NO_2]_0 - [NO_2]_t = 8.6 \times 10^{11} \text{ molecules cm}^{-3}$$

問 4. $t_{1/2} = \dfrac{\ln 2}{k_1} = 99$ s

問 5. オゾン濃度は，NO_2 濃度と k_1 値で決まる。NO_2 を生む光反応は分子間衝突を必要としないため，オゾン濃度に温度はほとんど影響しない。

問 6. 平衡状態では次式が成り立つ。

$$\dfrac{d[NO_2]}{dt} = -k_1[NO_2] + k_3[NO][O_3] = 0$$

これより $k_1[NO_2] = k_3[NO][O_3]$ だから，$\dfrac{[NO]}{[NO_2]} = \dfrac{k_1}{k_3[O_3]} = 0.432$

解 説

既習概念とされる**化学反応の速度，反応速度式，反応速度定数**についての問題。

項目リスト(p.17〜18)に明記はないが，オリンピックでは，**問1・2・6**で扱った**微分反応速度式**とその**積分形**(ただし単純なもの)をスラスラ書ける力も要求される。速度定数の単位にも注意を要する。

C 有機化学
出題範囲の基準

既習の化学概念	有機化合物の構造と反応性(極性，求電子性，求核性，誘起効果，相対的な安定性)，構造と性質の相関(沸点，酸性度，塩基性度)，単純な有機化合物の命名法，炭素原子の混成軌道と結合の幾何学，σ結合とπ結合，非局在化，芳香族性，共鳴構造，異性(構造異性，立体配置異性，立体配座異性，互変異性)，立体化学(E-Z表示，シス-トランス異性体，不斉＝キラリティ，光学活性，R-S表示，フィッシャー投影図)，親水性基と疎水性基，ミセル形成，ポリマーとモノマー，連鎖重合(付加重合)，重付加と縮合重合
未習の化学概念	立体選択的反応(ジアステレオ選択的反応，エナンチオ選択的反応)，光学純度，立体配座解析，ニューマン投影図，アノマー効果，芳香族の求核置換反応，多環芳香族化合物と複素環化合物の求電子置換反応，超分子化学，高度な高分子，ゴム，共重合体，熱可塑性高分子，重合反応の種類，重合の素段階と速度論，アミノ酸の官能基，アミノ酸の反応と分離，タンパク質のアミノ酸配列決定，タンパク質の二次・三次・四次構造，非共有結合性の相互作用，安定性と変性，沈殿によるタンパク質の精製，クロマトグラフィー，電気泳動，酵素，反応の種類による酵素の分類，活性中心，補酵素と補因子，酵素(触媒)反応の機構，単糖類，鎖状構造と環状構造間の平衡，ピラノースとフラノース，ハース投影図と立体配座，炭水化物，オリゴ糖と多糖，グリコシド，多糖の構造決定，核酸塩基，ヌクレオチドとヌクレオシドの構造，機能性ヌクレオチド，DNAとRNA，核酸塩基の水素結合，核酸の複製，転写と翻訳，DNAに注目した応用分野，質量分析の基礎(分子イオン，同位体分布)，単純なNMRスペクトルの解釈(化学シフト，多重度，積分強度)
既習の化学知識	単純な求電子性化学種と求核性化学種，求電子的付加反応(二重結合や三重結合への付加，位置選択性＝マルコフニコフ則)，立体化学，求電子的置換反応(芳香環への置換，反応性と位置選択性に対する置換基効果，求電子性化学種)，脱離反応(sp^3炭素におけるE1・E2反応，立体化学，酸触媒と塩基触媒，簡単な脱離基)，求核的置換反応(sp^3炭素におけるS_N1反応とS_N2反応，立体化学)，求核的付加反応(炭素-炭素や炭素-ヘテロ原子の二重結合・三重結合への付加，付加-脱離反応，酸触媒と塩基触媒)，ラジカル置換反応(ハロゲンとアルカンの反応)，酸化と還元[酸化還元に伴う官能基の変化(アルキン-アルケン-アルカン-ハロゲン化アルキル，アルコール-アルデヒドとケトン-カルボン酸誘導体とニトリル-炭酸塩)]，シクロヘキサンの立体配座，グリニャール反応，フェーリング反応，トレンズ反応，単純な高分子と合成法(ポリスチレン，ポリエチレン，ポリアミド，ポリエステル)，アミノ酸(官能基による分類，等電点，ペプチド結合，ペプチドとタンパク質)，炭水化物(グルコースとフルクトースの鎖状構造・環状構造)，脂質(トリアシルグリセリドの一般式，飽和脂肪酸と不飽和脂肪酸)

有機化学は，日本とはまったくの別世界だといってよい。国際標準の高校化学では，原子たちが**なぜ**，**どのように**結合を組み替えるのかを，日本なら大学1～2年で学ぶ「有機電子論」をもとに教えている。だから有機化学のオリンピック問題は，日本でいうと大学院入試のレベルに近い。

未習事項のほうも，準備問題で扱ったうえ本試験に出題されるものが多いから，代表生徒は事前訓練のとき苦労する。

問題の例

C1：有機分子の構成単位（2006年大会準備問題。第29問の抜粋）

天然ゴムはイソプレン（2-メチル-1,3-ブタジエン）の重合物だが，イソプレンはテルペン類の構成単位でもある。その事実は，テルペン類の構造や，テルペン類の生合成で中間体となる分子の構造を知るのに役立つ。

問1. 以下のテルペン類を，イソプレン単位に分解して表せ。

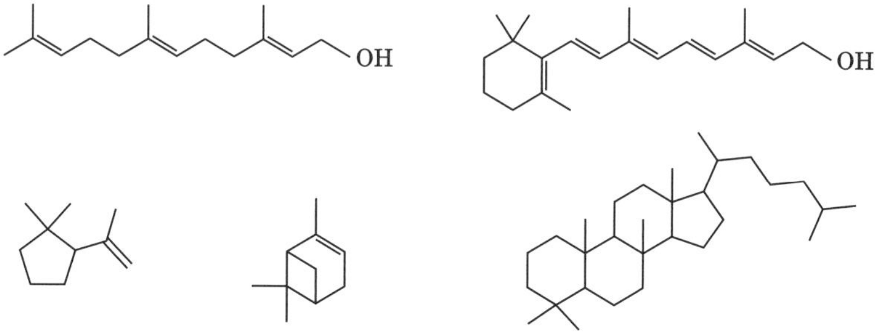

合成高分子の繰り返し単位はモノマーという。モノマーを次々と結合（重合）させてポリマーを得る。重合反応の例三つを下図に示す。

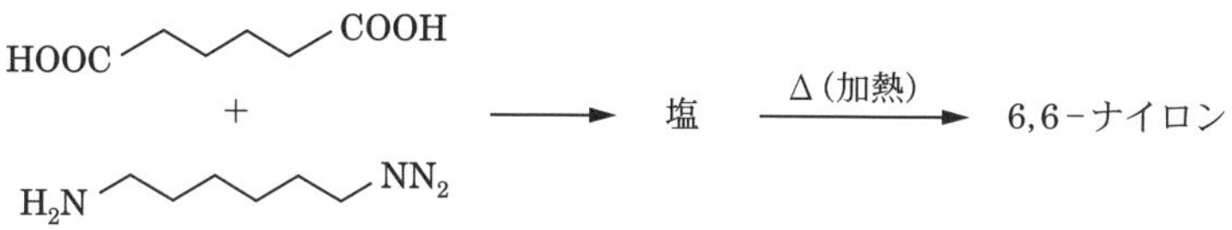

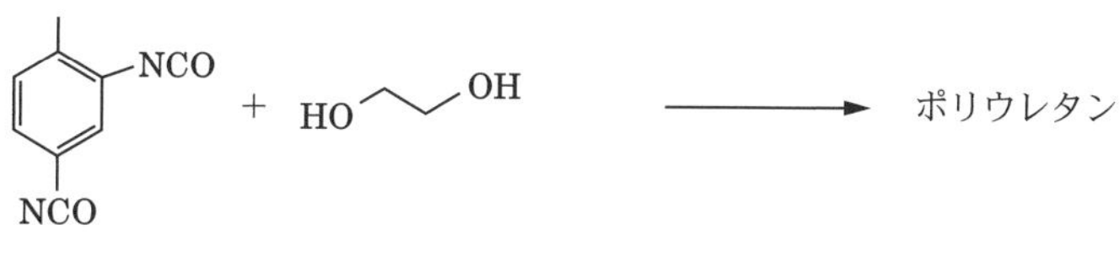

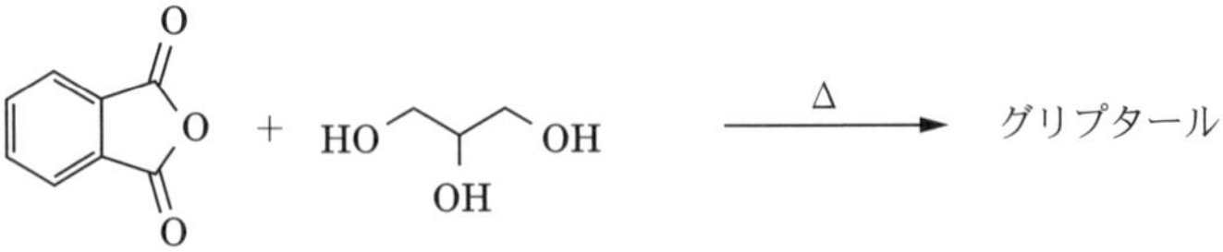

[構造式: 無水フタル酸 + HOCH₂-CH(OH)-CH₂OH →(Δ) グリプタール]

問2. それぞれにつき，できるポリマーの繰り返し単位を描け。

解 答

問1.

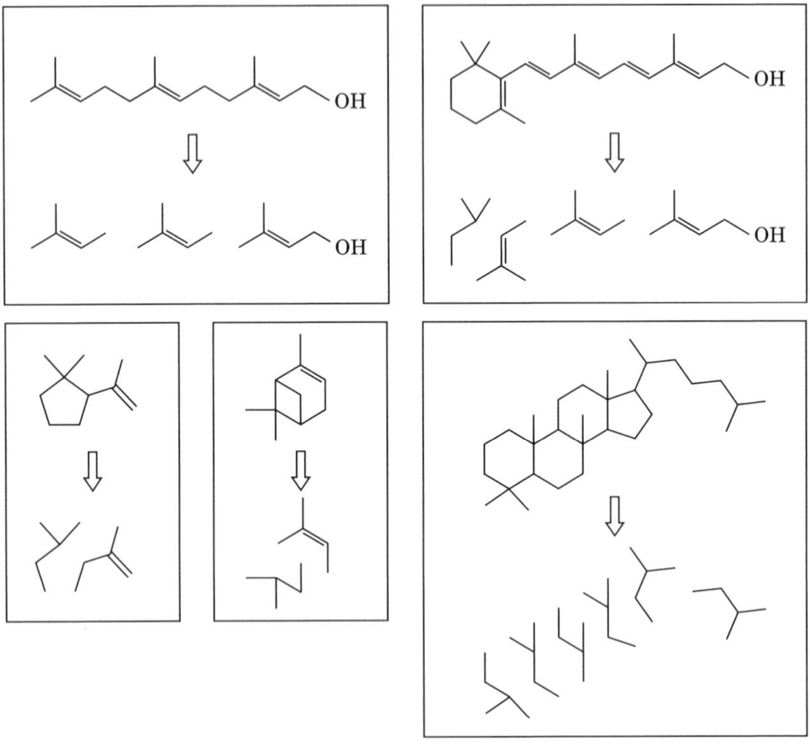

問2.

6,6-ナイロン

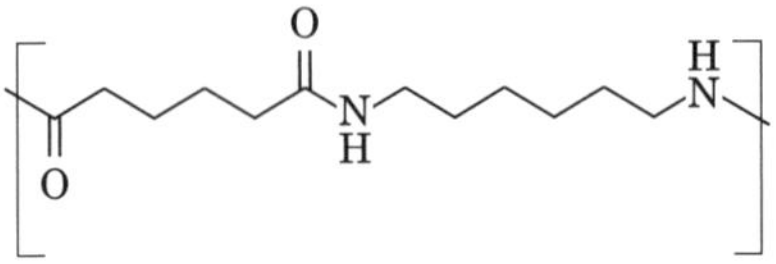

ポリウレタン

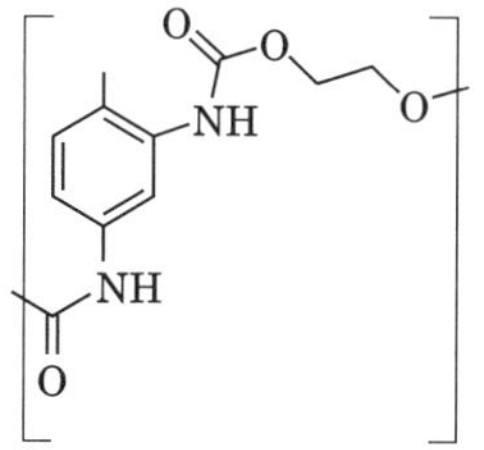

グリプタール

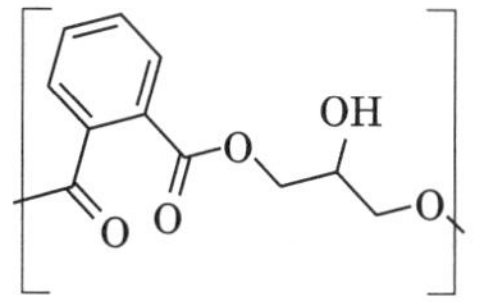

解説

　複雑な有機分子も，原子1個1個や小さな分子がつながって生まれる。**問1**は，イソプレン $H_2C=C(CH_3)-CH=CH_2$ の頭-尾 (head-to-tail)結合で生まれ，部分的に還元や OH 化を受けた天然物テルペン類の分子構造を眺めて，構造単位を見抜く問題。さほど高度ではないが，「どんな物質も原子のつながりで生まれる」というセンスの有無を問うものだといえよう。

　問2はアミド結合やエステル結合によるポリマー生成の仕組みを問う問題で，既習概念の**連鎖重合**(付加重合)，**重付加と縮合重合**にからむ。6,6-ナイロンだけは日本の高校でも扱うが，ポリウレタン合成のとき起こる水素原子移動や，グリプタール合成のとき起こる酸無水物の開環に気づかない生徒もいるだろう。

C2：非ベンゼン系の芳香族（2004年大会準備問題。第22問の抜粋）

　ベンゼンの発見以来，ベンゼンに似た性質の化合物(芳香族)が次々と見つかった。芳香族化合物は次のような特性をもつ(ヒュッケル則)。

- ○ 環状化合物である　　○ 共役している
- ○ 分子は平面型　　　　○ $4n+2$ 個(n は自然数)の π 電子をもつ

問1. 下(p.30)に示す化合物で，π 電子の数はそれぞれいくつか。それをもとに，どの分子が芳香族性をもつか推定せよ。

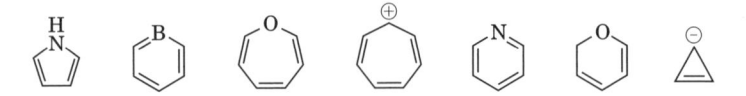

問 2. 次に，芳香族性と分子の化学的性質の関係を考えよう。下記の化合物 a と b で，双極子モーメントはどちらが大きいか。共鳴構造式をもとに，理由も述べて答えよ。

問 3. 次の化合物三つは，pK_b 値が 8.8, 13.5, 3.1 のどれかになる。プロトン和のしやすさに注目して，それぞれの pK_b 値を推定せよ。

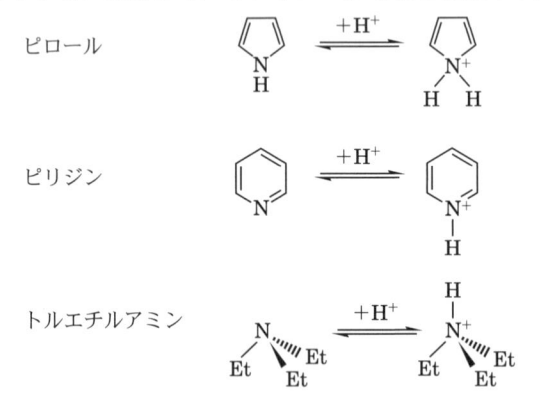

ピロール

ピリジン

トルエチルアミン

解 答

問 1. π 電子の数は左から順に 6 個，6 個，8 個，6 個，6 個，6 個，4 個。ヒュッケル則により，芳香族性をもつのは左から 1 番目，2 番目，4 番目，5 番目だとわかる（6 番目の分子は共役していない）。

問 2. 共鳴構造は下図のように描ける。

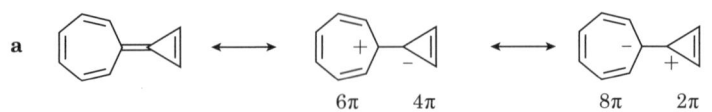

a 6π 4π   8π 2π

b 〔構造式: シクロヘプタトリエン=シクロペンタジエン類の共鳴構造〕 ↔ □〔6π 6π〕□ ↔ 〔8π 4π〕

　四角で囲った b の共鳴構造は双極子モーメントが大きく，左の環（シクロヘプタジエニルカチオン）も右の環（シクロペンタジエニルアニオン）も芳香族性をもつため安定性が高い。ほか三つの共鳴構造は，少なくとも 1 個の環が非芳香族性となるので安定には存在しにくい。以上から，双極子モーメントは化合物 b のほうが大きい。

問3. まず，強い塩基ほどプロトン和しやすく，pK_b 値が小さい（= K_b 値が大きい。ちなみに，逆向きの酸解離を考えた場合は，pK_a 値が大きい = K_a 値が小さい）ことに注目する。

　ピロールの場合，N 原子上の孤立電子対は芳香族の π 電子系に含まれる。N 原子がプロトン和すると，安定な芳香族系（6π 電子系）が壊れてしまう。そのためピロールは塩基性がきわめて弱い。

　ピリジンでは，N 原子上の孤立電子対は芳香族の π 電子系に含まれないので，ピロールよりプロトン和しやすい。しかし N 原子は sp^2 混成している（結合した二つの C と孤立電子対が同じ平面上にある）ため，電気陰性度は低く，ふつうのアミン（sp^3 混成）よりも塩基性は弱い。

　トリエチルアミンは，孤立電子対の p 性が強く，三者のうちでは塩基性がもっとも高い（もっともプロトン和しやすい）。

　以上から pK_b 値は，ピロールが 13.5，ピリジンが 8.8，トリエチルアミンが 3.1 と判定できる。

解　説

「既習の化学概念」でいうと，**有機化合物の構造と反応性**，**構造と性質の相関**，**炭素原子の混成軌道と結合の幾何学**，**σ 結合と π 結合**，**非局在化**，**芳香族性**，**共鳴構造**を総合的に扱った問題。「共役」や「双極子モーメント」，「共鳴と安定性の関係」，「プロトン和」など，有機化合物の性質を考えるのに欠かせない物理的な概念をどれだけつかんでいるかも問う。

日本の高校化学で，有機分子あれこれの構造は「こうなのだ」としか教えない。しかし，骨格をなす炭素原子や窒素原子の(混成も含めた)電子軌道に注目したうえ，「万物は安定(エネルギーの低い状態)を好む」という原理も使えば，有機化合物が**なぜ**そんな構造をもち，**なぜ**そういう性質をもつのかが浮き彫りになってくる。

そういった知識は，この戦略篇ではとり上げない(あとの実践篇で主役となる)有機化合物の「反応」を読み解くことにもつながる。むろん有機分子の反応も，エネルギーがいちばん低くなるルートを進む。

日本だと理系の大学1～2年で学ぶ「有機電子論」の話だけれど，有機電子論の基礎をできるだけ学んでおくのが，世界の仲間と戦ううえで欠かせない戦略のひとつだといえよう。

C3：天然化合物α-テルピネオールの合成
(2009年大会準備問題。第23問を抜粋・改変)

染料モーブの合成(1856年)で名高いパーキン卿の息子パーキン二世(1860～1929)は，次の反応により天然テルペン類の一種α-テルピネオール(**F**)を合成した。

excess 過剰の
base 塩基

問1． 中間体 **B**, **C**, **D**, **E** の構造式を描け。
問2． **E**→**F** の変化にはどんな試薬を使うか。
問3． 出発分子 **A** を 4-ヒドロキシ安息香酸から合成したい。どんな反応を利用するか。

―――― 解 答 ――――

問1.

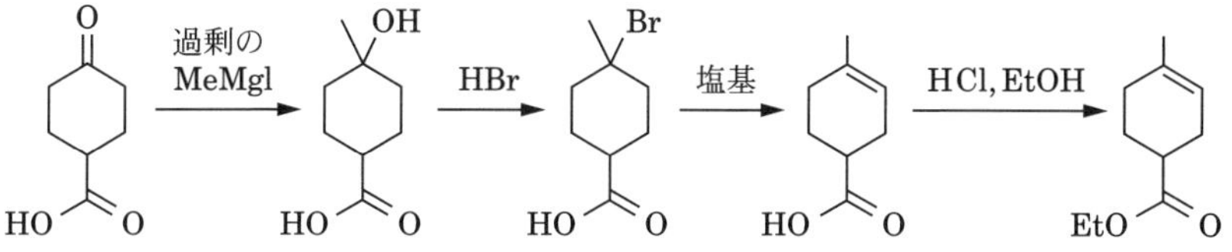

A → (過剰のMeMgI) → B → (HBr) → C → (塩基) → D → (HCl, EtOH) → E

問2.

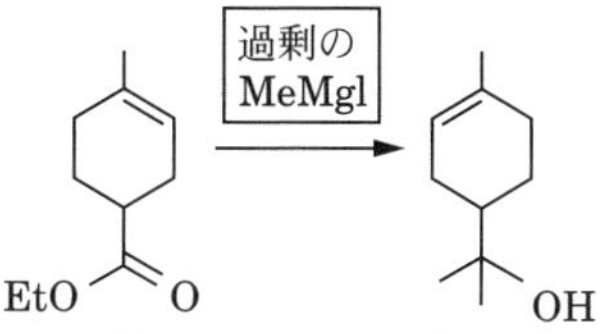

E → (過剰のMeMgI) → F

問3.

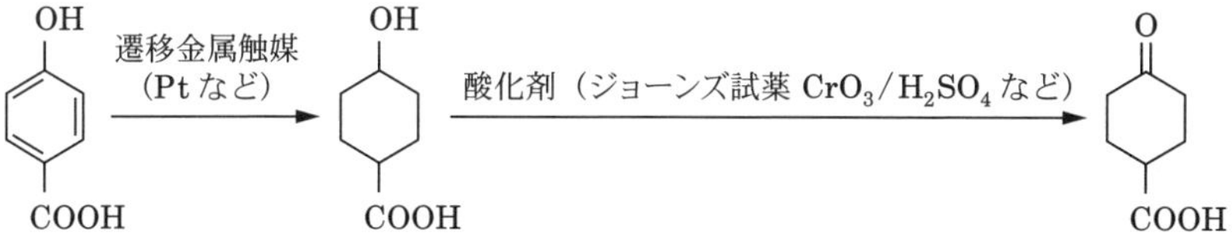

OH–C₆H₄–COOH → (遷移金属触媒 (Ptなど)) → シクロヘキサノール-COOH → (酸化剤 (ジョーンズ試薬 CrO₃/H₂SO₄ など)) → A

―――― 解 説 ――――

　国際標準の高校カリキュラムでは既習知識とされる**グリニャール反応**の問題。一般式 R−MgX (R = 1級・2級・3級アルキル基, アリール基, ビニル基。X = Cl, Br, I) に書ける化合物を**グリニャール試薬**という。

　グリニャール反応では, 次ページのように, C=O → C−OH の還元と R の付加が進む (**問1**, 中間体 B の生成)。

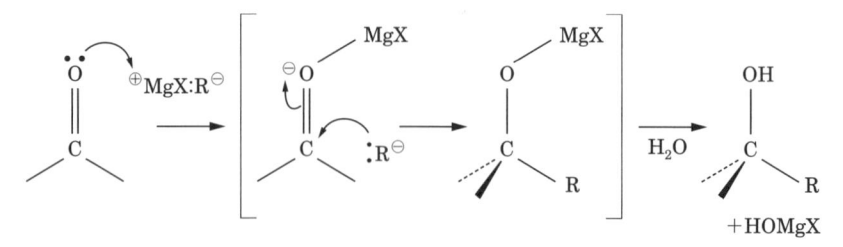

問2(**E**→**F**)もグリニャール反応で起こせる。

問3は，まず4-ヒドロキシ安息香酸の構造式を正しく描く。白金などを触媒とするベンゼン環への水素付加（日本の高校教科書も記載）に続き，適当な酸化剤を使ってアルコール基をカルボニル基に酸化する。

D 実験問題
出題範囲の基準

既習の実験スキル	実験誤差の見積もり，有効数字，実験台上での加熱，加熱還流，質量と体積の測定（電子天秤，メスシリンダー，ピペット，ビュレット，メスフラスコ），溶液の調製・希釈，標準溶液，マグネチックスターラーの操作，試験管を使う化学反応，指示に従う官能基の定性試験，容量分析，滴定，安全ピペッターの操作，pHの測定（pH試験紙，pHメーター）
既習の化学概念	直接滴定と間接滴定（逆滴定），酸-塩基滴定，酸-塩基滴定曲線，酸-塩基滴定における指示薬の選択，酸化還元滴定（過マンガン酸塩滴定，ヨウ素滴定），単純な錯形成滴定と沈殿生成滴定，ランベルト-ベールの法則
未習の実験スキルと化学概念	合成手法（ろ過，沈殿の乾燥，薄層クロマトグラフィー），マイクロ（小）スケールの化学合成，高度な無機イオン定性分析，重量分析，分光光度計の利用，液-液抽出の原理と利用，カラムクロマトグラフィー

既習のスキルは日本とそれほど変わらない。実験に利用する化学概念のほうは，日本だと「ほぼこれだけ」の酸-塩基滴定に加え，酸化還元滴定，錯形成滴定，沈殿生成滴定も既習事項になる。吸収スペクトルの解析に使うランベルト-ベール則も既習。

未習のほうだと，むろん準備問題で扱ったうえ，クロマトグラフィーの操作・解釈がよく出題される。

問題の例

D1：水溶液の成分を突き止める（2008 年大会。課題 3）

無色透明な水溶液が 8 本の試験管(番号 1〜8)に入っている。下記を前提として，それぞれに含まれる陽イオンと陰イオンを同定せよ。

（1） 陽イオンは次に示す 24 種のどれか：H^+, NH_4^+, Li^+, Na^+, Mg^{2+}, Al^{3+}, K^+, Ca^{2+}, Cr^{3+}, Mn^{2+}, Fe^{2+}, Fe^{3+}, Co^{2+}, Ni^{2+}, Cu^{2+}, Zn^{2+}, Sr^{2+}, Ag^+, Sn^{2+}, Sn^{4+}, Sb^{3+}, Ba^{2+}, Pb^{2+}, Bi^{3+}.

（2） 陰イオンは次に示す 20 種のどれか：OH^-, CO_3^{2-}, HCO_3^-, CH_3COO^-, $C_2O_4^{2-}$, NO_2^-, NO_3^-, F^-, PO_4^{3-}, HPO_4^{2-}, $H_2PO_4^-$, SO_4^{2-}, HSO_4^-, S^{2-}, HS^-, Cl^-, ClO_4^-, MnO_4^-, Br^-, I^-.

（3） 水溶液の濃度は約 5%（沈殿ができればすぐわかる）。

（4） 使用してよいのは，試験管，加熱装置，蒸留水，pH 試験紙だけ。

（5） H^+ を除く陽イオン(23 種)と，OH^-, CO_3^{2-}, HCO_3^-, HSO_4^-, S^{2-}, HS^-, Cl^- を除く陰イオン(13 種)から生じる塩(計 299 種)の溶解性を，配布の表にまとめてある。

解 答

溶けている塩は，① $AgNO_3$，② $KHCO_3$，③ NH_4ClO_4，④ $NaOH$，⑤ $NaHS$，⑥ $Pb(CH_3COO)_2$，⑦ BaI_2，⑧ $MgSO_4$ の 8 種。

解 説

基礎化学・無機化学の既習知識(p. 11)にある**おもな遷移元素が通常もつ酸化数とイオンの色**，Ag^+・Ba^{2+}・Fe^{3+}・Cu^{2+}・Cl^-・CO_3^{2-}・SO_4^{2-} **の検出**と，それを使う既習概念「**無機イオンの定性**」のほか，実験の既習スキル「**試験管を使う化学反応**」「**pH の測定**」，未習スキル「**高度な無機イオン定性**」にからむ課題。可能な組み合わせ 480 種(24×20)から 8 種を突き止めるには，確かな知識と鋭い直感，手際のよさが欠かせない。

アプローチ法の一例を以下に示す。

A 水溶液はどれも無色なので，有色のイオン Fe^{2+}, Fe^{3+}, Co^{2+}, Ni^{2+},

Cu^{2+}, MnO$_4^-$ は除ける(Mn^{2+} は、濃ければピンクだが、薄くてほぼ無色かもしれないので候補に残す)。

B 試験紙でpHを調べる。①、③、⑥、⑦、⑧はほぼ中性、②はアルカリ性(pH ≒ 9)、④と⑤は強いアルカリ性(pH > 11)だとわかり、酸性が強いものはないため、H$^+$, Sn^{2+}, Sn^{4+}, Sb^{3+}, Bi^{3+}, HSO$_4^-$ は除ける。

以上から、陽イオン13種、陰イオン18種が候補に残る。

次に試験管を使い、2種の水溶液を混ぜたときの変化を調べる。「無変化」、「沈殿生成」、「沈殿の色」、「加熱した際の変化(室温では無変化だったところ新たに沈殿が生成、無臭の気体が発生、特有の臭気が発生、など)」を確かめながら推理を進めていく。

たとえば、加熱によりアンモニア臭が生じればNH$_4^+$があると推定でき、無色無臭の気体が発生すればCO$_2$だろうと考え、CO$_3^{2-}$やHCO$_3^-$を含むと推定できる。

さらにくわしい解説は、篇末にあげたオリンピック過去問の紹介サイトを参照していただきたい。

D2：ポリカーボネート樹脂の分解と、分解産物のエーテル化
(2004年大会。課題1)

操作1. ポリカーボネート樹脂2.54 gをアルカリ加水分解してビスフェノールA(BPA)のナトリウム塩を得たのち、酸を加えてBPAにする。

BPAを単離し、ビーカーに入れて提出する。

問1. 理論上、何gのBPAが得られるか。

操作2. 新たに配られる2.00 gのBPAをクロロ酢酸ナトリウムと反応させ、BPAのビス(カルボキシメチル)エーテルにする。

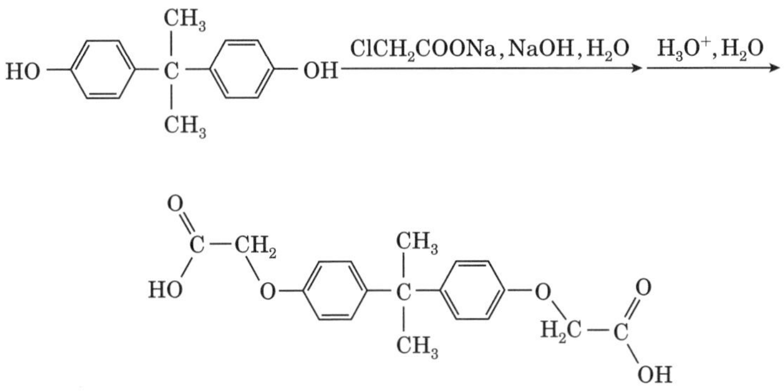

$$\text{HO}\!-\!\!\bigcirc\!\!-\!\overset{\overset{\text{CH}_3}{|}}{\underset{\underset{\text{CH}_3}{|}}{\text{C}}}\!-\!\!\bigcirc\!\!-\!\text{OH} \xrightarrow{\text{ClCH}_2\text{COONa, NaOH, H}_2\text{O}} \xrightarrow{\text{H}_3\text{O}^+, \text{H}_2\text{O}}$$

生成物のエーテルを単離し，ビーカーに入れて提出する。また，試験担当者が行う融点測定のため，3本の毛細管に試料を詰めて提出する。

問 2. 理論上，何 g のエーテルが得られるか。

問 3. 反応のおもな副生物を二つ，構造式で描け。

――――― 解 答 ―――――

問 1. 2.28 g   **問 2.** 3.02 g   （有効数字をまちがえると減点）

問 3.

BPA が 1 分子のクロロ酢酸ナトリウムと反応した分子

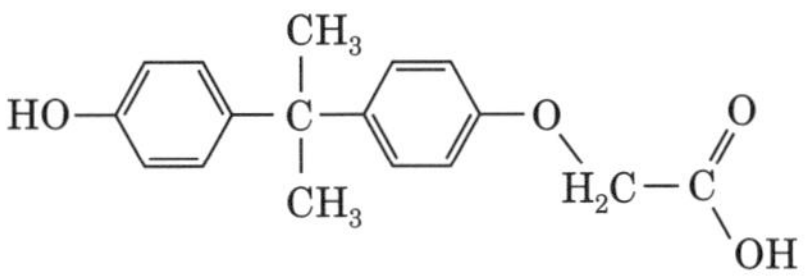

クロロ酢酸ナトリウムのアルカリ加水分解物

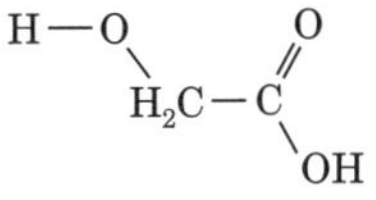

――――― 解 説 ―――――

既習スキルの**有効数字**，**実験台上の加熱**，**加熱還流**，**マグネチックスターラーの**

操作と，未習スキルの**合成手法(ろ過)**を使う実験課題。

操作1・操作2とも，提出した生成物は実験担当者が収率と融点を測り，その値により評点を決める。**操作2**のほうは，試料を融点測定用の毛細管に詰める操作も生徒の仕事になる(詰めてなければ減点)。

これほど複雑な課題の操作手順を高校生が自力で思いつくのは不可能に近いため，実験手順は(A4判2頁以上にわたって)くわしく書いてある。それを読みながら作業を進めればいいのだが，日ごろ実験になじんでいない生徒は手際よくこなせないだろう。

なお，課題全体を100点に換算した場合，**操作1**の生成物について収率30・融点10，**操作2**の生成物について収率30・融点20，**問1**が2，**問2**が2，**問3**が6という配点だった。

本課題の下敷きとなった準備問題を，p.201〜205に紹介してある。

D3：界面活性剤の臨界ミセル濃度 (2009年大会。課題3)

ドデシル硫酸ナトリウム $CH_3(CH_2)_{11}OSO_3Na$ (SDS。分子量288.37) は，界面活性剤として洗剤やシャンプーに使う。希薄水溶液中だと孤立分子の形で溶けるSDSは，濃度が一定値を超すと「ミセル」という会合体をつくり(そのとき孤立分子の溶解濃度は不変)，油分の補足・除去に働く。ミセルの形成が始まる濃度を臨界ミセル濃度(CMC)と呼ぶ。

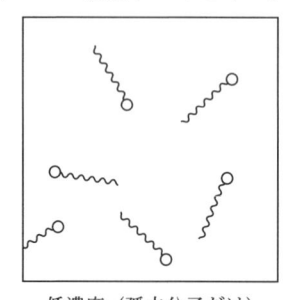

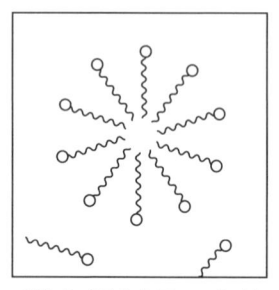

低濃度 (孤立分子だけ)　　高濃度 (孤立分子＋ミセル)

1. 正確に秤量された約4.3gのSDSが試料管に入っている。実験台にはそのほか，250 cm³のメスフラスコ，50 cm³のビュレット，50 cm³のピペット，電導度計，電導度測定用標準溶液(校正時にだけ使用)，背の高いプラスチッ

ク容器が置いてある。

2. 一連の濃度 c（最高 30 mmol dm^{-3}）で SDS の電導度 σ（単位 mS cm^{-1}）を測定せよ（混合溶液の体積は，混合前の溶液の体積の和とみてよい）。

問1． 調製した SDS 原液の濃度はいくらか。

問2． 測定結果を解答用紙の表に記録せよ。またグラフ用紙には，臨界ミセル濃度 CMC を決めるのにふさわしいグラフを描け。

問3． 臨界ミセル濃度 CMC はいくらか。

─────── 解　説 ───────

実験試験で問われる力量のひとつに「段取り」がある。

本実験では，電導度の測定値をもとに CMC を決める。濃度が増していくと，ある物理量が初めは線形に変わり，一定の濃度で変化のしかたが変わる。グラフ上では「傾き」が変わる。その濃度値を正確に，かつ最小限の労力で決めたい。

傾きそれぞれの直線部分が 3 点プロットできれいに得られたら，合理的な結論が出せる。どのあたりに変曲点が現れるか予測し，安全な実験条件を設定して，実験しながら目標を見据える総合的な情報収集と感性，判断力が要求される課題だといえる。

評価では，真値（出題側の実験結果）とのズレ，各直線を決めたプロットの最低数クリア，「真値を決めた直線」からのズレに応じ，加点・減点される。

素材と「おおまかな目標」を与えられ，時間や手持ちの手段を考え必要最低条件を満たすよう計画・実行することは，実社会にもそのまま当てはまる。「手取り足取り」の教育を受けてきた若者には相当つらいだろうが，国際標準カリキュラムでは，そうした姿勢を高校生にも求めているわけだ。

E ご当地問題

お国自慢というのか，主催国の偉大な化学者や特産物質，主催国で開発された化学技術や医薬などにちなむ問題を出す大会が多い。

問題の例

E1：黄金の都・九份（2005年台湾大会。第4問の抜粋）

　台湾北東部の九份（チューフン）は，歴史伝承の豊かな古くからの鉱山町だ。アジア屈指の金山でもあり，「黄金の都」と呼ばれる。

　鉱石から金を抽出するにはKCNを使う。金は空気の存在下，青酸イオンCN^-溶液中に安定な$Au(CN)_2^-$となって溶ける。

$$4Au + 8CN^- + O_2 + 2H_2O \rightleftharpoons 4Au(CN)_2^- + 4OH^-$$

問1. $Au(CN)_2^-$の構造を，原子の空間的な配置がわかるように描け。

問2. 鉱石から20gの金を抽出するのに必要なKCNは何gか。

問3. 濃塩酸と濃硝酸を体積比3：1で混ぜた王水は，金を「溶かす」液体として錬金術師が見つけた。金を王水に入れると次の酸化還元反応が進む。

$$Au + NO_3^- + Cl^- \rightleftharpoons AuCl_4^- + NO_2$$

　酸化と還元をそれぞれ反応式で表したうえ，上に書いた未完成の平衡式を完全な酸化還元反応式とせよ。

問4. 問3の反応で，酸化剤と還元剤はそれぞれ何か。

問5. 金は硝酸には溶けないが，王水には錯イオン$AuCl_4^-$となって溶ける。次の電子授受平衡を考えよう。

$$AuCl_4^- + 3e^- \rightleftharpoons Au + 4Cl^- \quad E° = +1.00 \text{ V}$$
$$Au^{3+} + 3e^- \rightleftharpoons Au \quad E° = +1.50 \text{ V}$$

　上のデータを使い，25℃における$AuCl_4^-$の生成定数Kを計算せよ。

$$K = \frac{[AuCl_4^-]}{[Au^{3+}][Cl^-]^4}$$

解 答

問1. $[N \equiv C - Au - C \equiv N]^-$　　（直線形）

問2. 金20gは約0.10 mol，するとKCN(式量65)は0.20 molだから13 g

問3. 反応式は次のように書ける。

（酸化）　$Au + 4Cl^- \rightarrow AuCl_4^- + 3e^-$

（還元）　$3NO_3^- + 6H^+ + 3e^- \rightarrow 3NO_2 + 3H_2O$

40

以上をまとめて平衡の形に書けば次式になる。
$$Au+3NO_3^-+6H^++4Cl^- \rightleftharpoons AuCl_4^-+3NO_2+3H_2O$$

問 4. 酸化剤は NO_3^-（硝酸イオン），還元剤は Au（金）

問 5. $AuCl_4^-$ の生成平衡は次式に書ける。
$$Au^{3+}+4Cl^- \rightleftharpoons AuCl_4^-$$

化学熱力学の基本式 $\Delta G° = -RT \ln K$ に注目し，右向き変化の $\Delta G°$ から平衡定数 K を求める。標準生成ギブズエネルギー $\Delta_f G°$ を使い，

$$\Delta G° = \Delta_f G°(AuCl_4^-) - \Delta_f G°(Au^{3+}) - 4\Delta_f G°(Cl^-) \qquad ①$$

が成り立つ。また，電子授受平衡

$$AuCl_4^- + 3e^- \rightleftharpoons Au + 4Cl^- \qquad E° = +1.00 \text{ V}$$
$$Au^{3+} + 3e^- \rightleftharpoons Au \qquad E° = +1.50 \text{ V}$$

は，単体についての $\Delta_f G°(Au) = 0$ を考え，それぞれ次式と等価になる。

$$\Delta_f G°(AuCl_4^-) + (-3F \times 1.00) = 4\Delta_f G°(Cl^-) \qquad ②$$
$$\Delta_f G°(Au^{3+}) + (-3F \times 1.50) = 0 \qquad ③$$

①②③から $\Delta G° = -3F \times 0.50 = -144700 \text{ J mol}^{-1}$ となるため，それを $\Delta G° = -RT \ln K$ に代入して，$K = e^{144700/(8.314 \times 298.15)} = 2.2 \times 10^{25}$ $L^4 \text{ mol}^{-4}$ を得る。K 値がたいへん大きく，変化はほぼ完全に右へ進むため，金は王水によく溶ける。

解説

既習概念に属する**化学平衡**，**平衡定数**，**起電力**，**錯形成反応**，**錯形成定数**，**ギブズエネルギー**，**熱力学第二法則**，**自発変化の向き**を総合的に扱う，化学オリンピックでは標準的な問題。未習概念とされる**平衡定数‒起電力‒標準生成ギブズエネルギーの相互関係**も使っている。そこでは，標準生成ギブズエネルギー $\Delta_f G°$ と標準電極電位 $E°$ の等価性がコアになる。なお本問の理解を深めるため，実践篇でとり上げる関連問題にも挑戦しよう。

金が王水に溶けることは日本の高校化学でも教える。しかし，王水を構成する硝酸イオン NO_3^- が酸化剤として金の電子を $Au \rightarrow Au^{3+}+3e^-$ のように奪い，塩酸の塩化物イオン Cl^- が錯化剤として Au^{3+} を安定化させることま

で教えなければ，錬金術の時代を脱していない。

E2：周期表のほかにもあったメンデレーエフの足跡二つ
(2007年ロシア大会準備問題。第8問)

周期表の提案で名高いメンデレーエフは，周期表以外にも興味深い足跡を残している。うち二つを眺めよう。

① メンデレーエフは，世界で初めて，あらゆる物質に「絶対沸点」があると考えた。絶対沸点より高い温度だと「物質はいくら圧力を加えても気体にとどまる」。彼は「水の絶対沸点」を543℃とみた。

問1. 「絶対沸点」とは何か？

問2. 水の状態図(温度-圧力の関係)を描き，「絶対沸点」を示せ。

問3. 以下に示すファンデルワールスの状態方程式から水の「絶対沸点」を見積もってみよ(水の場合，$a = 5.464 \text{ L}^2 \text{ atm mol}^{-2}$, $b = 0.03049 \text{ L mol}^{-1}$)。

$$\left(p + \frac{a}{V^2}\right)(V-b) = RT$$

② ウォッカのレシピを思いついたのはメンデレーエフだという噂がある。噂の真偽を確かめてみよう。

メンデレーエフは学位論文に，「エタノール＋水」二成分溶液の性質を述べている。彼は，エタノールの重量パーセントWを変えつつ二成分溶液の密度ρを測り，微分係数$d\rho/dW$とWの関係を描いて，図1の結果を得た。

グラフ中の3か所で，傾きが大きな変化を示す。その3点は弱い結合でできた「エタノール水和物」の組成だとメンデレーエフは考えた。

問4. 3種の「エタノール水和物」を化学式で書け。

問5. 「エタノール水和物」のうち，組成がウォッカ(エタノールの体積百分率40%)に近いものはあるか？ エタノールの密度は0.794 g cm^{-3}とする。メンデレーエフが「ウォッカの発見」に関わっていたかどうか考察せよ。

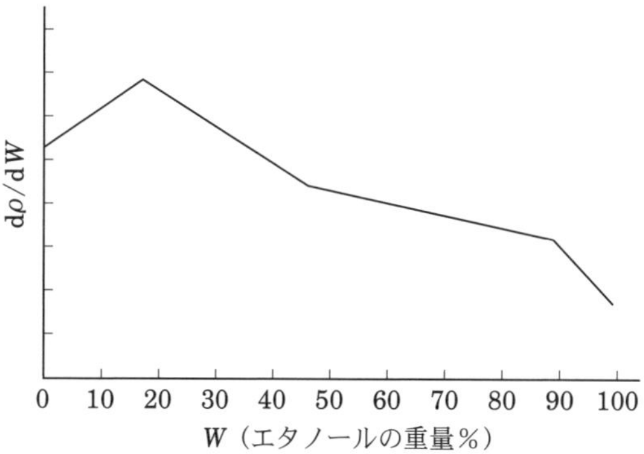
dρ/dW
0
10
20
30
40
50
60
70
80
90
100
W（エタノールの重量％）

図 1. メンデレーエフの実験結果

解 答

問 1. 1860年にメンデレーエフが絶対沸点と呼んだものは，1869年にアンドリューズが「臨界点」の概念を導入して以来，「臨界温度」と呼ばれる。

問 2. 下に描いた水の状態図中，液体–気体間の相平衡曲線は臨界点で消えうせる。臨界点の温度が「絶対沸点」にあたる。

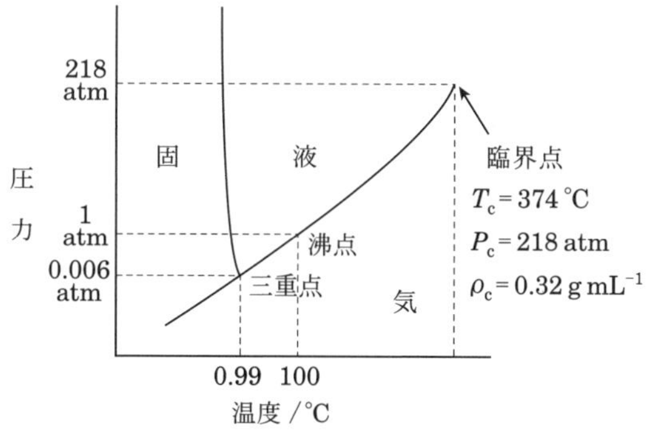
218
atm
固
液
圧
力
1
atm
0.006
atm
沸点
三重点
気
臨界点
T_c = 374 °C
P_c = 218 atm
ρ_c = 0.32 g mL^{-1}
0.99
100
温度 /°C

問 3. 臨界温度 T_c は，ファンデルワールスの状態方程式に使われるパラメータ a, b と次式で結びつく。

$$T_c = 8a/(27Rb) \qquad ①$$

水の場合，a, b の値と気体定数 $R = 0.082$ L atm K^{-1} mol^{-1} を代入して $T_c = 647$ K $= 374$ ℃が得られる。メンデレーエフが見積もった水

の「絶対沸点」543 ℃ はずいぶん高かった。

問4. 問題文のグラフに見える屈曲点三つの重量パーセント W(17.5, 46, 88%)は, エタノール：水のモル比に換算してそれぞれ 1：12, 1：3, 3：1 となるため, $(C_2H_5OH)\cdot(H_2O)_{12}$, $(C_2H_5OH)\cdot(H_2O)_3$, $(C_2H_5OH)_3\cdot(H_2O)$ の組成を表す。これらがメンデレーエフの「エタノール水和物」に相当する。

問5. ウォッカはエタノールの体積百分率が 40% だから, 重量パーセント W に直せば

$$W = \frac{40\times 0.794}{40\times 0.794 + 60\times 1.000}\times 100 = 34.6\%$$

となる。問題のグラフ中, 34.6% で変化は起きていないので, メンデレーエフが見つけた「特別な組成」とウォッカの組成に共通点はない。彼がウォッカの発明に関与しなかったとはいえないものの, 彼の結果をもとにウォッカが生まれた可能性はないと思える。

───── 解　説 ─────

ロシアが主催した 2007 年はメンデレーエフ(1834～1907)の没後 100 年だったためか, 彼の足跡をとり上げた物理化学の問題。

問1 の見当がつく高校生はいるだろうし, **問4** と **問5** は初歩的な化学計算だけれど, 素材なしに **問2** と **問3** をクリアするのは不可能だろう。**問2** で扱う水の状態図(相図)を「そら」で描けるはずはない。また, **問3** の式 ① をファンデルワールスの状態方程式から導き出すには, まず密度 ρ を使って圧力 p を書いたうえ, ρ を変数にした p の 1 次微分と 2 次微分を 0 にする数式いじりが欠かせない。

こうした超難問も, 本試験で出題されることはないにせよ, 代表生徒トレーニング用の準備問題には許される。

単位系についての注意をひとつ。状態方程式のパラメータが $a = 5.464$ $L^2\,atm\,mol^{-2}$, $b = 0.03049\,L\,mol^{-1}$ と与えられているため, 計算に使う気体定数 R も旧来の $0.082\,L\,atm\,K^{-1}\,mol^{-1}$ でなければいけない。SI (国際単位系)の $R = 8.314\,J\,K^{-1}\,mol^{-1}$ を使うなら, $1\,L = 10^{-5}\,m^3$, $1\,atm = 1.013\times 10^5\,Pa$ より $a = 0.5535\,m^3\,Pa\,mol^{-1}$, $b = 3.049\times 10^{-5}\,m^3\,mol^{-1}$ と換算したうえ式 ① に代

E3：テトロドトキシン（2010年日本大会。第7問を抜粋・改変）

フグが卵巣や肝臓にもつ猛毒のテトロドトキシン **1** は，ときに食中毒を起こす。テトロドトキシンの研究は20世紀初頭に始まり，1964年に分子構造が突き止められた。

テトロドトキシン（**1**）

問1. テトロドトキシンのグアニジン基は，プロトン化で生じるグアジニウムイオン **A** が，次の共鳴により安定化されるため，塩基性が強い。共鳴構造式 **B** と **C** を描け。

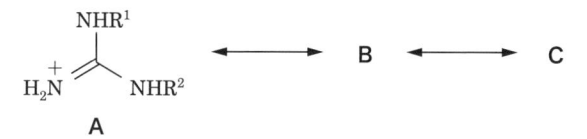

問2. 構造解明の途上，研究者はテトロドトキシンの反応を調べた。**1** をエタノール中で KOH と加熱するとキナゾリン誘導体 **2** が生じた。その機構は次のように考えられる。まず **1** が加水分解されカルボン酸塩 **3** になる。次に，塩基の作用で枠内の OH 基が脱離し，中間体 **D** となったあと，**D** の逆アルドール反応で C-C 結合が切れ，中間体 **E** と **F** ができる。最後に，脱水を伴う **E** の芳香族化でキナゾリン誘導体 **2** が生じる。中間体 **D**，**E**，**F** の構造を描け。（p.46 の図を参照）

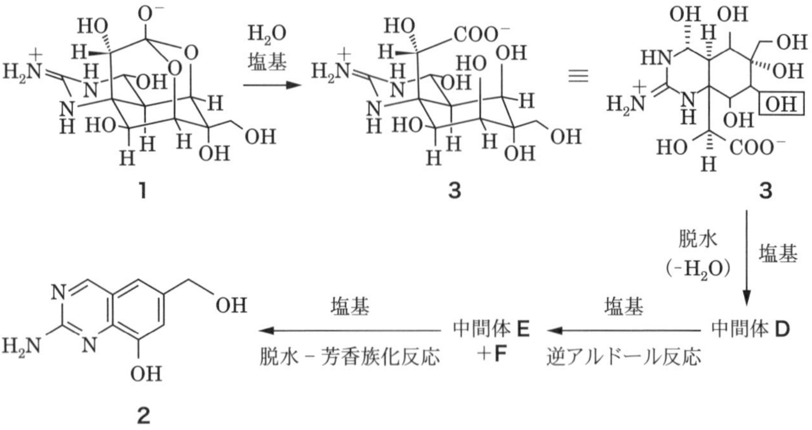

解　答

問 1.

B: グアニジン構造 H₂N–C(=NHR²)–⁺NHR¹ (中央Cに⁺NHR¹)

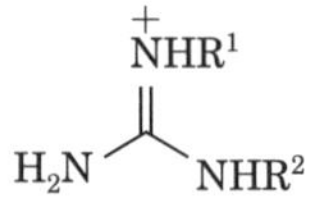

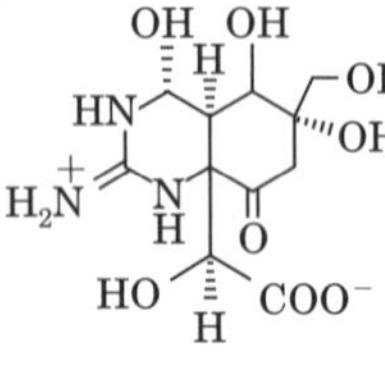

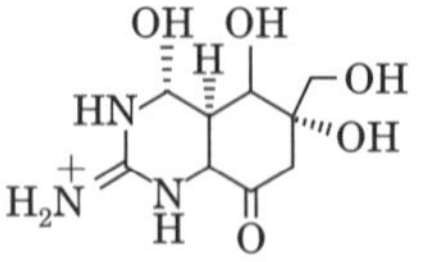

C: H₂N–C(⁺NHR²)=NHR¹

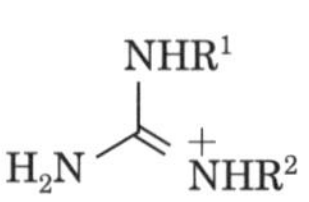

問 2.

D: 中間体D（ケトン型、HO–CH(COO⁻)– 側鎖を持つ構造）

E: 逆アルドール後の構造

F: OHC–COO⁻（グリオキシル酸アニオン）

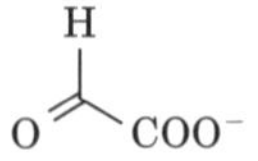

解　説

フグ毒テトロドトキシンの全合成は，岸　義人教授（名古屋大。現ハーバード大）がなしとげた。本問題はテトロドトキシンを題材に，有機化学の基本事項を問う。**問 1**は，生体関連物質などによくみられるグアニジン基に関する。**問 2**も，脱水反応や逆アルドール反応など基本的な有機反応を扱い，複雑な構造のテトロドトキシンから単純なキナゾリン構造への変換を扱う。

4 参考書

［化学オリンピックについて知る］

化学オリンピック日本委員会編，渡辺 正監修『化学オリンピック完全ガイド』（化学同人，2008）

2007年大会の記録と野依良治委員長の挨拶文を皮切りに，オリンピックの歴史，国内選抜手順，会期中の行事，旧シラバス，試験問題例などを紹介。

［過去問を調べる］

化学グランプリ・化学オリンピックの過去問を載せたサイト

化学グランプリ：http://gp.csj.jp/examarchives/（問題＋解答＋解説）

化学オリンピック：http://icho.csj.jp/about.html（2003年大会以降の公式HPにも飛べる。準備問題は英語版・和訳版とも解答・解説つき。本試験問題の解答は主催国作成の英語版だけに添付）

［基礎化学・物理化学を学ぶ］

渡辺 正，北條博彦『高校で教わりたかった化学』（日本評論社，2008）

高校レベルの素材を使い，高校と大学の橋渡しをねらって化学の「なぜ？」①〜④（p.6）をやさしく解説。化学オリンピックの出題範囲，日本の初中等理科教育が抱える問題点などにも触れている。

J. N. Spencer 他著，渡辺　正訳『スペンサー 基礎化学（上・下・演習編）』（東京化学同人，2012）

米国の高校上級クラスと大学一般教育で使われる教科書。基礎理論の修得と問題演習に主眼を置く。2012年からオリンピック代表候補輩出校に贈呈中。

［無機化学を学ぶ］

荻野 博，飛田博実，岡崎雅明『基本無機化学・第2版』（東京化学同人，2006）

初心者が元素世界の全体像を眺め渡すうえで役立つ本。

［有機化学を学ぶ］

竹内敬人『高校からの化学入門』シリーズ（岩波書店，1999〜2000）
①『なぜ原子はつながるのか』，②『分子の形と性質』，③『化学反応のしくみ』，④『物質を設計する』の4分冊。有機化学に軸足を置きつつ，高校化学と大学化学の橋渡しを試みている。

［量子化学を学ぶ］

友田修司『はじめての分子軌道法——軌道概念からのアプローチ』（講談社サイエンティフィク，2008）
オリンピックの出題対象だが日本の高校では教えない量子化学について，基礎概念と具体的な計算例を述べた本。

［化学実験法を学ぶ］
畑 一夫，渡辺健一『基礎有機化学実験新版』（丸善，1968）
日本の高校生の弱点となる実験のうち，とりわけなじみの薄い有機化学実験について基礎的なことがらを盛った定番の入門書。古典的な有機化学実験の操作がコンパクトに記述されている。

［機器分析を学ぶ］
庄野利之，脇田久伸『入門機器分析化学』（三共出版，1988）
日本の高校化学に欠けている機器分析のうち，おもな分光分析，クロマトグラフィー，電気分析，熱分析をカバーし，説明用の図も多い。

［NMR（核磁気共鳴）を学ぶ］
E. J. Haws 著，竹内敬人訳『プログラム学習 NMR 入門』（講談社サイエンティフィク，1977）
有機分子の構造解明に欠かせず，オリンピック試験にも頻出するNMRスペクトル解析の入門書。やさしい導入と段階を踏む演習により，短期間で力をつけるのに役立つ。

第2部 実践篇
PRACTICE SECTION

1 物理化学
PHYSICAL CHEMISTRY

物理の理論を使って化学現象の「**なぜ？**」に迫る分野を物理化学という。物理化学は，速さは無限大とみて変化が進むはずの向きや勢いを考える**平衡論**と，変化が現実に進む速さを考える**速度論**に大別できる。また**気体**と**量子化学**も守備範囲になる。

応用範囲が飛びぬけて広い平衡論(大学の「熱力学」)をさらに分類すれば，物理化学の全体構成は次のように表せるだろう。

平衡論	
化学エネルギー………………………	①
溶解平衡………………………………	②
酸塩基平衡……………………………	③
酸化還元(電気化学)平衡……………	④
速度論…………………………………	⑤
気体……………………………………	⑥
量子論・光化学………………………	⑦

たとえば戦略篇にあげた過去問の **B1** は③，**B2** は①+③，**B3** は⑤，**E1** は④，**E2** は⑥に分類できる。

①〜⑦の一部は日本の高校でも教えるけれど，酸化還元平衡や量子論，光化学は教えないし，理論をほとんど使わないため「**なぜ？**」がつかみにくい。かたやオリンピック(国際標準の高校化学)では，逃げを打たずに理論を使い，肝心な「**なぜ？**」をきびしく問う。なお当然ながら，物理の理論は無機化学や有機化学の出題にも使われる。

出題の素材も，日本の入試では「教科書に載っている物質や反応」しか使わないが，オリンピックでは「教科書にまず載らないもの」もよく使う。珍しい物質・反応を素材にしたほうが，化学の力を試せるからだ。

以下，上記①〜⑦を **1.1〜1.7** として，24 個の過去問を紹介しよう。

コラム
物理定数と理論式

ほとんどの大会では，原子量つきの周期表（2008 年大会のものを裏見返しに転載）と，下記の情報が問題冊子に載せてある。理論式の意味をつかみ，使いかたを身につけよう。なお過去問の英版では掛け算記号に「・」を使い，たとえば光の速度を $3.00 \cdot 10^8 \, \mathrm{m \cdot s^{-1}}$ と書いてあることも多いので注意したい。

物理定数

アボガドロ定数	$N_\mathrm{A} = 6.022 \times 10^{23} \, \mathrm{mol^{-1}}$
気体定数	$R = 8.314 \, \mathrm{J \, K^{-1} \, mol^{-1}} = 0.082 \, \mathrm{L \, atm \, K^{-1} \, mol^{-1}}$
ファラデー定数	$F = 96485 \, \mathrm{C \, mol^{-1}} \fallingdotseq 96500 \, \mathrm{C \, mol^{-1}} = 96.5 \, \mathrm{kC \, mol^{-1}}$
プランク定数	$h = 6.626 \times 10^{-34} \, \mathrm{J \, s}$
光の速度	$c = 3.00 \times 10^8 \, \mathrm{m \, s^{-1}}$
0 °C の絶対温度	$273.15 \, \mathrm{K}$
atm と Pa の換算	$1 \, \mathrm{atm} = 1.013 \times 10^5 \, \mathrm{Pa}$

（出題内容に応じ，原子質量単位，電子・陽子・中性子の質量なども付記される）

理論式

理想気体の状態方程式	$pV = nRT$
ギブズエネルギー	$G = H - TS, \quad \Delta G = \Delta H - T\Delta S$
化学熱力学の基本式	$\Delta G^\circ = -RT \ln K = -nF \Delta E^\circ_\text{電池}$
ネルンストの式	$E = E^\circ + \dfrac{RT}{nF} \ln \dfrac{[\mathrm{O}]}{[\mathrm{R}]}$
	$\quad = E^\circ + \dfrac{0.0592}{n} \log_{10} \dfrac{[\mathrm{O}]}{[\mathrm{R}]} \quad$ (V 単位, 25 °C)
光子 1 個のエネルギー	$E = h\nu = \dfrac{hc}{\lambda}$
ランベルト–ベールの式	$A = \log_{10} \dfrac{I_0}{I} = \varepsilon c l$
アレニウスの式	$k = k_0 \mathrm{e}^{-E_a/RT}$

（出題内容に応じ，円柱の体積や球の表面積・体積を表す公式，圧力やエネルギーの換算式，ブラッグの回折式なども付記される）

1.1 化学エネルギーの問題

1 燃焼熱の予測値と実測値 (2000年化学グランプリ。第4問の抜粋)

アルコールの燃焼熱からシクロアルカンの燃焼熱を推定する方法を考えた。以下の問いに答えよ。解答の数値は整数とする。

問1. 直鎖の第一級アルコールは $CH_3(CH_2)_{n-1}OH$ と書ける。その完全燃焼を化学反応式で書き表せ。

問2. 燃焼熱のデータ(表1)から，横軸を炭素数 n，縦軸を燃焼熱 Q としたグラフを描き，Q と n の関係を式で表せ。グラフの傾きは何を意味するか。

表1. 燃焼熱 Q のデータ (25 ℃)

アルコール	Q/kJ mol^{-1}
CH_3OH	726
CH_3CH_2OH	1367
$CH_3(CH_2)_2OH$	2021
$CH_3(CH_2)_3OH$	2676
$CH_3(CH_2)_4OH$	3331
$CH_3(CH_2)_5OH$	3984
$CH_3(CH_2)_6OH$	4638
$CH_3(CH_2)_7OH$	5294

シクロプロパン

問3. 炭素数 m のシクロアルカン C_mH_{2m} の燃焼熱 Q' を推定する式を書け。

問4. 上の結果をもとに，シクロプロパン C_3H_6 とシクロヘキサン C_6H_{12} の燃焼熱を推定してみよ。

問5. 実測の燃焼熱は，シクロプロパンが 2090 kJ mol^{-1}，シクロヘキサンが 3920 kJ mol^{-1} だった。問4の推定値と比べ，差があればその理由を考察せよ。

解 答

問1. $CH_3(CH_2)_{n-1}OH + \dfrac{3}{2}nO_2 \rightarrow nCO_2 + (n+1)H_2O$

問2. グラフ(省略。描いてみよう)を描けば，Q と n の間にはよい直線関係が成り立ち，$Q = 653n + 65\,(n \geqq 1)$ と書ける。直線の傾き(653 kJ)は，メチレン基($-CH_2-$)1個あたりの燃焼熱を表すと考えられる。

問3. $Q' = 653m\,(m \geqq 3)$

問4. シクロプロパンは $m = 3$，シクロヘキサンは $m = 6$ だから，
C_3H_6：$653 \times 3 \fallingdotseq 1960\,\mathrm{kJ\,mol^{-1}}$，$C_6H_{12}$：$653 \times 6 \fallingdotseq 3920\,\mathrm{kJ\,mol^{-1}}$

問5. シクロヘキサン C_6H_{12} の実測値は推定どおりだが，シクロプロパン C_3H_6 の実測値は推定値より $2090 - 1960 = 70\,\mathrm{kJ\,mol^{-1}}$ も大きい。これは次のように考えられる。直鎖アルコールなら C–C–C 角が $109.5°$ になるところ，C_3H_6 の C–C–C 角は $60°$ と小さい。そのため C_3H_6 分子にはひずみがあり，ひずみの分だけエネルギーが高いので，それが燃焼熱の大きさに表れた(解説図は省略)。一方で C_6H_{12} は，分子全体のひずみが減るように炭素間の結合がねじれているから，燃焼熱の実測値と予想値が近くなった。

解 説

長鎖アルコールや長鎖アルカンの燃焼熱にメチレン基単位の加成性が成り立つことを確かめ，結果を予測に使う問題。燃焼熱からシクロヘキサンなどの構造を推定するのは，化学史のひとこまでもあった。

なお，たとえばメタノールの燃焼を，日本の高校化学では
$$C_2H_5OH + 3O_2 = 2CO_2 + 3H_2O + 1367\,\mathrm{kJ}$$
と「熱化学方程式」に書くが，そうした表記は海外の高校では(日本の大学でも)使わない。矢印で結んだ反応式と，$\Delta H°$ (エンタルピー変化)を分け，次のように書くのが正しい作法だ。
$$C_2H_5OH + 3O_2 \to 2CO_2 + 3H_2O \qquad \Delta H° = -1367\,\mathrm{kJ}$$
記号 Δ (デルタ)は「行き先(生成系)」の値から「根元(原系)」の値を引く操作を意味し，本例では生成系のほうが低エネルギーだから，引いた結果が負の値になる。発熱変化は $\Delta H° < 0$，吸熱変化は $\Delta H° > 0$ と心得よう。

2 水素エネルギーを考える (2006年大会。第7問)

水素は，同じ重さの炭素より発熱量が大きい。そのため燃料は，「石炭 →

石油 → 天然ガス → 水素」と，水素の含有率が高いものに変わりつつある。水素をエネルギー源とする社会の実現には，水素の安価な製造法と安全な貯蔵法の確立が欠かせない。

問1. 水素を 25 ℃，80 MPa でボンベに詰めた。理想気体の状態方程式を使い，ボンベ内の水素の密度を kg m^{-3} 単位で求めよ。

問2. 水素を燃やしたときの発熱量は，同じ重さの炭素を燃やしたときの何倍か。$\Delta_f H°(H_2O) = -286$ kJ mol^{-1}, $\Delta_f H°(CO_2) = -394$ kJ mol^{-1} を使って計算せよ。生じる水は液体とする。

問3. 水素 1 kg の燃焼で得られる理論上の最大仕事を，① 燃料電池を使う電気モーターで得る場合と，② 低温側が 25 ℃，高温側が 300 ℃ の熱機関で生み出す場合につき計算せよ。熱機関の最大効率(出力仕事÷吸収熱量)は，低温側の絶対温度が $T_{低}$，高温側の絶対温度が $T_{高}$ のとき，$1-(T_{低}/T_{高})$ と書ける。また，次のデータを用いよ。

$S°_{298}(H_2) = 131$ J K^{-1} mol^{-1}
$S°_{298}(O_2) = 205$ J K^{-1} mol^{-1}
$S°_{298}(H_2O) = 70$ J K^{-1} mol^{-1}

問4. この燃料電池が，理論電圧のもと，出力 1 W で働くとき，電気モーターの作動時間と電流値はいくらか。

解 答

問1. 状態方程式から 1 m^3 あたりの量(単位 mol)を求めたあと，モル質量をかける。$n/V = p/(RT) = 80×10^6$ Pa$/(298$ K$×8.314$ J K$^{-1}) ≒ 32$ mol m^{-3} だから，密度は 32 mol m$^{-3}×2×10^{-3}$ kg mol$^{-1} = 64$ kg m^{-3}。

問2. 燃焼は $H_2+\frac{1}{2}O_2 → H_2O$ と書けて，発生する熱は $-\Delta_f H°(H_2O) = 286$ kJ mol$^{-1} = 143$ kJ g^{-1} に等しい。また炭素の燃焼は $C+O_2 → CO_2$ と書けて，発熱量は $-\Delta_f H°(CO_2) = 394$ kJ mol$^{-1} = 33$ kJ g^{-1} に等しい。

以上から，$143÷33 = 4.3$ 倍。

問3. ①では，反応 $H_2+\frac{1}{2}O_2 → H_2O$ の $\Delta G°$ を求めて水素 1 kg あたりに換算する。また②では，水素 1 kg あたりの燃焼熱(**問2**で計算)に最大効率(カルノー効率)をかける。

① $\Delta G° = \Delta H° - T\Delta S°$ の関係を使う。$\Delta H°$ は問2 より -286 kJ mol^{-1}。また $\Delta S°$ は，問題中のデータより $70-131-205\times 0.5 = -163.5$ J K^{-1} mol^{-1} だから，$\Delta G° = \Delta H° - T\Delta S° = -286$ kJ mol^{-1} $- 298$ K$\times(-163.5$ J K^{-1} mol$^{-1}) = -237$ kJ mol^{-1} $= -1.2\times 10^5$ kJ kg^{-1} となる。水素1 kg あたり外部にとり出せる仕事は，1 kg をかけたあと絶対値にして 1.2×10^5 kJ。

② 問2 で得た -143 kJ g$^{-1} = -143\times 10^3$ kJ kg^{-1} の絶対値に $1-(298/573) = 0.48$ をかけ，6.9×10^4 kJ。

問4. エネルギー(J) = 仕事率(W = J s^{-1})×時間(s) だから，$1.2\times 10^5\times 10^3$ J $= 1$ J s$^{-1}\times t$ より，$t = 1.2\times 10^8$ s $= 3.3\times 10^4$ h $= 3.8$ y

電気エネルギー(J)は「電位差(V)×電荷量(C)」と書ける。水素1 mol あたり，発生エネルギーは 237×10^3 J，流れる電荷は 2 mol ($2F = 1.93\times 10^5$ C) だから，電位差(起電力)は $237000 \div 193000 = 1.23$ V。電流 I は，電池の出力(1 W)を電位差(1.23 V)で割った 0.81 A となる。

解 説

問1と問2は，問題1の解説に述べた正式表記を除き，日本の高校レベルだといえよう。なお問1で旧来(非SI)の気体定数 $R = 0.082$ L atm K^{-1} mol^{-1} を使うなら，圧力 p は，80×10^6 Pa を 1 atm $= 1.013\times 10^5$ Pa で割った 790 atm としなければいけない。

問3では，ギブズエネルギー変化 ΔG の知識が欠かせない。ΔG は変化の向きを語る物理量で，エンタルピー変化(ΔH = 熱の出入り)とエントロピー変化 ΔS を使って $\Delta G = \Delta H - T\Delta S$ と書ける。

ΔH (反応熱)と ΔG の関係をざっと眺めよう(上つき記号「°」の意味については p.61 参照)。

物質それぞれがもつ熱量とみてよい標準生成エンタルピー $\Delta_f H°$ は，日本の高校で学ぶ「生成熱」にあたる(添え字 f は formation = 生成)。「生成熱」の足し引きで「反応熱」がわかるように，$\Delta_f H°$ 値の足し引きで反応の標準エンタルピー変化 $\Delta_r H°$ がわかる(添え字 r は reaction = 反応)。

同様に，物質それぞれの「仕事をする能力」は，標準生成ギブズエネルギー $\Delta_f G°$ という量で表し，$\Delta_f G°$ 値から化学変化の $\Delta_r G$ 値がわかる(例を次の

問題 3 で扱う)。自発変化は $\Delta_r G° < 0$ となる向きに進む。また $\Delta_f G°$ や $\Delta_r G$ は電気エネルギーと直接換算できる($\Delta_r H°$ は換算できない)。

問 4 ではその「$\Delta_r G \Leftrightarrow$ 電気エネルギー」換算を利用する。高校の物理で学ぶ「エネルギー＝電位差(電圧)×電荷」の関係や，$A = C\,s^{-1}$，$W = J\,s^{-1}$ といった単位についての基礎知識，計算のとき kJ と J をまちがえない注意力などが要求される。

3 水素の工業的製法 (2009 年大会準備問題。第 5 問を改変)

水素は，高温でメタン(など炭化水素)と水蒸気を反応させてつくる。
$$CH_4(g) + H_2O(g) \rightarrow 3H_2(g) + CO(g) \qquad ①$$

問 1. 次の熱力学データより，298 K における反応①の $\Delta_r G°$ と圧平衡定数 K_p を計算せよ。

	$\Delta_f G°_{298}$/kJ mol^{-1}	$S°_{298}$/J K^{-1} mol^{-1}
$CH_4(g)$	-74.4	186.3
$H_2O(g)$	-241.8	188.8
$H_2(g)$		130.7
$CO(g)$	-110.5	197.7

問 2. 平衡定数は温度とともにどう変わるか。

問 3. 水素の製造では，触媒を使わず常圧・高温で反応を進め，平衡混合物中のメタンを約 0.2 体積% とする。同体積の CH_4 と水蒸気が原料の場合，CH_4 の平衡濃度が 0.2% となるときの K_p 値はいくらか。気体は理想気体と考えよ。

問 4. 問 3 の状況になる温度を求めよ。

解 答

問 1. $\Delta_r H° = -110.5 - (-74.4) - (-241.8) = 205.7$ kJ mol^{-1}
$\Delta_r S° = 197.7 + 3 \times 130.7 - 186.3 - 188.8 = 214.7$ J mol^{-1} K^{-1}
$\Delta_r G° = \Delta_r H° - T\Delta_r S° = 205700 - 298 \times 214.7 = 141700$ J mol^{-1}
$\Delta_r G° = -RT \ln K_p$ より，$K_p = \exp[-\Delta_r G°/(RT)]$
$\qquad = \exp[-141700/(8.314 \times 298)] = 1.44 \times 10^{-25}$ ②

56

問 2. $\Delta_r H° > 0$ の吸熱変化だから高温で平衡が右に動き，K_p は増える。

問 3. 理想気体の分圧(atm 単位)は体積％に比例する。残留 CH_4 が 0.2％ なら残留 H_2O も 0.2％で，残る 99.6％(生成物)は $H_2 : CO = 3 : 1$ だから，CO は 24.9％，H_2 は 74.7％ となる。それぞれを分圧とみれば，次の結果になる。

$$K_p = \frac{(0.747\ \text{atm})^3 \times 0.249\ \text{atm}}{0.002\ \text{atm} \times 0.002\ \text{atm}} = 2.59 \times 10^4\ \text{atm}^2 \qquad \text{③}$$

問 4. 通常，$\Delta_r H°$ と $\Delta_r S°$ は温度によらない一定値(それぞれ a, b)と見なす。そのとき，温度 T_1 と T_2 で次の関係が成り立つ。

$$\Delta_r G_1° = -RT_1 \ln K_{p1} = a - bT_1$$
$$\Delta_r G_2° = -RT_2 \ln K_{p2} = a - bT_2$$

これを次のように書き直す。

$$\ln K_{p1} = -a/(RT_1) + b/R \qquad \ln K_{p2} = -a/(RT_2) + b/R$$

両者の差をとると，エントロピー項(b/R)が相殺され，次式(ファントホッフの式)になる。

$$\ln K_{p1} - \ln K_{p2} = \ln(K_{p1}/K_{p2}) = -a/R(1/T_1 - 1/T_2)$$

上式に $T_1 = 298$ K，$K_{p1} = 1.44 \times 10^{-25}$，$K_{p2} = 2.59 \times 10^4$，$a = 205700$ J mol^{-1}，$R = 8.314$ J mol^{-1} K^{-1} を代入し，$T_2 = 1580$ K ≒ 1310 ℃ を得る。

解説

室温でほぼ反応物だけの平衡反応①も，$\Delta_r H° > 0$ が効き，十分な高温では生成物が増えることを定量的に調べる問題。熱力学の基本式($\Delta G° = -RT \ln K$)の意味と使いかたを身につけていればむずかしくない。

式②と③を見比べて首をひねった読者は鋭い。同じ平衡定数なのに，②は単位がなく，③は単位(atm²)をもつ。本来，K 値の表式(いわゆる質量作用の法則)には混合物中の活量(無次元のモル分率)を使うが，気体では分圧(atm)を，溶質ではモル濃度(mol L^{-1})を活量の代用にする。

単位つきの分圧や濃度をそのまま使うと，K に単位が残ってしまう(③)。かたや，分圧は標準圧力(1 atm)で割り，濃度は標準濃度(1 mol L^{-1})で割った結果の数値だけを使えば，K は単位をもたない。

$\Delta G° = -RT \ln K$ が含む対数($\ln K$)の引数は「ただの数」なので,「K は無次元」が正しい作法になる。オリンピックの出題でもおおむねそうだ。ただし,高校や大学の教科書に③の流儀がまだ残る現状を考えて本書では,次項の溶解平衡も含め,K に単位をつけてある(むろん単位は無視してよい)。

1.2 溶解平衡の問題

4 銀塩の溶けやすさ (2007 年化学グランプリ。第 4 問を抜粋・改変)

1 価の陽イオンと陰イオンからできた難溶性塩 MX の溶解平衡は,次式で表される(イオンは水和しているとみなす)。

$$\mathrm{MX} \rightleftharpoons \mathrm{M^+} + \mathrm{X^-} \qquad ①$$

溶解の平衡定数を K とすれば,次式が成り立つ。

$$K = [\mathrm{M^+}][\mathrm{X^-}] \qquad ②$$

この K をとくに溶解度積(solubility product)と呼び,英単語の頭文字を添えた記号 K_{sp} で表す。表 1 の値(温度は 298 K)を使って AgCl,AgBr,AgI の $pK_{sp} = -\log_{10} K_{sp}$ を計算し,三つの塩を溶解度の大きい順に並べよ。

表 1 標準生成ギブズエネルギー

物質	$\Delta_f G°/\mathrm{kJ\ mol^{-1}}$
$\mathrm{Ag^+}$	$+77.1$
AgBr	-96.9
AgCl	-109.8
AgI	-66.0
$\mathrm{Br^-}$	-104.0
$\mathrm{Cl^-}$	-131.2
$\mathrm{I^-}$	-51.6

解 答

ある化学平衡の平衡定数 K は,右向き反応のギブズエネルギー変化 $\Delta_r G°$ と次式で結びつく。

$$\Delta_r G° = -RT \ln K = -2.303\, RT \log_{10} K \qquad (1)$$

表1のデータを使い，塩それぞれの $\Delta_r G°$ 値は次のようになる。

AgBr： $\Delta_r G° = \Delta_f G°(Ag^+) + \Delta_f G°(Br^-) - \Delta_f G°(AgBr)$
$= +77.1 - 104.0 - (-96.9) = 70.0$ kJ mol^{-1}

AgCl ： $\Delta_r G° = \Delta_f G°(Ag^+) + \Delta_f G°(Cl^-) - \Delta_f G°(AgCl)$
$= +77.1 - 131.2 - (-109.8) = 55.7$ kJ mol^{-1}

AgI： $\Delta_r G° = \Delta_f G°(Ag^+) + \Delta_f G°(I^-) - \Delta_f G°(AgI)$
$= +77.1 - 51.6 - (-66.0) = 91.5$ kJ mol^{-1}

以上を式(1)に代入し，K を溶解度積 K_{sp} とみて以下の結果を得る。

AgBr： $K_{sp} = 5.37 \times 10^{-13}$ mol^2 L^{-2}　　pK_{sp} = 12.27

AgCl： $K_{sp} = 1.72 \times 10^{-10}$ mol^2 L^{-2}　　pK_{sp} = 9.76

AgI： 　$K_{sp} = 9.14 \times 10^{-17}$ mol^2 L^{-2}　　pK_{sp} = 16.04

溶解度の大きい順(pK_{sp} の小さい順)は，AgCl > AgBr > AgI となる。

解説

オリンピックでは基本中の基本といってよい問題。多くの場合，平衡定数 K や p$K = -\log_{10} K$ をあらわに使って計算させる。pK の p は power(べき数)の頭文字で，pH の p と同じ意味をもつ。

また，平衡に関係する溶媒(H_2O など)や固体には本来の「活量」を使うため(p.62 参照)，問題文の式 ② 中に固体 MX を書かないのも「常識」になる。

解答中の(1)は化学熱力学のエッセンスを凝縮した基本式で，平衡を扱う問題のほとんどはこれを使って解く(ただし式(1)は問題冊子に書いてあるから，覚える必要はなく，意味をつかんでおけばよい)。式(1)を

$K = e^{-\Delta G°/RT}$

と書き直せばわかるように，$\Delta G°$ が大きな負の値なら $K \gg 1$ となって平衡は右辺(生成系)に大きくかたより，$\Delta G°$ が大きな正の値なら $K \ll 1$ となって平衡は左辺(原系)に大きくかたよる。

溶解時の平衡濃度 S は，$\Delta G° < 0$ なら 1 mol L^{-1} 以上，$\Delta G° \approx 0$ なら 1 mol L^{-1} 程度，$\Delta G° > 0$ なら 1 mol L^{-1} 以下と考えてよい(難溶性の塩は $\Delta G° \gg 0$ だから $S \ll 1$ mol L^{-1})。

5 溶解平衡の移動 (2008年大会準備問題。第13問を抜粋・改変)

問 1. AgCl の溶解度積は 10 ℃ で 2.10×10^{-11} $mol^2\,L^{-2}$,25 ℃ で 1.72×10^{-10} $mol^2\,L^{-2}$ となる。50 ℃ での溶解度積と, $mg\,L^{-1}$ 単位の溶解度を見積もれ。

問 2. AgCl は水に溶けにくいが,Ag^+ に配位するイオンなどを含む溶液には溶けやすい。たとえば大量の Cl^- が共存すると,AgCl の一部が $AgCl_2^-$ イオンになって溶ける。25 ℃ で反応 $Ag^+ + 2\,Cl^- \rightleftharpoons AgCl_2^-$ の平衡定数は $K = 2.50\times10^5$ $mol^{-2}\,L^2$ となる。25 ℃ の KCl 溶液に溶ける AgCl の量が,同じ体積で 50 ℃ の純水に溶ける AgCl の量と等しいとき,KCl の濃度はいくらか。

解 答

問 1. 反応の標準エンタルピー変化 $\Delta_r H°$ と標準エントロピー変化 $\Delta_r S°$ は,せまい温度範囲なら一定と考えてよい (p.56 参照)。

$T_1 = 283\,K$ のとき $K_{sp1} = 2.10\times10^{-11}$ $mol^2\,L^{-2}$ だから,次式が成り立つ。

$$\Delta_r G_1° = \Delta_r H° - 283\,\Delta_r S° = -R\times 383\times \ln K_{sp1} = 57.8\,kJ\,mol^{-1} \tag{1}$$

$T_2 = 298\,K$ のとき $K_{sp2} = 1.72\times10^{-10}$ $mol^2\,L^{-2}$ だから,次式が成り立つ。

$$\Delta_r G_2° = \Delta_r H° - 298\,\Delta_r S° = -R\times 298\times \ln K_{sp2} = 55.7\,kJ\,mol^{-1} \tag{2}$$

(1)+(2) の連立方程式を解き,$\Delta_r H° = 97.4\,kJ\,mol^{-1}$,$\Delta_r S° = 140$ $J\,K^{-1}\,mol^{-1}$ を得る。これを使い,$T_3 = 50\,℃ = 323\,K$ での $\Delta_r G°$ が

$$\Delta_r G_3° = 97.4 - 323\times 0.140 = 52.2\,kJ\,mol^{-1} \tag{3}$$

と推定でき,$K_{sp3} = 3.61\times10^{-9}$ $mol^2\,L^{-2}$ が得られる。溶解度(飽和濃度) S は K_{sp} の平方根なので,$S = 6.0\times10^{-5}$ $mol\,L^{-1} = 8.6\,mg\,L^{-1}$。

問 2. 上記の濃度 6.0×10^{-5} $mol\,L^{-1}$ が,25 ℃ で実現される。

$$\text{AgCl の溶解度} = S = 6.0\times10^{-5}\,mol\,L^{-1} = [Ag^+] + [AgCl_2^-]$$

と書けるが,大量の Cl^- が共存する平衡状態では $[AgCl_2^-] \gg [Ag^+]$ とみてよいため $[Ag^+]$ を無視すれば,次式が成り立つ。

$$K = \frac{[\mathrm{AgCl_2^-}]}{[\mathrm{Ag^+}][\mathrm{Cl^-}]^2} = \frac{S}{K_{\mathrm{sp}}[\mathrm{Cl^-}]}$$

したがって，$[\mathrm{Cl^-}] = S/(K \times K_{\mathrm{sp}}) = 1.4 \text{ mol L}^{-1}$。溶液中の塩化物イオンはほぼ全部が KCl 由来なので，KCl の濃度も 1.4 mol L^{-1} と考えてよい。

解説

これも化学熱力学の基本式(問題 3 の解説参照)を使って解く標準的な問題。せまい温度範囲なら，標準エンタルピー変化 $\Delta_r H°$ と標準エントロピー変化 $\Delta_r S°$ はほぼ一定でも，標準ギブズエネルギー変化 $\Delta_r G° (= \Delta_r H° - T\Delta_r S°)$ は，$\Delta_r S°$ に T がかかっているため，温度に対して直線的に変わる。

平衡定数の式を使うとき，平衡にあずかる物質のすべてを考えると収拾がつかなくなることが多い。濃度の大小関係をにらみ，どれかを無視して簡単化(近似)する眼力が役に立つ。似た状況には p.20 でも出合った。

本問の後半は，平衡移動を表す「ルシャトリエの法則」の例になる。日本の高校では定性的にしか扱わないが，国際標準の高校化学では，平衡定数を使って定量的に考える。

コラム

平衡論のエッセンス

ここまでに，日本の高校では見慣れない物理量や関係式がいろいろ出てきた。そのうち平衡論に必須なのが，標準生成ギブズエネルギー $\Delta_f G°$ と，基本式 $\Delta G° = -RT \ln K$ の二つ。くわしくは戦略篇末の参考書にゆずり，要点を眺めておこう。

スタート地点：変化の向きと勢い

$\Delta_f G°$ は，溶質なら 1 mol L^{-1}，気体なら 1 atm のとき(それが「°」の意味)，1 mol の化合物やイオンが 25 ℃, 1 atm で変身したがる思いの強さを表す。25 ℃, 1 atm で安定な単体は，変身する気がない ($\Delta_f G° = 0$) とみなす。

「思いの強さ」を kJ mol^{-1} 単位の値にすると，NaCl は -384，Na$^+$ は -262，Cl$^-$ は -131 になる。NaCl(-384) が Na$^+$ +Cl$^-$(-393) より大きいから，NaCl は溶けて Na$^+$ と Cl$^-$ になりたがる。だが $\Delta_f G°$ 差はわずか 9 kJ mol^{-1} なので，溶ける勢いは強くない。かたや $\mathrm{H_2} + \frac{1}{2}\mathrm{O_2} \to \mathrm{H_2O}$ は $\Delta_f G°$ 差が 237 kJ mol^{-1} にもなるため，変化(水素の燃焼)の勢いが強い。

このように物質の $\Delta_f G°$ 値は，スタート地点での向きと勢いを教える。

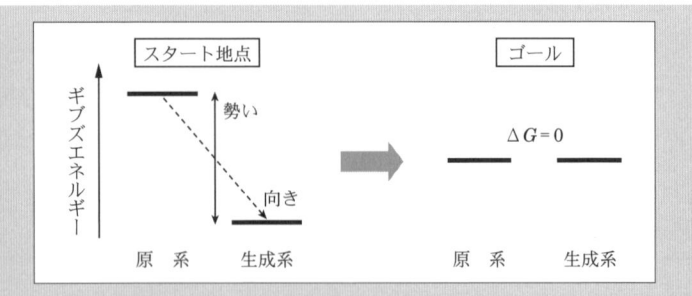

ゴールの姿：平衡状態

変化が始まると反応物(原系)は減り，濃度(や圧力)が下がる。生成物(生成系)のほうは増え，濃度が上がる。化学変化は粒子がぶつかって起こり，ぶつかる回数は濃度によるから，原系のパワー(ギブズエネルギー)が減って生成系のパワーが増し，ついにはこうなる(平衡の条件)。

$$\text{原系のギブズエネルギー} = \text{生成系のギブズエネルギー}$$

物質のパワーは濃度(正しくは活量a)の対数になり，$RT \ln a$と書ける。そのためゴールの姿は，活量を含む平衡定数Kの対数を使った$\Delta G° = -RT \ln K$という式に凝縮される。溶媒や固体は$a = 1$とみるので，式の中には現れない。

$\Delta G° = -RT \ln K$は$\Delta G° + RT \ln K = 0$と書き直せる。$\Delta G° + RT \ln K$はスタート後のΔGに等しいため，基本式は$\Delta G = 0$(平衡条件)を意味している。

1.3 酸塩基平衡の問題

6 pHの計算 (2003年大会準備問題。第23問を抜粋・改変)

問1. 酢酸 ($K_a = 2.75 \times 10^{-5}$ mol L^{-1}) を濃度 0.100 mol L^{-1} で含む水溶液の pH はいくつか。

問2. アスコルビン酸 ($K_{a1} = 6.92 \times 10^{-5}$ mol L^{-1}, $K_{a2} = 1.86 \times 10^{-12}$ mol L^{-1}) を濃度 0.200 mol L^{-1} で含む水溶液の pH はいくつか。

解答

問1. 酢酸は $CH_3COOH \rightleftharpoons H^+ + CH_3COO^-$ と電離する。溶かした濃度がcのとき，水溶液中では式①〜④が成り立っている。

$$K_a = \frac{[\text{H}^+][\text{CH}_3\text{COO}^-]}{[\text{CH}_3\text{COOH}]} = 2.75 \times 10^{-5} \text{ mol L}^{-1} \qquad ①$$

$$K_w = [\text{H}^+][\text{OH}^-] = 10^{-14} \text{ mol}^2 \text{ L}^{-2} \text{ (水の電離平衡)} \qquad ②$$

$$c = [\text{CH}_3\text{COOH}] + [\text{CH}_3\text{COO}^-] \text{ (物質が保存される)} \qquad ③$$

$$[\text{H}^+] = [\text{CH}_3\text{COO}^-] + [\text{OH}^-] \text{ (溶液は電荷をもたない)} \qquad ④$$

溶液は酸性 ($[\text{H}^+] \gg [\text{OH}^-]$) だから式④の $[\text{OH}^-]$ は無視できて，$[\text{H}^+] \fallingdotseq [\text{CH}_3\text{COO}^-]$ としてよい。また 0.100 mol L^{-1} の濃度なら電離度は小さいため，式③は $c \fallingdotseq [\text{CH}_3\text{COOH}]$ としてよい。以上を式①に代入すれば(式②は使わずにすみ)，$K_a = [\text{H}^+]^2/c$ となって，$[\text{H}^+] = \sqrt{cK_a} = 1.66 \times 10^{-3} \text{ mol L}^{-1}$，pH = 2.78 が得られる。

問 2. アスコルビン酸 ($C_6H_8O_6$) の 2 段階電離はこう書ける。

$$C_6H_8O_6 \rightleftharpoons H^+ + C_6H_7O_6^- \qquad K_{a1} = \frac{[\text{H}^+][C_6H_7O_6^-]}{[C_6H_8O_6]}$$

$$C_6H_7O_6^- \rightleftharpoons H^+ + C_6H_6O_6^{2-} \qquad K_{a2} = \frac{[\text{H}^+][C_6H_6O_6^{2-}]}{[C_6H_7O_6^-]}$$

1 段目の平衡定数が十分に小さいから，2 段目の電離はまず起きない。そのため酢酸と同様に扱えて，K_{a1} だけを使う計算で $[\text{H}^+] = \sqrt{cK_{a1}} = 3.72 \times 10^{-3} \text{ mol L}^{-1}$，pH = 2.43 が得られる。

解説

電離平衡の定量的な扱いでは式①〜④を使う(多段階電離する酸や塩基なら式①は複数になる)。式①〜④をまともに扱うと，たとえば $[\text{H}^+]$ を求める最終的な式が複雑になって解きにくい。そのため，状況を考えて簡単化する必要がある。

酢酸の場合，式①〜④をそのまま解いた答えは次式になる。

$$[\text{H}^+] = \frac{-K_a + \sqrt{K_a^2 + 4cK_a}}{2}$$

$c = 0.100 \text{ mol L}^{-1}$ と K_a 値を代入し，近似解と同じ pH = 2.78 を得る。

pH < 5 の酸性と判断できるときは $[\text{H}^+] \gg [\text{OH}^-]$ だから，一部の式に出てくる OH^- を落とせる。また，pH > 9 の塩基性と判断できるときは，一部の式に出てくる H^+ を落とせる。

酢酸のように電離定数 K_a が小さい酸では，本問のように濃度がかなり高いとき，水の電離(本問の式②)を無視して解ける。しかし濃度が十分に低い(電離度は 1 に近づくけれど，溶液が中性に近い)なら，水の電離も無視できなくなる(その一例が戦略篇の**問題 B1**)。

なお**問 2** で得られた pH = 2.43 は，アスコルビン酸(ビタミン C)のさわやかな酸味につながる。

7 緩衝液 （2003 年大会準備問題。第 22 問を抜粋・改変）

弱酸と共役塩基(CH_3COOH/CH_3COO^- など)や，弱塩基と共役酸(NH_3/NH_4^+ など)を含む溶液は，入ってきた H^+ や OH^- を消費して pH 変動を抑えるため，緩衝液という。弱酸 HA と共役塩基 A^- を含む緩衝液の pH は，次のヘンダーソン-ハッセルバルヒの式(H-H 式)に従う(K_a は電離定数)。

$$\mathrm{pH} = \mathrm{p}K_a + \log_{10}\frac{[A^-]}{[HA]}$$

問 1. H-H 式を導け。

問 2. $0.200 \ \mathrm{mol \ L^{-1}}$ のギ酸 ($K_a = 2.82 \times 10^{-4} \ \mathrm{mol \ L^{-1}}$) と $0.150 \ \mathrm{mol \ L^{-1}}$ のギ酸ナトリウムを溶かした緩衝液の pH を計算せよ。

問 3. 上記の緩衝液に，濃度が $0.0100 \ \mathrm{mol \ L^{-1}}$ となるような量の水酸化ナトリウムを加えたとき，pH はどれだけ変わるか。

問 4. 100 mL の $0.150 \ \mathrm{mol \ L^{-1}}$ 酢酸(CH_3COOH, $K_a = 2.75 \times 10^{-5} \ \mathrm{mol \ L^{-1}}$) に $0.200 \ \mathrm{mol \ L^{-1}}$ の NaOH 水溶液を加えて，pH = 5.00 の緩衝液をつくりたい。必要な NaOH 水溶液は何 mL か。

解 答

問 1. たとえば酢酸を HA，酢酸イオンを A^- とみて，**問題 5** の解答に使った式①両辺の対数をとり，pH = $-\log_{10}[H^+]$, $\mathrm{p}K_a = -\log_{10}K_a$ の関係から H-H 式が出てくる。[HA] = c_1, [A^-] = c_2 とした一般形は次式になる。

$$\mathrm{pH} = \mathrm{p}K_a + \log_{10}\frac{c_2}{c_1}$$

問 2. 弱酸だから $c_1 \simeq$ [HA] となり，ギ酸ナトリウムはほぼ完全に電離する

ため $c_2 \fallingdotseq [\mathrm{A^-}]$ としてよい．H-H 式に $c_1 = 0.20$ mol L^{-1}, $c_2 = 0.15$ mol L^{-1}, $\mathrm{p}K_\mathrm{a} = -\log_{10}(2.82\times10^{-4}) = 3.55$ を代入し，pH $= 3.43$ が得られる．

問 3. 濃度 c_3 の OH$^-$ を加えると，次の中和が進む．
$$\mathrm{HCOOH} + \mathrm{OH^-} \to \mathrm{HCOO^-} + \mathrm{H_2O}$$
その結果，[HA] は c_3 だけ減り ($c_1 \to c_1 - c_3$)，[A$^-$] は c_3 だけ増える ($c_2 \to c_2 + c_3$)．$c_3 = 0.01$ とした計算で pH $= 3.48$ を得る．

問 4. 体積 V（単位 L）の NaOH 水溶液を加えると，中和が進む結果，酢酸の濃度 c_1 は $(0.15\times0.1-0.2V)/(0.1+V)$ mol L^{-1} に，中和で生じる酢酸ナトリウムの濃度 c_2 は $0.2V/(0.1+V)$ mol L^{-1} に変わる．pH $= 5$，$\mathrm{p}K_\mathrm{a} = 4.56$ とした H-H 式を使い，$V = 0.0550$ L $= 55.0$ mL．

解説

問 1. 緩衝作用を扱うときの基本式（もとの問題にはなかったが，参考のために追加した）．

問 2. もっとも単純な緩衝系の pH 計算．塩基（たとえば NH$_3$/NH$_4^+$ 系）の場合は，NH$_4^+ \rightleftharpoons \mathrm{H^+} + \mathrm{NH_3}$ の酸解離平衡定数を K_a とみて，$c_1 = [\mathrm{NH_4^+}]$，$c_2 = [\mathrm{NH_3}]$ とする．

問 3. 純水に 0.200 mol L^{-1} の NaOH 水溶液を加えたら，pH は 7.00 から 13.3 まで 6.3 も変わってしまうところ，この緩衝液だと 0.05 しか変わらない点に注目しよう．当然ながら緩衝液は，c_1 と c_2 がともに大きいほど緩衝能（pH 変動を抑える力）が高い．

問 4. 中和もからむ問いだが，基礎的な計算力で正解が出せるはず．

---

8 酸塩基平衡とその応用（2006 年大会．第 5 問）

問 1. 25 °C で 1.0×10^{-7} mol L^{-1} の硫酸（$K_\mathrm{a2} = 1.2\times10^{-2}$ mol L^{-1}）がある．H$^+$，OH$^-$，HSO$_4^-$，SO$_4^{2-}$ の濃度を有効数字 2 桁で計算せよ．

問 2. pH 7.40 の緩衝液をつくりたい．濃リン酸 3.48 mL を溶かした水溶液 250 mL に，0.800 mol L^{-1} の NaOH 水溶液を何 mL 加えればよいか．有効数字 3 桁で答えよ．濃リン酸の濃度は 85.0%，密度は 1.69 g mL^{-1}，式量は 98.0，$\mathrm{p}K_\mathrm{a1} = 2.15$，$\mathrm{p}K_\mathrm{a2} = 7.20$，$\mathrm{p}K_\mathrm{a3} = 12.44$ とする．

問 3. 多くの薬剤は，胃壁(の細胞をつくる膜)を通って血中に入ったあと効き目を現す。弱酸性のアスピリン(アセチルサリチル酸。$pK_a = 3.52$)が，膜の両側にどう分配されるかを調べたい。

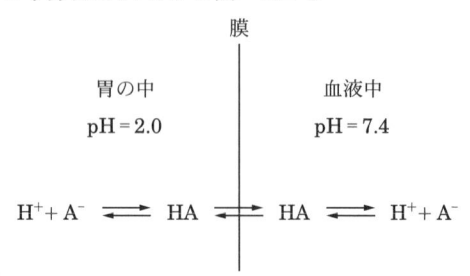

膜

胃の中　　　血液中
pH = 2.0　　pH = 7.4

$H^+ + A^- \rightleftarrows HA \rightleftarrows HA \rightleftarrows H^+ + A^-$

アスピリンは，イオン A^- の状態では膜を通らないが，中性 HA の状態では自由に通るため，膜の両側で HA の濃度は等しい。血中アスピリンの全濃度($[HA]+[A^-]$)は，胃の中に溶けたアスピリンの全濃度の何倍か。

解 答

問 1. 硫酸の場合，1段目の電離 $H_2SO_4 \rightarrow H^+ + HSO_4^-$ は完全に進むため，$[H_2SO_4] = 0$ とみてよい。平衡の基本式は次のように書ける。

$$K_{a2} = \frac{[H^+][SO_4^{2-}]}{[HSO_4^-]} = 1.2 \times 10^{-2} \text{ mol L}^{-1} \quad \text{①}$$

$$K_W = [H^+][OH^-] = 10^{-14} \text{ mol}^2 \text{ L}^{-2} \text{ (水の電離平衡)} \quad \text{②}$$

$$c = [HSO_4^-] + [SO_4^{2-}] = 1.0 \times 10^{-7} \text{ mol L}^{-1} \text{ (物質保存)} \quad \text{③}$$

$$[H^+] = [HSO_4^-] + 2[SO_4^{2-}] + [OH^-] \text{ (電気的中性)} \quad \text{④}$$

c がきわめて小さいため，2段目の電離 $HSO_4^- \rightarrow H^+ + SO_4^{2-}$ もほぼ完全に進むとみれば，硫酸に由来する $[H^+]$ は 2×10^{-7} mol L^{-1}。それを式①に代入すると $[SO_4^{2-}]/[HSO_4^-] = 6 \times 10^4$ だから $[SO_4^{2-}] \gg [HSO_4^-]$ となり，式③の $[HSO_4^-]$ は無視できて，$[SO_4^{2-}] = 1.0 \times 10^{-7}$ mol L^{-1} となる。

こうして式④は $[H^+] = 2 \times 1.0 \times 10^{-7} + [OH^-] = 2 \times 10^{-7} + K_W/[H^+]$ と書けて，$[H^+]$ の2次方程式を解き，$[H^+] = 2.4 \times 10^{-7}$ mol L^{-1}(pH 6.6)を得る。

[OH$^-$] は式 ② から 4.1×10^{-8} mol L^{-1} となり，最後に [HSO$_4^-$] は式 ① から 2.0×10^{-12} mol L^{-1} となる。

問 2. 目標の pH(7.40) は pK_{a2}(7.20) に近く，pK_{a1} や pK_{a3} とは遠いため，2 段目の電離平衡（H$_2$PO$_4^-$ $\rightleftharpoons$ H$^+$+HPO$_4^{2-}$）だけ考えればよい。まず中和でリン酸の全量（0.0510 mol）を H$_2$PO$_4^-$ に変える NaOH 水溶液の体積を求めたあと，問題 6 の H-H 式を使い，H$_2$PO$_4^-$ の所要量を中和で HPO$_4^{2-}$ に変える NaOH 水溶液の体積を計算する。結果は合計 103 mL（計算はすべて省略）。

問 3. 問題 6 の H-H 式を [A$^-$]/[HA] = 10$^{(\text{pH}-\text{p}K_a)}$ と書き，アスピリンの pK_a= 3.52 を使って計算を進める。

血液中は pH = 7.40 だから [A$^-$]/[HA] = 7586 となり，[HA] を 1 とした総濃度の相対値は 7587。かたや胃の中は pH = 2.00 だから [A$^-$][HA] = 3.02×10^{-2} となり，[HA] を 1 とした総濃度の相対値は 1.03。したがって濃度比は 7587÷1.03 = 7400 となる。

─── 解　説 ───

問 1. 濃度 0.1 mol L^{-1} 以上だと 2 段目の電離がまず進まない硫酸も，十分に低い濃度ではほぼ完全に電離するため，水の電離（式 ②）もからむ平衡の話となる。濃度の大小関係に注目し，うまく近似するのがコツ。

問 2. 与えてある pK_{a1} と pK_{a3} がダミーだと気づくのが第一歩。リン酸の量（単位 mol）の計算は，少し面倒だが日本の高校レベルだろう。あとは H-H 式を正しく使えば正解にたどり着く。紙幅の都合で計算過程は省略した。もとの解答（英語）を読んでいただきたい。

問 3. H-H 式を使う応用問題。解答中の式 [A$^-$]/[HA] = 10$^{(\text{pH}-\text{p}K_a)}$ に気づけば難問ではない。なお血液の pH は二重三重の緩衝作用で 7.40±0.02 に保たれ，7.2 まで下がれば昏睡に陥るといわれる。

1.4 酸化還元（電気化学）平衡の問題

9 電子の授受と化学平衡 （2006 年大会準備問題。第 13 問の前半）

電気化学は，20 世紀の初頭に熱力学（平衡論）が確立するうえで大きな役割

を演じた。電子の授受を伴う化学平衡を考えよう。

次の情報を使い，下記の問いに答えよ。温度は 25 ℃ とする。

$$Ag^+ + e^- = Ag \quad E° = +0.7996 \text{ V}$$
$$AgBr + e^- = Ag + Br^- \quad E° = +0.0713 \text{ V}$$
$$\Delta_f G°(NH_3(aq)) = -26.50 \text{ kJ mol}^{-1}$$
$$\Delta_f G°(Ag(NH_3)_2^+) = -17.12 \text{ kJ mol}^{-1}$$

問1. $\Delta_f G°(Ag^+)$ を計算せよ。

問2. 次の反応の平衡定数を計算せよ。
$$Ag^+ + 2NH_3(aq) \rightleftharpoons Ag(NH_3)_2^+$$

問3. AgBr の溶解度積 K_{sp} を計算せよ。

問4. 0.100 mol L^{-1} アンモニア水に入れた AgBr の溶解度を計算せよ。

解 答

問1. 平衡状態では両辺のギブズエネルギーが等しい(p.62)。物質のギブズエネルギーは $\Delta_f G°$，電子のギブズエネルギーは「平衡電位 $E°$ で一定量(この場合は 1 mol)の電子がもつ電気エネルギー」とみてよい。それを
$$Ag^+ + e^- \rightleftharpoons Ag \quad E° = +0.7996 \text{ V}$$
に適用すれば，次の関係が成り立つ。
$$\Delta_f G°(Ag^+) + (-F \times E°) = \Delta_f G°(Ag)$$
定義により右辺の $\Delta_f G°(Ag)$ は 0 だから，
$$\Delta_f G°(Ag^+) = F \times E° = 96.485 \text{ kC mol}^{-1} \times 0.7996 \text{ V} = 77.15 \text{ kJ mol}^{-1}$$

問2. 平衡 $Ag^+ + 2NH_3(aq) \rightleftharpoons Ag(NH_3)_2^+$ の $\Delta G°$ を計算し，化学熱力学の基本式 $\Delta G° = -RT \ln K$ から平衡定数 K を求める。
$$\Delta G° = -17.12 - 77.15 - 2 \times (-26.50) = -41.27 \text{ kJ mol}^{-1}$$
これを基本式に代入し，次の結果を得る。
$$K = \frac{[Ag(NH_3)_2^+]}{[Ag^+][NH_3(aq)]^2} = 1.7 \times 10^7 \text{ mol}^{-2} \text{ L}^2$$

問3. 溶解 $AgBr \rightarrow Ag^+ + Br^-$ は，以下二つの電子授受反応の組み合わせで進むと考えてよい。
$$AgBr + e^- \rightarrow Ag + Br^- \quad E° = +0.0713 \text{ V}$$
$$\uparrow$$
$$Ag \rightarrow Ag^+ + e^- \quad E° = +0.7996 \text{ V}$$

1 mol の AgBr あたり，電子 1 mol が(より負な電位に，つまり電子にとってエネルギーの高い電位に)動く「登り坂」過程だから，ギブズエネルギー変化は $\Delta G° = (0.7996\ \text{V} - 0.0713\ \text{V}) \times 96.5\ \text{kC mol}^{-1} = 70.3\ \text{kJ mol}^{-1}$ となる。$\Delta G°$ 値を基本式 $\Delta G° = RT \ln K_{sp}$ に代入し，次の結果を得る。
$$K_{sp} = [\text{Ag}^+][\text{Br}^-] = e^{-\Delta G°/RT} = 4.89 \times 10^{-13}\ \text{mol}^2\ \text{L}^{-2}$$

問4. NH_3 の作用による AgBr の溶解を次の平衡反応で書く。
$$\text{AgBr} + 2\text{NH}_3(\text{aq}) \rightleftharpoons \text{Ag}(\text{NH}_3)_2^+ + \text{Br}^-$$
$$K_s = \frac{[\text{Ag}(\text{NH}_3)_2^+][\text{Br}^-]}{[\text{NH}_3(\text{aq})]^2}$$

AgBr の自然溶解で生じる Ag^+ の濃度は小さく，$[\text{Ag}(\text{NH}_3)_2^+] = [\text{Br}^-] \gg [\text{Ag}^+]$ と予想できるため，次式が書ける。
$$K_s = \frac{[\text{Ag}(\text{NH}_3)_2^+]^2}{[\text{NH}_3(\text{aq})]^2}$$

また**問2**と**問3**より，次の結果が得られている。
$$K = \frac{[\text{Ag}(\text{NH}_3)_2^+]}{[\text{Ag}^+][\text{NH}_3(\text{aq})]^2} = 1.7 \times 10^7\ \text{mol}^{-2}\ \text{L}^2$$
$$K_{sp} = [\text{Ag}^+][\text{Br}^-] = 4.89 \times 10^{-13}\ \text{mol}^2\ \text{L}^{-2}$$

以上から $K_s = K \times K_{sp} = 8.31 \times 10^{-6}$ が成り立つ。

AgBr の溶解度(飽和濃度)が S なら，$[\text{Ag}(\text{NH}_3)_2^+] = [\text{Br}^-] = S$ と書ける。また NH_3 の初期濃度 $0.100\ \text{mol L}^{-1}$ のうち $2S$ が $\text{Ag}(\text{NH}_3)_2^+$ の生成に使われるため，平衡時の $[\text{NH}_3(\text{aq})]$ は $0.100 - 2S$。これらを K_s の式に入れ，
$$K_s = S^2/(0.1 - 2S)^2 = 8.31 \times 10^{-6}$$
$$\sqrt{K_s} = S/(0.1 - 2S) = 2.88 \times 10^{-3}$$

となって，$S = [\text{Ag}(\text{NH}_3)_2^+] = [\text{Br}^-] = 2.88 \times 10^{-4}\ \text{mol L}^{-1}$ を得る。

なお Ag^+ の濃度は $[\text{Ag}^+] = K_{sp}/[\text{Br}^-] = 1.7 \times 10^{-10}\ \text{mol L}^{-1}$ だから，予想どおり $[\text{Ag}(\text{NH}_3)_2^+] \gg [\text{Ag}^+]$ が成り立っている。

━━━━━━━━━━ 解 説 ━━━━━━━━━━

問1. ギブズエネルギーと電気エネルギー(=「電位差」×「電荷量」)の等価性によく注目しよう。平衡の条件(両辺のギブズエネルギーが一致)をまち

がいなく使えば，正解に至るのはやさしい。戦略篇の **E1** も，ほぼ同様な趣旨の出題だった。

問2. ここでも「化学熱力学の基本式」がポイント。

問3. 電位データから平衡定数を出す手続きを身につけよう。

問4. 濃度の大小関係をにらんだ簡略化(近似)がポイント。

10 アルコールの検知 (2011年大会準備問題。第12問を抜粋)

アルコール(エタノール)を含む血液が肺で空気と接触すれば，アルコールの一部が呼気に出る。旧式のアルコール検知器では，呼気を二クロム酸カリウム溶液に通じてエタノールを酢酸に酸化し，溶液の色変化(橙→緑)の度合から血中アルコール濃度を見積もる。また，同じ酸化還元反応が進む電池を組めば，電流や電圧の大きさから血中アルコール濃度がわかる。

問1. 酸性水溶液中で進む「二クロム酸イオン＋エタノール」の酸化還元を反応式で書け。

問2. $E°(Cr_2O_7^{2-}/Cr^{3+}) = +1.330$ V，$E°$(酢酸/エタノール) $= +0.058$ V より，反応の標準起電力 $\Delta E°$ を計算せよ。反応が常温常圧で自発的に進むのはなぜか。

問3. 呼気を電池式アルコール検知器(溶液の体積 10.0 mL)に通じたら，0.10 A の電流が 60 s に及んで流れた。呼気は何 g のエタノールを含むか。

問4. 呼気 2100 mL と血液 1 mL は同量のアルコールを含むとみる。問3の呼気が 60.0 mL だとすれば，血液 1 mL が含むアルコールは何 g か。

解 答

問1. $3C_2H_5OH(aq) + 2Cr_2O_7^{2-}(aq) + 16H^+(aq)$
$\rightarrow 3CH_3COOH(aq) + 4Cr^{3+}(aq) + 11H_2O(l)$

問2. $\Delta E° = 1.330\text{V} - 0.0580\text{ V} = 1.272$ V。$E°$ が相対的に負の C_2H_5OH から，相対的に正の $Cr_2O_7^{2-}$ へ電子が移る変化なので，自発的に進む。

問3. 電気量 $= 0.1$ A$\times 60$ s $= 6$ A s $= 6$C。$2Cr_2O_7^{2-} \rightarrow 4Cr^{3+}$ の変化に電子 12 mol を使うため，生じた Cr^{3+} は 4 mol $Cr^{3+} \times [6.0$ C$/(12 \times 96485$ C$)]$ $= 2.07 \times 10^{-5}$ mol。反応式より C_2H_5OH の酸化量はその 3/4 だから，2.07×10^{-5} mol $\times 3 \div 4 = 1.55 \times 10^{-5}$ mol となる。

C$_2$H$_5$OH の質量は 1.55×10^{-5} mol$\times 46.0$ g mol^{-1} = 7.15×10^{-4} g。

問 4. 呼気 1 mL 中の C$_2$H$_5$OH：7.15×10^{-4} g$\div 60.0$ mL = 1.19×10^{-5} g/mL。
血液 1 mL 中の C$_2$H$_5$OH：1.19×10^{-5} g$\times 2100$ = 0.025 g/mL。

解 説

化学量論をきちんと押さえながら解き進む酸化還元反応の問題。高校の授業では「薬品棚にある珍しい試薬」でしかない二クロム酸カリウムが，酒酔い運転の取締まりに活躍しているという事実は，化学と暮らしのかかわりを考えさせる素材のひとつだろう。

酸化還元反応が進む向きと，酸化・還元の半反応が示す $E°$ 値（平衡値）との関係（**問2**）は，いつも忘れないようにしたい。

問3は，エタノール酸化の半反応 C$_2$H$_5$OH+H$_2$O → CH$_3$COOH+4H$^+$+4e$^-$ が正しく書ける人なら（解答のように Cr(VI) → Cr(III) を介在させることなく），簡単に 1.55×10^{-5} mol を出せる（やってみよう）。

なお日本は取締まりに「呼気 1 L 中の mg 数」を使い，0.15 mg 以上を酒気帯び運転とみて，0.25 mg 以上だと違反点が増す。**問4** の「1.19×10^{-5} g/mL 呼気」は 1.19×10^{-2} g/L = 11.9 mg/L だから，「泥酔運転」の域だろう。

11 電子の授受と化学平衡 (2006 年大会準備問題。第 13 問の後半)

前問の結果と次の図（Latimer 図）を使い，下記の問いに答えよ。

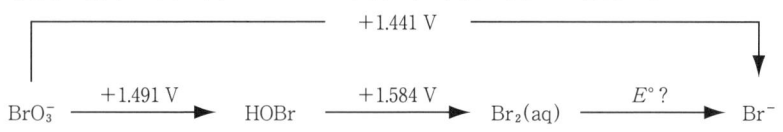

$$\text{BrO}_3^- \xrightarrow{+1.491\text{ V}} \text{HOBr} \xrightarrow{+1.584\text{ V}} \text{Br}_2(\text{aq}) \xrightarrow{E°\,?} \text{Br}^-$$

$$\text{BrO}_3^- \xrightarrow{+1.441\text{ V}} \text{Br}^-$$

問1. Latimer 図の中で「?」をつけた電位はいくらか。

問2. 標準水素電極を負極に使い，全反応が次式となる電池をつくった。

$$\text{Br}_2(\text{l})+\text{H}_2 \rightarrow 2\text{Br}^-+2\text{H}^+ \quad (\text{Br}_2(\text{l}) \text{ は液体の臭素}) \qquad ①$$

[Ag$^+$] = 0.0600 mol L^{-1} となるよう正極液に銀イオンを加えたとき，電池電圧は 1.721 V だった。電池の起電力 $\Delta E°$ を求めよ。

問3. 臭素は水に Br$_2$(aq) の形で溶ける。25 °C で臭素の溶解度（mol L^{-1}）はいくらか。

解 答

問1. 酸化体 O と還元体 R が n 電子を授受する電気化学平衡を考えよう。
$$O + ne^- \rightleftharpoons R \quad \text{平衡電位 } E° \tag{1}$$
平衡では両辺のギブズエネルギーが等しいから，次式が書ける。
$$\Delta_f G°(O) - nFE° = \Delta_f G°(R)$$
$$\Delta_f G°(O) - \Delta_f G°(R) = nFE°$$

つまり酸化体のエネルギーは，還元体より $nFE°$ だけ大きい。それに注目して Latimer 図を分析する。Latimer 図では，左端がもっとも酸化された物質，右端がもっとも還元された物質となる。また電子数 n は，原子の酸化数変化からわかる(「高位」は，J 単位のエネルギー差を表す)。

● $BrO_3^- \to Br^-$：$n = 6$ だから，BrO_3^- は Br^- より $6F \times 1.441$ だけ高位
● $BrO_3^- \to HOBr$：$n = 4$ だから，BrO_3^- は $HOBr$ より $4F \times 1.491$ だけ高位
● $HOBr \to Br_2(aq)$：$n = 1$ だから，$HOBr$ は $Br_2(aq)$ より $F \times 1.584$ だけ高位
● $Br_2(aq) \to Br^-$：$n = 1$ だから，$Br_2(aq)$ は Br^- より $F \times E°$ だけ高位

以上から，$6F \times 1.441 = 4F \times 1.491 + F \times 1.584 + F \times E°$ が成り立ち，簡単な計算で $E° = +1.098$ V が出る。

問2. 前問で得た AgBr の溶解度積より，$[Br^-] = K_{sp}/[Ag^+] = 4.89 \times 10^{-13}/0.06 = 8.15 \times 10^{-12}$ mol L^{-1} となる。

負極は $E° = 0$ V の標準水素電極なので，正極の電位が $+1.721$ V だったことになる。正極反応は $Br_2(l) + 2e^- \rightleftharpoons 2Br^-$ だから，そのネルンスト式は次式に書ける($Br_2(l)$ の活量は 1 とみるので省略した)。
$$E = E° + \frac{0.0592}{2} \log_{10} \frac{1}{[Br^-]^2}$$
$$= E° - 0.0592 \log_{10}[Br^-]$$

$[Br^-] = 8.15 \times 10^{-12}$ を代入し，$E = 1.712$ も使って，$E° = +1.056$ V を得る。

問3. $Br_2(l)$ の溶解を次の平衡式に書く。

$$\text{Br}_2(l) \rightleftharpoons \text{Br}_2(aq) \qquad K = [\text{Br}_2(aq)] = e^{-\Delta G/RT} \qquad (2)$$

問1と問2の結果から次式が成り立つ。

$$\text{Br}_2(l) + 2e^- \rightleftharpoons 2\text{Br}^- \qquad E° = +1.056 \text{ V}$$
$$\text{Br}_2(aq) + 2e^- \rightleftharpoons 2\text{Br}^- \qquad E° = +1.098 \text{ V}$$

$\text{Br}_2(l)$ 1 mol の溶解 $\text{Br}_2(l) \to \text{Br}_2(aq)$ は，$E° = +1.098$ V で 2Br^- が電子 2 mol を出し，それを(電子にとってはより高エネルギーの) $E° = +1.056$ V で $\text{Br}_2(l)$ が受けとる過程とみてよい。エネルギー差 ΔG は $2F \times (1.098 - 1.056) = 8106$ J となるため，式(2)から $[\text{Br}_2(aq)] = 0.038$ mol L^{-1} が得られる。

解 説

問1. $\text{Br}_2(aq)$ は，Br の原子数を他とそろえた $\frac{1}{2}\text{Br}_2(aq)$ にしてもよいが，電位 $E°$ の値は(符号も含め)係数の値に関係しない。Latimer 図は，日本ではあまり使わないがオリンピック頻出事項なので，解答中に述べた「解読手続き」をしっかり身につけよう。

問2. ネルンストの式を使う初めての問題。ネルンストの式は，化学熱力学の基本式 $\Delta G° = -RT \ln K$ の「電気化学版」だと考えてよい($E° \Leftrightarrow \Delta G°$，$E \Leftrightarrow \Delta G° + RT \ln K$ の対応関係がある)。式(1)の電子授受平衡につき，25 °C でネルンストの式を書けばこうなる(E の単位はボルト V)。

$$E = E° + \frac{RT}{nF} \ln \frac{[\text{O}]}{[\text{R}]} = E° + \frac{0.0592}{n} \log_{10} \frac{[\text{O}]}{[\text{R}]}$$

ただし式を覚える必要はない(試験の際は問題冊子に載せてある)。なお標準水素電極(略号 SHE)は，pH = 0 の酸性水溶液に浸した Pt などの表面で平衡 $2\text{H}^+ + e^- \rightleftharpoons \text{H}_2$ が成り立っている電極をいう。

問3. $\text{Br}_2(l)$ は，常温・常圧で臭素のもっとも安定な単体だから，標準生成ギブズエネルギーは $\Delta_f G° = 0$ だし，化学平衡式を扱う際も活量 $a = 1$ とみて無視する。また，**問題8**の**問3**と同じく，電子授受平衡の $E°$ 値から化学平衡の $\Delta G°$ 値を出せる力をつけよう。

コラム
しきたりに注意

問題 11 で扱った Latimer 図も，問題 12 で扱う Frost 図も，オリンピックの出題によく使われるけれど，日本ではまず使わない（電気化学分野に 35 年ほどいる筆者も，使った経験がない）。Latimer 図は米国の Latimer が 1938 年の論文に，Frost 図は米国の Frost が 1951 年の著書に発表したもので，海外の高校は物理化学や無機化学の単元で教えているようだ。最初はとっつきにくくても，慣れると便利なのでぜひ習得しよう。

また，記号 $E°$ で書く電位は，オリンピック問題では「標準**還元**電位」と呼ばれることが多い。これは，電子授受を「→」記号で必ず還元方向に書いたヨーロッパの古い習慣にちなむ。ふつう米国や日本では両向き矢印（⇌）を使って平衡の形に書き，$E°$ を「標準**電極**電位」「標準**酸化還元**電位」と呼ぶ。「→」記号が使ってあっても「平衡」を意味することに注意したい。

電気化学は 100 年以上前のヨーロッパに生まれた。古い分野だけに国それぞれの慣習が残っている。IUPAC（国際純正・応用化学連合）の委員会が表記などの統一を目指してきたが，まだ完全には統一しきれていないので注意しよう。

12 Latimer 図と Frost 図（2005 年大会準備問題。第 11 問を抜粋・改変）

マンガン原子は 0～+7 の酸化数をとる。酸性水溶液中で成り立つ電子授受平衡 $Mn^{2+} + 2e^- \rightleftharpoons Mn$ ($E° = -1.18$ V) を $\boxed{Mn^{2+}(-1.18)Mn}$ と表せば，$Mn^{3+} \rightarrow Mn^{2+} \rightarrow Mn$ という段階的還元は，Latimer 図に似た次の形に書ける。

$$Mn^{3+}(+1.5)Mn^{2+}(-1.18)Mn$$

問 1. 電子授受平衡 $Mn^{3+} + 3e^- \rightleftharpoons Mn$ の $E°$ 値を計算せよ。

$E°$ 値が正の平衡は還元の向きに進みやすく，$E°$ 値が負の平衡は酸化の向きに進みやすい。授受される電子数が n のとき，$nE°$ を縦軸，原子の酸化数 N を横軸にして描いた線図を Frost 図（フロスト・ダイアグラム）という。

Frost 図の原点 ($N = 0$, $nE° = 0$) には，常温・常圧でもっとも安定な単体を置く。図中で，低い位置にくる酸化状態ほど安定だといえる。また，どれか 2 状態を結ぶ直線の傾きが，（符号も含め）2 状態間で成り立つ電子授受平衡の $E°$ 値を表す。$Mn^{3+}/Mn^{2+}/Mn$ 系の Frost 図は右のようになる。

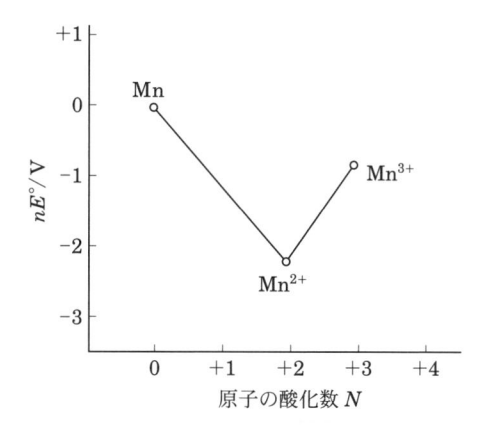

問 2. 酸素の簡略型 Latimer 図は次のように書ける。

$$O_2(+0.70)H_2O_2(+1.76)H_2O$$

Frost 図を描き，$O_2 \rightarrow H_2O$ の還元に対応する $E°$ 値を計算せよ。また，H_2O_2 の不均化 ($2H_2O_2 \rightarrow 2H_2O + O_2$) が自発変化かどうか答えよ。

解 答

問 1. 問題 9 を参照すると，$Mn^{3+} \rightarrow Mn^{2+}$ のエネルギー変化は $F \times 1.5 = 1.5F$，$Mn^{2+} \rightarrow Mn$ のエネルギー変化は $2F \times (-1.18) = -2.36F$ と書けるため，$Mn^{3+} \rightarrow Mn$ のエネルギー変化は $1.5F - 2.36F = -0.86F$ となる。それが $3FE°$ に等しいので，$E° = -0.29$ V が得られる。

問 2. まず単体の酸素 O_2 を原点 $(0,0)$ に置き，H_2O_2 を $N = -1$，H_2O を $N = -2$ の位置と決める。そのあと，Latimer 図中の $E°$ 値が傾きとなるような直線を引き，下図(p.76)の結果が得られる。

$O_2 \rightarrow H_2O$ の還元(正しくは $O_2 + 4H^+ + 4e^- \rightleftharpoons 2H_2O$ という電子授受平衡)に対応する $E°$ は，O_2 と H_2O を結ぶ直線の傾きなので，$\frac{1}{2}(0.70 + 1.76) = +1.23$ V と求められる。

Frost 図は上に凸の屈曲線となり，H_2O_2 はその凸部(高エネルギー側)にあるため，不均化反応は自発変化だといえる。

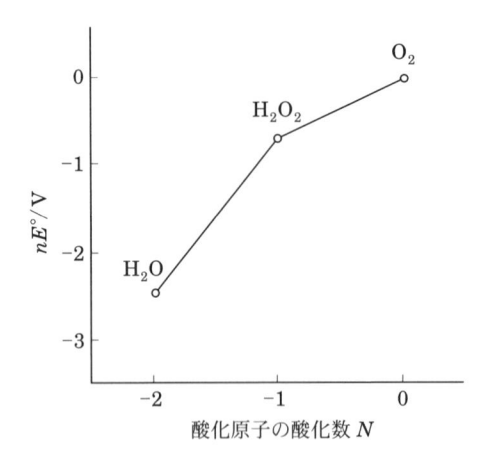

---解説---

問1. 前問の復習。

問2. まずは解説文をよく読んで，「Mn³⁺(+1.5)Mn²⁺(−1.18)Mn」という Latimer 図を Frost 図にする手続きを理解しよう。$nE°$ に定数 F をかければ J 単位のエネルギーになるから，V(ボルト)単位の縦軸は，物質それぞれのギブズエネルギー(の相対値)を反映する。つまり低い位置にある物質ほど安定性が大きい。

本問では単イオン＋単体(Mn系)，化合物＋単体(O₂系)だけを扱ったが，Frost 図は複イオンにも使える。たとえば，Latimer 図が

「$Cr_2O_7^{2-}$(+0.55)Cr(V)(+1.35)Cr(IV)(+2.10)Cr³⁺(−0.42)Cr²⁺(−0.90)Cr」となる Cr 系の Frost 図を描いてみよう(Cr(V) と Cr(IV) は，単イオンが存在しないため一般形で書いた)。

13 銀を溶かす鉄イオン (2008 年大会準備問題。第13問の抜粋)

$0.050\ \mathrm{mol\ L^{-1}}$ の Fe(NO₃)₃ 水溶液に銀の棒を浸した。平衡時に，金属イオンそれぞれの濃度はいくらか。また Fe³⁺ イオンの何％が還元されたか。$E°(\mathrm{Fe^{3+}/Fe^{2+}}) = +0.77\ \mathrm{V}$，$E°(\mathrm{Ag^+/Ag}) = +0.80\ \mathrm{V}$ を使って計算せよ。

---解答---

次の反応の $\Delta G°$ を求め，$\Delta G° = -RT \ln K$ で平衡定数 K を計算する。

$$Fe^{3+} + Ag \rightarrow Fe^{2+} + Ag^+ \qquad (1)$$

反応(1)は次のように分解できる。

$$Fe^{3+} + e^- \rightarrow Fe^{2+} \qquad E° = +0.77 \text{ V}$$
$$\uparrow$$
$$Ag \rightarrow Ag^+ + e^- \qquad E° = +0.80 \text{ V}$$

1 mol あたり 0.03 V の「登り坂」なので，$\Delta G° = 0.03 \times 96500 = +2900$ J となり，基本式に代入して $K = 0.31$ mol L^{-1} を得る($T = 298$ K とした)。

平衡定数は $K = [Fe^{2+}][Ag^+]/[Fe^{3+}]$ と書ける。$[Fe^{2+}] = [Ag^+] = c$ とおけば，$[Fe^{3+}] = 0.05 - c$ だから $c^2/(0.05-c) = 0.31$ が成り立ち，簡単な計算で $[Fe^{2+}] = [Ag^+] = 4.4 \times 10^{-3}$ mol L^{-1}，$[Fe^{3+}] = 6 \times 10^{-3}$ mol L^{-1} が得られる。還元された Fe^{3+} は $(0.050-0.006)\div 0.050 = 0.88$ つまり 88%。

解説

問題 9〜12 をこなした人には「肩休め」程度の問題。ギブズエネルギーと電気エネルギーの換算，基本式の使いかたの復習になる。$E°(Fe^{3+}/Fe^{2+})$ という初登場の表記にも慣れておきたい。

14 金属ナノ粒子の電気化学（2004 年大会準備問題。第 12 問の抜粋）

サイズが nm(10^{-9} m) 程度の金属粒子(数個〜数十個の原子の集合体)は，バルク金属(大きな固体)とは性質が異なる。銀ナノ粒子の性質を調べるため，次のような電池をつくった。(U は電圧。電位は右側の電極のほうが高い)

（1）Ag|AgCl 飽和溶液 ∥ Ag$^+$ 0.01 mol L^{-1}|Ag　　$U_1 = 0.170$ V

（2）Pt|Ag ナノ粒子，Ag$^+$ 0.01 mol L^{-1} ∥ AgCl 飽和溶液|Ag
　　　Ag$_{10}$ 粒子のとき $U_2 = 0.430$ V，Ag$_5$ 粒子のとき $U_3 = 1.030$ V

バルクの銀は標準電極電位が $E°(Ag^+/Ag) = +0.800$ V だが，Ag$_5$ や Ag$_{10}$ ナノ粒子の $E°$ 値はそれとは異なる。

問 1. AgCl の溶解度積 K_{sp} を計算せよ。

問 2. Ag$_5$ 粒子と Ag$_{10}$ 粒子の $E°$ 値を計算せよ。

問 3. $E°$ 値が粒子のサイズで変わる理由を考察せよ。

問 4. 以下の操作をすれば，何が起こると予想されるか。

　　a）Ag$_{10}$ 粒子，Ag$_5$ 粒子をそれぞれ pH 13 の水に入れる。

b) Ag₁₀ 粒子, Ag₅ 粒子をそれぞれ pH 5 の水に入れる。

解 答

問1. 電池(1)で, 左の水溶液の Ag^+ 濃度を c (mol L⁻¹) とする。ネルンストの式により右側の電位 E_1 は $E°(Ag^+/Ag)+0.0592\log_{10}0.01$, 左側の電位 E_2 は $E°(Ag^+/Ag)+0.0592\log_{10}c$ となる。$U_1 = E_1-E_2$ から次式が成り立つ。

$$0.170 = 0.0592\log_{10}(0.01/c)$$

これより $c = 1.34\times 10^{-5}$ mol L⁻¹, $K_{sp} = c^2 = 1.81\times 10^{-10}$ mol² L⁻² を得る。

問2. 右側の電位は, $E(AgCl) = 0.800+0.0592\log_{10}1.34\times 10^{-5} = +0.512$ V より, Ag₁₀ で $+0.082$ V, Ag₅ で -0.512 V になる。

Ag^+/Ag_n 系の標準電極電位を $E°(Ag^+/Ag_n)$ と書けば, 次式が成り立つ。

Ag₁₀ の場合: $E(Ag^+/Ag_{10}) = E°(Ag^+/Ag_{10})+0.0592\log_{10}0.01 = 0.082$

Ag₅ の場合: $E(Ag^+/Ag_5) = E°(Ag^+/Ag_5)+0.0592\log_{10}0.01 = -0.512$

以上から, $E°(Ag^+/Ag_{10}) = +0.200$ V, $E°(Ag^+/Ag_5) = -0.400$ V を得る。

問3. 粒子が小さいと比表面積が増え, その分だけ不安定(高エネルギー)になって Ag^+ イオンに変わりやすい。$Ag \to Ag^+$ は酸化だから, 電位は(電子を出しやすい)負のほうに動く。その傾向は小さい粒子ほど強いので, $E°(Ag^+/Ag) > E°(Ag^+/Ag_{10}) > E°(Ag^+/Ag_5)$ となる。

問4. a) pH 13 での $E(H^+/H_2)$ はネルンストの式から -0.769 V となり(計算は略), 問2 で求めた $E°(Ag^+/Ag_{10})$ も $E°(Ag^+/Ag_5)$ もそれより高い(電子エネルギーが低い)ため, Ag₁₀ や Ag₅ はほとんど酸化されない。

b) pH 5 の場合は $E(H^+/H_2)$ が -0.296 V となる(計算は略)。それより $E°$ 値が高い Ag₁₀ は安定だけれど, $E°(Ag^+/Ag_5) = -0.400$ V の Ag₅ は酸化されて溶け, 計算上の飽和濃度は 57.3 mol L⁻¹ にも達する。

解 説

オリンピックでは電池もときどき出題される。電池を書き表す場合、記号「｜」は固体と溶液の境界を表し、記号「‖」は隔膜などで混合を抑えた溶液どうしの境界を表す。

問1. 適当な電池を組み、電圧を測って難溶性塩の溶解度積を求めるやりかたは、化学史の中で重要な役割を演じた。

問2. 電池電圧と電位の関係をつかみ、ネルンストの式を正しく使えれば、それほどむずかしくはないだろう。

問3. [補足]粒子サイズと電位の関係は単純ではなく、特別な集合状態をとったときに電位がきわめて高くなる(安定化する)例も知られる。

問4. 水溶液中では、ある酸化還元系の電位が水素発生の電位より低かったり、酸素発生の電位より高かったりすれば、その酸化還元系は、$2H^+ + 2e^- \rightarrow H_2$ や $H_2O - 2e^- \rightarrow \frac{1}{2}O_2 + 2H^+$ の反応を起こしうる。なお本問の解答中では単純化して $E(H^+/H_2)$ と書いたが、pH 5 でも pH 13 でも、還元されるとすれば反応物は H_2O なので、$E(H_2O/H_2)$ と書くほうが現実に近い。

1.5 反応速度の問題

15 窒素酸化物の気体反応
(2005年大会準備問題の第21問と、2008年大会準備問題の第25問を抜粋・統合)

問1. 大気汚染を生む二酸化窒素 NO_2 は、高温で次のように分解する。
$$2NO_2 \rightarrow 2NO + O_2 \qquad ①$$
純粋な NO_2(全圧 p_0)を容器に入れ、反応を開始させた。反応速度定数を k_1 とすれば、時刻 t で NO_2 の分圧 p はどのように書けるか。

問2. p_0 が 600 mmHg、温度が 600 ℃ のとき、反応は3分後に50%進んだ。速度定数 k_1 を $atm^{-1}\,min^{-1}$ 単位で求めよ。

問3. 高温では①の逆反応②も進み、その速度 v は式③のように書ける。
$$2NO + O_2 \rightarrow NO_2 \qquad ②$$
$$v = k_2[NO]^2[O_2] \qquad ③$$
NO と O_2 を 460 ℃ で反応させたときの速度は、両方の初期濃度を

79

半分にし，600 °C で反応させたときの初期速度と同じだった。アレニウスの式が成り立つとして，反応の活性化エネルギー(kJ mol^{-1} 単位)を計算せよ。

―――――――――― 解 答 ――――――――――

問 1. NO$_2$ の分圧 p を使って，微分反応速度式は次のように書ける。
$$\frac{\mathrm{d}p}{\mathrm{d}t} = -k_1 p^2 \qquad (1)$$

問 2. $\mathrm{d}p/p^2 = -k_1 \mathrm{d}t$ と変形して積分し，$t = 0$ で $p = p_0$ だから次式を得る。
$$\frac{1}{p} = \frac{1}{p_0} + k_1 t \qquad (2)$$

「$t = 3$ min で $p = 0.5 p_0$」と $p_0 = (600/760)$ atm を考えて計算すれば，$k_1 = 0.422$ atm^{-1} min^{-1} が得られる。

問 3. 全体の反応次数は 3 だから，NO の濃度も O$_2$ の濃度も半分にすれば，濃度項の積は $\left(\dfrac{1}{2}\right)^3 = \dfrac{1}{8}$ に減る。活性化エネルギーが E_a のとき，温度 460 °C (733 K) と 600 °C (873 K) での速度定数 k_2 は，アレニウスの式を使って次のように書ける(C は定数)。
$$\ln k_2(733\ \mathrm{K}) = -E_\mathrm{a}/(R \times 733) + C \qquad (3)$$
$$\ln k_2(873\ \mathrm{K}) = -E_\mathrm{a}/(R \times 873) + C \qquad (4)$$
題意より $k_2(873\ \mathrm{K}) = 8 \times k_2(733\ \mathrm{K})$ なので次式が成り立ち，
$$-E_\mathrm{a}/(R \times 733) + \ln 8 = -E_\mathrm{a}/(R \times 873)$$
これを解いて $E_\mathrm{a} = 79020$ J mol^{-1} = 79 kJ mol^{-1} を得る。

―――――――――― 解 説 ――――――――――

微分反応速度式を立てて反応速度を扱うのは，オリンピックでは既習概念となる。アレニウスの式 $k = k_0 \mathrm{e}^{-E_\mathrm{a}/RT}$ も「常識」のひとつ。

問 2. 簡単な積分にも慣れておこう。A → X (速度定数 k) と書ける一次反応の場合，A の濃度 c は，初期濃度を c_0 として次式に従う。放射性同位体の壊変(「戦略篇」p. 15~17)もその一例だった。
$$c = c_0 \mathrm{e}^{-kt}$$

問 3. やはりオリンピックでは既習概念となる「反応次数」については次の

問題 14 を参照。

16 溶液中の化学反応（2004 年大会準備問題。第 6 問）

ペルオキソ二硫酸イオン（$S_2O_8^{2-}$。別名：過硫酸イオン）は強い酸化剤だが，その酸化反応は一般に遅いため，反応の進行を追いやすい。

$S_2O_8^{2-}$ は，フッ化物イオン F^- 以外のハロゲン化物イオンをハロゲンに酸化する。反応 $S_2O_8^{2-} + 2I^- \rightarrow 2SO_4^{2-} + I_2$ によるヨウ素生成の初期速度 v_0 を 25 ℃ で測ったところ，次の結果が得られた（[ ]$_0$ は初期濃度）。

$[S_2O_8^{2-}]_0$/mol L^{-1}	$[I^-]_0$/mol L^{-1}	$v_0/10^{-8}$ mol L^{-1}s^{-1}
0.00010	0.010	1.1
0.00020	0.010	2.2
0.00020	0.005	1.1

問 1． ペルオキソ二硫酸イオンの構造を描き，原子それぞれの酸化数を元素記号のそばに付記せよ。

問 2． 上記の反応の速度 v は，速度定数 k と反応物の濃度 [ ] を使ってどのように書き表せるか。

問 3． 反応の総反応次数と，反応物それぞれについての反応次数はいくつになるか。

問 4． 速度定数 k の値を計算せよ。

問 5． 反応の活性化エネルギーは 42 kJ mol^{-1} だった。反応速度を 10 倍とするには，温度を何 ℃ に上げればよいか。

問 6． ヨウ素 I_2 はチオ硫酸イオン $S_2O_3^{2-}$ と速やかに反応してヨウ化物イオン I^- に変わる。この反応を化学反応式で書き表せ。

問 7． $S_2O_8^{2-}$ や I^- に比べて過剰量の $S_2O_3^{2-}$ が共存する場合，$S_2O_8^{2-} + 2I^- \rightarrow 2SO_4^{2-} + I_2$ の反応速度式はどのように書けるか。

解　答

問 1． 下図（p.82）のとおり。

（構造式：中心にS-O-S結合を持つ$S_2O_8^{2-}$の構造。各Sは+6、中央のO二つは-1、その他のOは-2）

問 2. $v = k[S_2O_8^{2-}][I^-]$

問 3. 総反応次数は二次，$S_2O_8^{2-}$については一次，I^-についても一次。

問 4. $k = v/([S_2O_8^{2-}][I^-])$ と書き換えて表の数値（どの行でもよい）を代入すると，次のようになる。

$$k = \frac{1.1 \times 10^{-8} \text{ mol L}^{-1} \text{ s}^{-1}}{10^{-4} \times 10^{-2} \text{ mol}^2 \text{ L}^{-2}}$$
$$= 0.011 \text{ L mol}^{-1} \text{ s}^{-1}$$

問 5. 温度 T_1, T_2 での速度定数がそれぞれ k_1, k_2 のとき，アレニウスの式により次式が成り立つ。

$$\ln k_1 = \ln k_0 - \frac{E_a}{RT_1}$$
$$\ln k_2 = \ln k_0 - \frac{E_a}{RT_2}$$

k_0 は頻度因子（「1秒間の衝突回数」に比例する定数），E_a は活性化エネルギー（42 kJ mol^{-1}）を表す。$T_1 = 25 \text{ °C} = 298 \text{ K}$ とし，温度 T_2 のとき $k_2 = 10k_1$ だから $\ln k_2 = \ln k_1 + \ln 10$ となる。

以上を使う計算で $T_2 = 345 \text{ K} = 72 \text{ °C}$ が得られる。

問 6. $2S_2O_3^{2-} + I_2 \to 2I^- + S_4O_6^{2-}$

問 7. ヨウ化物イオン I^- は反応 $S_2O_8^{2-} + 2I^- \to 2SO_4^{2-} + I_2$ により酸化されて減少するが，生じたヨウ素 I_2 はたちまち過剰の $S_2O_3^{2-}$ に還元されて I^- に戻るため（問6），反応中の $[I^-]$ はほとんど変わらない。

したがって，$S_2O_8^{2-}$ と I^- の反応は一次反応（擬一次反応）となり，速度式は $v = k'[S_2O_8^{2-}]$ と書ける。

━━━━━━━━━━ 解　説 ━━━━━━━━━━

問 1. 日本の高校化学で扱わない $S_2O_8^{2-}$ は，硫酸イオン SO_4^{2-} の酸化により

生じる(希硫酸の電解でも電圧が高いと生じる)。一見したところ S 原子の酸化数は +7 だが，−O−O− の橋かけで 2 個の SO_4^{2-} がつながり，橋かけ部分の O 原子は酸化数が −1 となるため，S の酸化数は +6 にとどまる(つまり $SO_4^{2-} \to S_2O_8^{2-}$ で酸化されるのは O 原子)。

問 2. 反応式を見ただけだと，2 個の I^- が関与するので $v = k[S_2O_8^{2-}][I^-]^2$ と書きたくなる。しかし反応次数(次項)は律速段階(いちばん遅い段階)の姿を反映するため，あくまで実測結果がもととなり，全反応式の係数だけでは決まらないことに注意しよう。

問 3. 反応次数とは，濃度につく「べき乗」の値をいう。オリンピックでは反応次数を問うことが多い。なお反応次数は律速段階で決まるため(前項)，複雑な反応では，0.5 のような半整数や，負の値になることもある。ただし，各反応段階(素反応)は反応式どおりの速度式を書いてよい(**問題 15**)。

問 4. 反応速度と速度定数の関係を問う基本的な問題。

問 5. アレニウスの式もオリンピックでは頻出。指数・対数の扱いに慣れておこう。

問 6. 反応で生じる $S_4O_6^{2-}$ は，亜ジチオン酸イオンと呼ぶ。穏やかな還元力をもつため，ナトリウム塩は還元剤として生化学実験によく使う。

問 7. やや高度な問題。反応物の一部が「リサイクル」されて一定濃度となるとき，速度式はその濃度に関係しなくなる。この場合，$[I^-]$ は k' に含まれ，**問 2**〜**問 5** の k を使って $k' = k[I^-]$ と書ける。

17 定常状態近似 (2003 年大会準備問題。第 21 問の抜粋)

臭素とメタンの反応は次式に書けて，①〜⑤の素反応(反応段階)を通って進む。( )内に速度定数を示した。

$Br_2 + CH_4 \to CH_3Br + HBr$

① $Br_2 + M \to 2Br + M$　　　　(k_1)　　開始反応
② $Br + CH_4 \to CH_3 + HBr$　　(k_2)　　連鎖反応
③ $Br_2 + CH_3 \to CH_3Br + Br$　(k_3)　　連鎖反応
④ $HBr + CH_3 \to CH_4 + Br$　　(k_4)　　連鎖反応
⑤ $2Br + M \to Br_2 + M$　　　　(k_5)　　連鎖停止

M は一種の触媒を表し，k_3 と k_4 の大きさはほぼ等しい。

Br や CH_3 はラジカルと呼ばれ(Br・, CH_3・とも書く)，反応性がたいへん高いから，生じるとすぐ消費される。そのため [Br] や [CH_3] は，反応開始後たちまち一定値になると考えてよく，次式が成り立つ(定常状態近似)。

$$\frac{d[CH_3]}{dt} = 0 \qquad \frac{d[Br]}{dt} = 0$$

臭化メチル CH_3Br の生成速度 v を，安定な反応物の濃度と，速度定数 $k_1 \sim k_5$ を使って書き表せ。

解 答

式③から，CH_3Br の生成速度は次のように表せる。

$$v = \frac{d[CH_3Br]}{dt} = k_3[Br_2][CH_3] \tag{1}$$

CH_3 と Br は，生成と消失の速度が等しいため，次式が成り立つ。

$$\frac{d[CH_3]}{dt} = k_2[Br][CH_4] - [CH_3](k_3[Br_2] + k_4[HBr]) = 0 \tag{2}$$

$$\frac{d[Br]}{dt} = 2k_1[Br_2][M] - k_2[Br][CH_4] + k_3[Br_2][CH_3]$$
$$+ k_4[HBr][CH_3] - 2k_5[Br]^2[M] = 0 \tag{3}$$

式(2)より次の式が得られる。

$$[CH_3] = \frac{k_2[Br][CH_4]}{k_3[Br_2] + k_4[HBr]} \tag{4}$$

また式(2)+(3)より，$2k_1[Br_2][M] - 2k_5[Br]^2[M] = 0$ だから，

$$[Br] = \frac{\sqrt{k_1[Br_2]}}{\sqrt{k_5}} \tag{5}$$

となる。式(5)を式(4)の [Br] に代入した結果を式(1)に入れて整理し，最終的に次式を得る。

$$v = \sqrt{\frac{k_1}{k_5}} k_2 [Br_2]^{\frac{1}{2}} \frac{[CH_4]}{\frac{k_4[HBr]}{k_3[Br_2]} + 1} \tag{6}$$

解説

素反応の速度式を立て，式の変形を誤らなければ，高校生でも正解にたどり着けよう。本試験でこれほど複雑な問題はまず出ないけれど，力をつけるための準備問題にはふさわしい。

全反応式だけ見ると $v = k[Br_2][CH_4]$ になりそうだが，生成物のうち CH_3Br は安定でも，もうひとつの HBr が CH_3 ラジカルと反応して活性な Br を生んだりするため，v は $[HBr]$ にも依存する。こうして，たいへん複雑な形をした速度式(6)が成り立つことになる。

なお，反応のごく初期は $[Br_2] \gg [HBr]$ だから，式(6)で $[HBr] = 0$ とした $v = (k_1/k_5)^{1/2}k_2[Br_2]^{1/2}[CH_4]$ が，反応の初期速度を表す。

18 酵素反応 (2004年大会準備問題。第8問の抜粋)

S が基質(反応物)，E が酵素，ES が基質−酵素複合体，P が生成物となる酵素反応は，速度定数を k_1, k_{-1}, k_2 として次のように書ける。

$$S + E \underset{k_{-1}}{\overset{k_1}{\rightleftharpoons}} ES \overset{k_2}{\to} P + E$$

酵素反応の速度 v は，酵素の総濃度が $[E]_0$ のとき，$K_M = (k_{-1} + k_2)/k_1$ として次式に書ける。

$$v = \frac{d[P]}{dt} = \frac{k_2[E]_0[S]}{K_M + [S]} \qquad ①$$

式①の関係をグラフに描けば，次の図ができる。

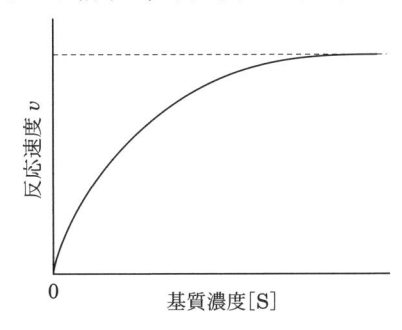

85

問 1. 以下の速度式中，整数 x, y, z はいくつか。

$$\frac{d[S]}{dt} = -k_x[S][E] + k_y[ES]$$

$$\frac{d[ES]}{dt} = k_x[S][E] - (k_{-1} + k_2)[ES]^z$$

問 2. 次の反応速度式を完成させよ。

$$\frac{d[E]}{dt} =$$

問 3. ペニシリン（基質）は β-ラクタマーゼという酵素に加水分解される。酵素の総濃度 $[E]_0$ が 10^{-9} mol L^{-1} のとき，次図(p.75)の結果が得られた。定数 k_2 と K_M はいくらか。また，$[S] = 0.01 \times K_M$ となる場合，複合体 ES の濃度 $[ES]$ を見積もれ。

解 答

問 1. $x = 1$, $y = -1$, $z = 1$

問 2. $\dfrac{d[E]}{dt} = -k_1[S][E] + k_{-1}[ES] + k_2[ES]$

問 3. グラフは，速度の逆数 $1/v$ を基質濃度の逆数 $1/[S]$ に対して描いたものだから，直線を表す式は次のように書ける。

$$\frac{1}{v} = \frac{K_M}{k_2[E]_0}\frac{1}{[S]} + \frac{1}{k_2[E]_0}$$

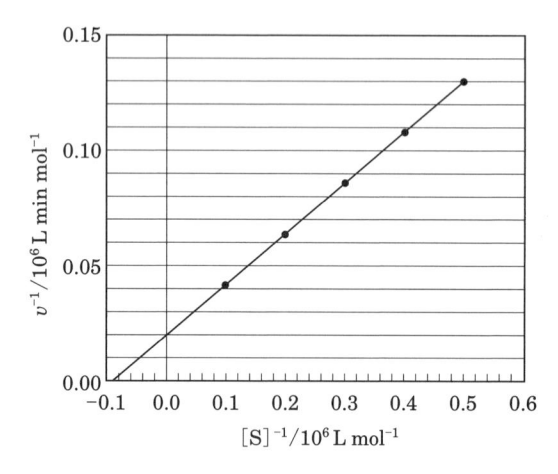

y 軸切片 $(1/[S] = 0)$ は $1/v = 1/(k_2[E]_0) = 0.02 \times 10^6$ L min mol^{-1} となり，$[E]_0 = 10^{-9}$ mol L^{-1} だから $k_2 = 5.0 \times 10^4$ min^{-1}。

また，x 軸切片 $(1/v = 0)$ は $1/[S] = -1/K_M = -0.09 \times 10^6$ L mol^{-1} となるため，$K_M = 1/(0.09 \times 10^6$ mol L$^{-1}) = 1.1 \times 10^{-5}$ mol L^{-1} を得る。

酵素反応の速度式は次のようになる。

$$\frac{d[P]}{dt} = k_2[ES] = \frac{k_2[E]_0[S]}{K_M + [S]}$$

したがって $[ES] = [E]_0[S]/(K_M + [S]) = [E]_0 \times 0.01 K_M/(K_M + 0.01 K_M) = 9.9 \times 10^{-3}[E]_0$ が成り立つ。$[E]_0 = 10^{-9}$ mol L^{-1} を代入し，次の結果を得る。

$$[ES] = 9.9 \times 10^{-12} \text{ mol L}^{-1}$$

―― 解 説 ――

いわゆるミカエリス−メンテン (Michaelis-Menten) 型の酵素反応を扱った問題。式 ① をミカエリス−メンテンの式 (1913 年) といい，k_2 は k_{cat} (添え字 cat は触媒反応 catalysis や catalyzed の略) とも書く。[S] が十分に大きくなったときの極限 v_{max} は $k_2[E]_0$ と書ける。K_M (ミカエリス定数) が小さいほど，基質と酵素の間の親和性が高い。

問 1．問 2． 問題 15 をクリアしたあとでは簡単だろう。

問 3． 式 (1) は，先ほどの v_{max} を使えば

$$\frac{1}{v} = \frac{K_M/v_{max}}{[S]} + \frac{1}{v_{max}}$$

となり，そのグラフをラインウィーバー−バーク (Lineweaver-Burke) プロットと呼ぶ。横軸の切片 $(-K_M)$ から K_M 値がわかり，縦軸の切片 $(1/v_{max})$ から $v_{max} = k_2[E]_0$ がわかる。なお，直線の傾きは K_M/v_{max} を表す。

1.6 気体の問題

19 太陽の中心部 (2006 年大会準備問題。第 4 問)

核融合が進む太陽の中心部は，質量の 36% を水素 ^{1}H が，64% をヘリウム

⁴He が占める。超高温・高圧のもとで，どの原子も電子を失い，水素の原子核(陽子)と，ヘリウムの原子核，自由な電子が飛びかっている(プラズマ状態)。中心部の密度は $158\,\mathrm{g\,cm^{-3}}$，圧力は $2.5\times10^{11}\,\mathrm{atm}$ と推定される。以下の問いに答えよ。

問 1. 太陽の中心部では，$1\,\mathrm{cm^3}$ あたり陽子，ヘリウム原子核，電子が何 mol ずつ存在するか。

問 2. $300\,\mathrm{K}\cdot1\,\mathrm{atm}$ の水素ガス，液体水素，太陽中心部のプラズマについて，それぞれ粒子が占める空間の割合(%)を計算せよ。液体水素の密度は $0.09\,\mathrm{g\,cm^{-3}}$ とする。原子核の半径 r は，$r = 1.4\times10^{-13}\,\mathrm{cm}\times[質量数]^{1/3}$ で見積もれ。水素原子の半径はボーア半径 $0.53\times10^{-8}\,\mathrm{cm}$ に等しく，水素分子の体積は水素原子の 2 倍とみる。答えの有効数字は 1 桁でよい。

問 3. 理想気体の状態方程式を使い，太陽中心部の温度を見積もれ。その結果を，「水素原子核→ヘリウム原子核」の核融合に必要な温度 $(1.5\times10^7\,\mathrm{K})$ と比べてみよ。

解 答

問 1. $1\,\mathrm{cm^3}$(質量 158 g)のうち ¹H が 36%，⁴He が 64% だから，質量は ¹H が 56.88 g，⁴He が 101.12 g。mol 単位では ¹H が 56.88 mol，⁴He が 25.28 mol，電子が $56.88+25.28\times2 = 107.44\,\mathrm{mol}$ となり，合計 189.6 mol。

問 2. 粒子の体積は次のようになる。

　　¹H 原子：$\dfrac{4}{3}\pi(0.53\times10^{-8})^3 = 6.24\times10^{-25}\,\mathrm{cm^3}$

　　H₂ 分子：$1.25\times10^{-24}\,\mathrm{cm^3}$

　　¹H 原子核：$\dfrac{4}{3}\pi(1.4\times10^{-13})^3 = 1.15\times10^{-38}\,\mathrm{cm^3}$

　　⁴He 原子核：$\dfrac{4}{3}\pi(1.4\times10^{-13}\times4^{1/3})^3 = 4.60\times10^{-38}\,\mathrm{cm^3}$

　　電子：ゼロ

　① 状態方程式より，$300\,\mathrm{K}\cdot1\,\mathrm{atm}$ の水素 2 g は $24.6\,\mathrm{L} = 24600\,\mathrm{cm^3}$ を占める。分子だけの体積は $1.25\times10^{-24}\,\mathrm{cm^3}\times6.02\times10^{23} = 0.75\,\mathrm{cm^3}$ だから，粒子が占めている空間の割合は $3.05\times10^{-5} ≒ 0.003\%$

　② 0.09 g の H₂ は 0.045 mol だから，分子だけの体積は $1.25\times10^{-24}\,\mathrm{cm^3}\times6.02\times10^{23}\times0.045 = 0.034\,\mathrm{cm^3} ≒ 3\%$

③ 問1の答えから，1 cm³ 中に ¹H の占める体積は 1.15×10^{-38} cm³ $\times 6.02 \times 10^{23} \times 56.88 = 3.94 \times 10^{-13}$ cm³，⁴H の体積は 4.60×10^{-38} cm³ $\times 6.02 \times 10^{23} \times 25.28 = 7.21 \times 10^{-13}$ cm³ となり，合計で 1.12×10^{-12} cm³ ≒ 1×10^{-10} %。

問3. 状態方程式 $pV = nRT$ に $p = 2.5 \times 10^{11}$ atm $= 2.5 \times 10^{16}$ Pa，$V = 10^{-6}$ m³，$n = 189.6$ mol，$R = 8.31$ J K⁻¹ mol⁻¹ を代入し，$T = 1.61 \times 10^7$ K を得る。所要温度 1.5×10^7 K より少し高いので，核融合は進む。

解 説

問1. やさしい化学計算。

問2. 常温・常圧の水素ガスは 99.997% までが真空，低温の液体水素は 97% までが真空だという事実を鑑賞しよう。常温の水(液体)も，酸素原子の共有結合半径 0.73×10^{-8} cm から出る H₂O 分子の体積 (2.88×10^{-24} cm³) を使う計算により，体積のじつに約 90% までが真空だとわかる (酸素原子のファンデルワールス半径 1.52×10^{-8} cm を使っても，真空部分の割合は約 48%)。

問3. やさしい化学計算だが，想像を絶する超高温・超高圧の話。

20 エアバッグの化学 (2006年大会準備問題。第15問の抜粋)

自動車のエアバッグには，次の化学反応を利用する。

$2NaN_3 \rightarrow 2Na + 3N_2$ (1)

$10Na + 2KNO_3 \rightarrow K_2O + 5Na_2O + N_2$ (2)

$K_2O + Na_2O + SiO_2 \rightarrow$ ケイ酸塩(ガラス) (3)

問1. アジ化物イオンと窒素分子のルイス構造を示せ。

問2. 上記の反応で 50 ℃，1.25 atm の窒素 15 L をつくるには，それぞれ何 g のアジ化ナトリウムと硝酸カリウムが必要か。

問3. ニトログリセリンとアジ化鉛も，爆発的に分解して窒素 N₂ を出す。それぞれを化学反応式で書き表せ。また，アジ化ナトリウム，ニトログリセリン，アジ化鉛の反応にはどういう共通点があるか。

---解 答---

問1. N_3^- と N_2 のルイス構造は次のように書ける。

$$:\overset{-}{\underset{..}{N}}=\overset{+}{N}=\overset{-}{\underset{..}{N}}:\qquad :N\equiv N:$$

問2. 窒素の量（単位 mol）は次のように計算できる。

$$\frac{pV}{RT}=\frac{1.25\times 1.013\times 10^5\,\text{Pa}\times 0.015\,\text{m}^3}{8.314\,\text{J K}^{-1}\,\text{mol}^{-1}\times 323\,\text{K}}$$
$$=0.707\,\text{mol}$$

アジ化ナトリウム 2 mol から窒素 3.2 mol が生じるため，0.707 mol の窒素をつくるのに必要なアジ化ナトリウムは，$(0.707/1.6)$ mol$\times$ 65 g mol$^{-1}=29$ g。また硝酸カリウムは，$0.707\times(0.2/3.2)=0.0442$ mol の窒素を出す量だけあればよく，その 2 倍が必要量だから，0.0884 mol$\times 101$ g mol$^{-1}=8.9$ g。

問3. 反応式は次のように書ける。

ニトログリセリン：$4C_3H_5(NO_3)_3\to 6N_2+O_2+12CO_2+10H_2O$

アジ化鉛：$Pb(N_3)_2\to Pb+3N_2$

どちらの反応でも，体積の小さい固体や液体が反応物となり，体積の大きい気体 (N_2, O_2, CO_2) が生まれる。安定な気体ができるから，エアバッグは急激に膨張する。

---解 説---

問1. 日本の高校ではルイス構造を電子式と呼ぶが，「電子式」は旧文部省編『学術用語集』に載っていないし，国際的にも通用しない。

問2. 状態方程式を使う簡単な化学計算。

問3. ニトログリセリンは，グリセリン $CH_2(OH)-CH(OH)-CH_2(OH)$ のヒドロキシ基が三つとも硝酸エステル化された物質(融点 13.2 ℃)。

アジ化物イオン N_3^- はヘモグロビンの Fe^{2+} に配位して呼吸障害を起こす(日本では 1998 年，ポットの湯などに混入する事件が起きている)。それもあって日本はエアバッグ材料への使用を 2000 年に禁止した。以後のエアバッグは，アルゴンなどの不活性ガスを 200〜300 気圧で充填

した容器に少量の火薬をとりつけ，火薬の爆発で生じるガスで容器を開き，不活性ガスを噴出させるタイプになっている。

21 理想気体と実在気体 (2009年大会準備問題。第3問を改変)

気体が器壁を押す力は，気体分子と壁との衝突が生む。衝突1回で壁が受ける力積は，分子の運動量のうち，壁に垂直方向の成分が衝突前後で示す変化 $m\Delta v$ に等しい。そして壁が受ける力は，「力積×衝突頻度」と表せる。

気体分子はランダムに運動するため，温度が一定なら，単位時間の衝突回数は，気体の種類で決まる定数とみてよい。気体の温度は分子の速度分布を反映し，高温ほど気体分子の平均速度は大きい。

問1. 常温常圧の理想気体に次の操作をしたとき，圧力はどう変わるか。

① 気体分子の数を2倍にする。　② 容器の体積を2倍にする。
③ 気体分子1個の質量を2倍にする。　④ 温度を10℃だけ上げる。

問2. 理想気体だと分子間の相互作用はゼロだが，実在気体の分子は，双極子–双極子相互作用，双極子–誘起双極子相互作用，誘起双極子–誘起双極子相互作用(ファンデルワールス力)などで引き合う。

典型的な分子間相互作用のポテンシャルエネルギー曲線を図1に示す。距離 r だけ離れた分子間に働く力 F は，$F = -dV(r)/dr$ と表せる。

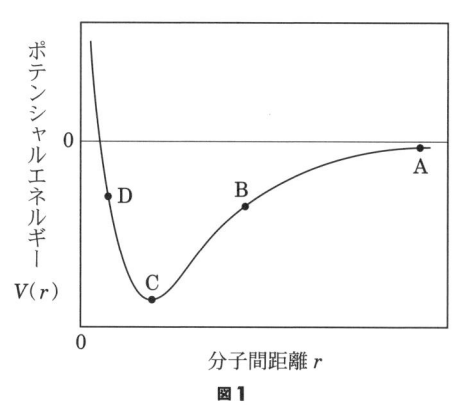

図1

図中の点A・B・C・Dで働く力は，引力・斥力・ほぼ0のどれか。

問 3. 共通の温度・圧力で，実在気体のモル体積が V_m，理想気体のモル体積が V_m° のとき，理想気体からのズレは圧縮比 $Z = V_m/V_m^\circ$ で表せる。$Z = 1, Z < 1, Z > 1$ は，それぞれ次のどれに対応するか。
　　① 引力が支配的　② 斥力が支配的　③ 理想気体と同じ

問 4. 実在気体の圧縮比 Z と圧力 p の関係を大まかなグラフに描き，そうなる理由を説明せよ。

解 答

問 1. ① 2 倍になる。　② 半分になる。　③ 2 倍になる。　④ 少し増す。

問 2. A：ほぼ 0　B：引力　C：ほぼ 0　D：斥力

問 3. ① 理想気体と同じ　② 引力が支配的　③ 斥力が支配的

問 4.

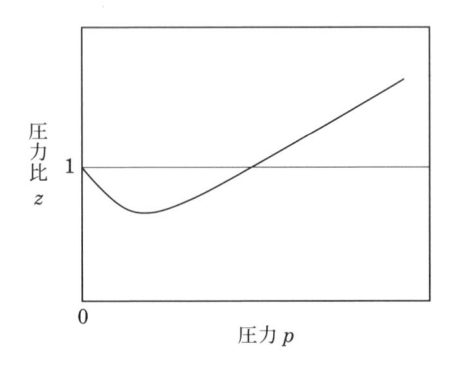

図 1 と対比させて考える。$p = 0$ は $r = \infty$ にあたり，理想気体と同じだから $Z = 1$。圧力を上げるとまず図 1 の A → C が起きて分子間の引き合いが効き，理想気体と同数の分子が，理想気体より小さい体積を占める。圧力が十分に上がると（図 1 の C → D），分子のサイズが効き，同数の分子を収容するのに理想気体より大きい体積が必要になる。

解 説

問 1 は，状態方程式 $pV = nRT$ を思い出せば自明だけれど，気体分子の動きを想像しながら答えるのがミソ。図 1 を使う分子間相互作用の扱い（問

2～4)も，日本の高校ではやらないが慣れておきたい。

1.7 量子論・光化学の問題

いままでの**平衡論・速度論・気体**は，物質の「マクロな性質」を解き明かす分野だった。化学結合の実体や分子の形など，物質の「ミクロな性質」も物理化学の守備範囲になる。その基礎理論を**量子論**という。物質の色も，光を吸収した物質の変化(**光化学反応**)も，量子論ぬきには語れない。

22 不確定性原理（2007 年大会準備問題。第 3 問）

ミクロな粒子は，空間的な位置 x も，運動の激しさを表す運動量 p もぴたりとひとつには決まらず，ある幅(Δx, Δp)の不確かさをもつ。そして，両者の積が，一定の値よりも必ず大きくなる。それを「ハイゼンベルクの不確定性原理」という。

$$\Delta x \cdot \Delta p \geq h/(2\pi) \tag{①}$$

運動量は質量 m と速度 v の積 ($p = mv$) を意味し，式 ① の h (プランク定数)は 6.626×10^{-34} J s という値をもつ。

問 1． 計算はせず，次にあげた粒子を，速度の不確かさの最小値 ($\Delta v_{\min}$) が大きくなる順に並べよ。

(a) 水素分子内の電子 e^-
(b) 水素分子内の水素原子 H
(c) 炭素原子核内のプロトン H^+
(d) カーボンナノチューブ内の水素分子 H_2
(e) 幅 5 m の部屋に入っている酸素分子 O_2

問 2． 上記のうち(c)と(e)につき，$\Delta v_{\min}$ の値を計算せよ。必要なデータは便覧やインターネットで調べること。

解 答

問 1． 不確定性原理は次式のように表現できる。

$$\Delta v_{\min} = \frac{h}{2\pi \, m \, \Delta x} \tag{1}$$

Δx は粒子が存在する範囲（長さ）とみてよい。リストのうち，(e)の酸素分子は質量も Δx も最大だから，Δv_{min} が最小になる。(b)～(d)の場合，プロトン(b, c)と水素分子(d)は質量 m が近いため，Δv_{min} は存在範囲 Δx の大きさで決まる。Δx は，カーボンナノチューブ内（約 1 nm = 10 Å）がもっとも大きく，次が水素分子内となり，炭素原子核の中はきわめて小さい。こうして Δv_{min} は (d) < (b) < (c) の順に増す。

(a)の電子はどうか。電子の質量はプロトンの約 2000 分の 1 だから，電子の Δv_{min} は(b)や(d)より大きい。ただし炭素原子核のサイズは水素分子のほぼ 10 万分の 1 しかないので，炭素原子核内にあるプロトンの Δv_{min} は，水素分子内にある電子の Δv_{min} より大きい。

以上より，(e) < (d) < (b) < (a) < (c) だとわかる。

問2. (c)のプロトンは，$m/\text{kg} = 0.001 \div 6.02 \times 10^{23}$，$\Delta x = 4 \times 10^{-15}$ m（原子核の直径）を式(1)に代入し，$\Delta v_{min} = 7.9 \times 10^6$ m s^{-1} = 8000 km s^{-1} を得る。

また(e)の酸素分子は，$m/\text{kg} = 0.032 \div 6.02 \times 10^{23}$，$\Delta x = 5$ m を式(1)に代入し，$\Delta v_{min} = 2.0 \times 10^{-10}$ m s^{-1} = 2.0 Å s^{-1} を得る。

─────── 解 説 ───────

日常感覚ではまったく理解できない量子論の世界を少し実感させてくれる問題。ミクロ世界の粒子は静止することなく運動し，存在空間が小さい粒子ほど，また軽い粒子ほど動きは激しい。**問2** の(c)と(e)で速さが 16 桁もちがうところを鑑賞しよう。

23 視覚の量子化学（2007 年大会準備問題。第 4 問の抜粋）

視覚の第一段階では，ロドプシンというタンパク質に結合したレチナール分子が，*cis*(シス)体から *trans*(トランス)体に異性化する。つまり，*cis*-レチナールの吸収した光エネルギーが分子の構造を変える。

cis-レチナール　　　　　　　　　　*trans*-レチナール

問 1. 反応座標には何を選べばよいか。

問 2. eV を単位とした反応物と生成物のエネルギーは，反応座標 x の関数として次式に書ける（$1\,\mathrm{eV} = 1.60\times10^{-19}\,\mathrm{J}$）。
$$E_{cis}(x) = 1.79\times(1-\cos x) \qquad ①$$
$$E_{trans}(x) = 1.94+0.54\cos x \qquad ②$$
$x=0$ は反応物，$x=\pi$ は生成物を表す。式①と②を図示せよ。また，反応のエネルギー変化と活性化エネルギーを $\mathrm{kJ\,mol^{-1}}$ 単位で求めよ。

問 3. *cis*-レチナールが吸収する光のうち，もっとも長い波長はいくらか。

問 4. *cis*-レチナールの共役電子を「箱の中の粒子」モデルで扱おう。一次元の箱（幅 l）に閉じこめた質量 m の粒子1個のエネルギー準位は次式に書ける。*cis*-レチナールの共役系を構成する電子の数はいくつか。
$$E_n = \frac{h^2 n^2}{8m\, l^2} \qquad n = 1, 2, 3, \cdots \qquad ③$$

問 5. 問3・問4の答えと化学式をもとに，l を計算せよ。その値をレチナール分子の構造と比べたら，どんなことがいえるか。

解 答

問 1. 反応は二重結合の回転とみてよいため，回転角を反応座標に選ぶ。

問 2.

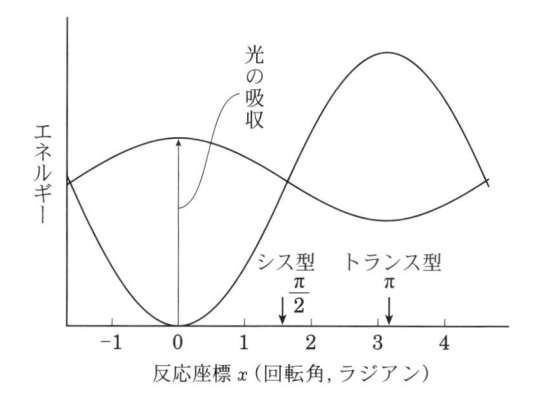

エネルギー変化は，*cis* 体と *trans* 体の最低エネルギー差にあたる。

$$Q = E_{trans}(\pi) - E_{cis}(0) = 1.40 - 0 = 1.40 \text{ eV} = 135 \text{ kJ mol}^{-1}$$

反応の遷移状態(活性化状態)は，両曲線が交わる領域付近にある。

$$1.79 \times (1 - \cos x) = 1.94 + 0.54 \cos x$$
$$x = 1.64 = 0.521 \pi = 93.7°$$

活性化エネルギー E_a は，遷移状態と原系のエネルギー差になる。

$$E_a = E_{cis}(1.64) - E_{cis}(0) = 1.91 \text{ eV} = 184 \text{ kJ mol}^{-1}$$

この値は，常温の熱エネルギー(2.5 kJ mol^{-1} 程度)よりずっと大きい。

問 3. もっとも長い波長は，$x = 0$ でのエネルギー差にあたる。

$$\Delta E = \frac{hc}{\lambda} = E_{trans}(0) - E_{cis}(0) = 2.84 \text{ eV} = 3.97 \times 10^{-19} \text{ J}$$

$$\lambda = \frac{hc}{\Delta E} = \frac{6.63 \times 10^{-34} \times 3.00 \times 10^{8}}{3.97 \times 10^{-19}}$$

$$= 5.01 \times 10^{-7} \text{ m} = 501 \text{ nm}$$

問 4. レチナールの共役電子系には二重結合が6個あり，生じる6本のエネルギー準位にπ電子が2個ずつ入るため，π電子の総数は12個。

問 5. 光の吸収は，最高被占準位から最低空準位への遷移を表す。

$$\Delta E = E_7 - E_6 = \frac{h^2}{8m l^2}(7^2 - 6^2) = \frac{13 h^2}{8m l^2}$$

問 3 で得た $\Delta E = 3.97 \times 10^{-19}$ J と，プランク定数 $h = 6.626 \times 10^{-34}$ J s，電子の質量 $m = 9.11 \times 10^{-31}$ kg を使う計算で，$l = 1.41 \times 10^{-9}$ m $= 1.41$ nm $= 14.1$ Å を得る。14.1 Å は，C=C 二重結合(約 1.3 Å) 6 個と C−C 単結合(約 1.5 Å) 5 個がつながった共役電子系の総延長(約 15 Å)に近い。

解　説

問 1. 反応座標とは，反応の進みを反映する量をいう。結合が切れる反応なら，結合の長さが反応座標にふさわしい。

問 2. 反応のエネルギー変化は，日本の高校で学ぶ「反応熱」だと思えばよい。また活性化エネルギーは，原系が生成系に移る部分と，原系の安定位置とのエネルギー差を表す。

問 3. 光の吸収は 10^{-15} s 以内に起こる。10^{-15} s は，原子間結合が1回だけ振動する時間(10^{-13} s 程度)よりずっと短いため，電子は反応座標の1点

で垂直に高エネルギー状態へ移ると考えてよい(断熱近似)。$\Delta E = hc/\lambda$ という関係式の意味については次の**問題21**を参照。

問4. 「箱に閉じこめた電子」は，量子論の入り口で必ず出合うモデルだが，ここでくわしく説明する余裕はない。戦略篇末にあげた参考書を読んでいただきたい。

24 光の吸収 （2004年大会準備問題。第13問を改変）

光が吸収される度合いは，入射光の強さを I_0，透過光の強さを I，物質のモル吸光係数を ε (単位 L mol^{-1} cm^{-1})，濃度を c (mol L^{-1})，光路長を l (cm) として，下記の吸光度 A で表される(ランベルト-ベールの式)。

$$A = \log_{10} \frac{I_0}{I} = \varepsilon \times c \times l \qquad ①$$

また，プランク定数を h (J s)，光速度を c (m s^{-1}) としたとき，波長 λ (m) の光は，下記のエネルギー E をもつ粒子(光子)の集まりとみてよい(アインシュタインの式)。

$$E = \frac{hc}{\lambda} \qquad ②$$

問1. $\varepsilon = 6.0 \times 10^4$ L mol^{-1} cm^{-1}，$c = 4.0 \times 10^{-6}$ mol L^{-1} の色素溶液に $\lambda = 514.5$ nm，$I_0 = 10$ mW のレーザー光を照射する。光路長が $l = 1$ cm のとき，入射光の何%が吸収されるか。

問2. 1秒間に吸収される光エネルギーは何Jか。また，1秒間に吸収される光子は何個か。

問3. 吸収された光子の作用によって生成物 1 mol あたり $\Delta G = 500$ kJ の化学変化(光化学反応)が進み，24時間の光照射で 2.0×10^{-4} mol の生成物が得られた。この光化学反応のエネルギー効率は何%か。

問4. 問1と同じレーザー光を太陽電池に当てたとき，流れる電流(光電流)の最大値は何Aか。

― 解 答 ―

問1. 式①より，吸光度 $A = \varepsilon c l = 6 \times 10^4$ L mol^{-1} cm^{-1} $\times 4 \times 10^{-6}$ mol L^{-1} $\times$ 1 cm $= 0.24$。$A = \log_{10}(I_0/I)$ だから，$I/I_0 = 0.575$。これは透過する

光の割合なので，吸収される割合は 0.425，つまり 42.5% になる。

問 2. 10 mW は 10^{-2} J s^{-1} だから，1 秒間に吸収されるエネルギーは 10^{-2} J の 42.5%，つまり 4.25×10^{-3} J だとわかる。

式②から，波長 514.5 nm の光子 1 個は次のエネルギー E をもつ。

$$E = \frac{hc}{\lambda} = \frac{6.626 \times 10^{-34} \text{ J s} \times 3 \times 10^8 \text{ m s}^{-1}}{514.5 \times 10^{-9} \text{ m}}$$
$$= 3.86 \times 10^{-19} \text{ J} \qquad (1)$$

1 秒間に吸収される光子の数は，4.25×10^{-3} J を 3.86×10^{-19} J で割り，1.10×10^{16} 個になる。

問 3. 24 時間のうちに吸収された光のエネルギーは 4.25×10^{-3} J s^{-1} × 3600 s × 24 = 367 J。生成物に蓄えられたエネルギーは $500 \times 10^3 \times 2 \times 10^{-4} = 100$ J なので，エネルギー効率は $100 \div 367 = 0.272$，つまり 27.2%。

問 4. 光電流の最大値は，入射した光が完全に吸収され，光子 1 個が電子 1 個を動かすときに実現される。光子数は 10 mW = 10^{-2} J s^{-1} を式(1)の光子エネルギーで割った 2.59×10^{16} s^{-1} になる。これに電子 1 個の電荷 $F/N_A = 1.60 \times 10^{-19}$ C (F：ファラデー定数，N_A：アボガドロ定数) をかけた答えの 4.15×10^{-3} C s^{-1} = 4.15×10^{-3} A = 4.15 mA が光電流の最大値となる。

―― 解 説 ――

問 1. ランベルト-ベールの式はオリンピックの実験課題（吸収スペクトル測定など）にも使う「既習概念」だから，慣れておきたい。吸光度 A の定義から，光の吸収率は $1 - 10^{-A}$ と書けて，$A = 1$ なら 90% 吸収，$A = 2$ なら 99% 吸収となる。

問 2. 光は粒子性と波動性の二面をもつ。アインシュタインの式は，粒子の性質（光子 1 個のエネルギー E）と波の性質（光の波長 l）を結びつけるものだといえる。

問 3. 光の性質をつかんでいればむずかしくない問題。

問 4. 身近なシリコン太陽電池も，ほぼ理想の形で働く（光を完全に吸収し，光子 1 個が電子 1 個を動かす）。

2 INORGANIC CHEMISTRY 無機化学

　無機化学では，約90種の元素が織りなす豊かな物質世界を扱う。豊かさは元素の多様性から生まれ，その源には電子軌道の多様性がある（ちなみに次章の有機化学は，炭素を主役とするごく少数の元素しか登場しないのに，「結合の多様性」が豊かな物質世界を生み出す）。

　日本の高校『化学Ⅰ』教科書では，「無機物質の化学」といった名前の章が無機化学をカバーする。しかし，ほかの分野と同様「**なぜ？**」がほとんどないから，教えるのも学ぶのもやりにくい。

　化学オリンピックの無機化学は，無機物質のミクロな構造，つまり原子・イオン・分子レベルの構造が，性質にどう結びつくかについての理解度を問う。使う理論は物理そのものだから前章(物理化学)との切り分けはなかなかむずかしいが，元素の多様性に注目した過去問をざっと分類すれば下のようになる。

```
典型元素…………①
遷移元素…………②
化学結合…………③
結　晶…………④
無機分析…………⑤
```

　典型元素①はほぼs・p軌道の世界だけれど，遷移元素②には，海外の高校で教えるd軌道も顔を出す。結晶④では，イオン球の詰まりかたや，原子配列を知るためのX線回折法も素材になる。無機分析⑤の問題を解くには，物理化学のコアだった化学平衡の理解が欠かせない。

　以下，①〜⑤を **2.1〜2.5** として計13個の過去問を紹介する。

2.1 典型元素の問題

1 Ca$^+$ の塩（2004年大会．第3問を抜粋・改変）

　1価カルシウムの化合物はかつて研究対象となり，塩化カルシウム CaCl$_2$ を ① 金属カルシウム，② 水素，③ 炭素で還元する試みが行われた．

　① では不均質な灰色物質ができた．顕微鏡観察により，金属銀そっくりな粒子と無色結晶の混合物だと判明．

　② では白い粉末ができた．元素分析の結果，粉末は質量比で 52.36% のカルシウムと 46.32% の塩素を含んでいた．

　③ では赤色結晶ができた．元素分析の結果，Ca と Cl のモル比 $n_{Ca} : n_{Cl}$ は 1.5 : 1 だった．赤色結晶を加水分解したところ，Mg$_2$C$_3$ の加水分解で出る気体と同じ気体が発生した．

問 1. 実験 ①～③ は，どのような変化を期待して行われたか．化学反応式で書け．

問 2. ① で生じた金属のような粒子と無色結晶は，それぞれ何か．

問 3. ② で生じた化合物の組成式を書け．

問 4. ③ で生じた赤色結晶の加水分解で発生する気体を，環状でない二つの構造異性体として描け．また，③ で生じた固体の化合物は何か（Ca$^+$ の塩はできなかったとする）．

問 5. CaCl の熱力学的な安定性を決めるのは，CaCl の格子エネルギー $\Delta_L H°$ だけではない．成分元素に分解せず安定に存在できるかどうかは，CaCl の標準生成エンタルピー $\Delta_f H°(CaCl)$ が教える．下表のデー

Ca のイオン化エネルギー	$\Delta_{IE} H(Ca)$	Ca → Ca$^+$ + e$^-$	589.7 kJ mol^{-1}
Ca の気化熱	$\Delta_{vap} H(Ca)$	Ca(l) → Ca(g)	150.0 kJ mol^{-1}
Ca の融解熱	$\Delta_{fusion} H°(Ca)$	Ca(s) → Ca(l)	9.3 kJ mol^{-1}
Cl$_2$ の解離熱	$\Delta_{diss} H(Cl_2)$	Cl$_2$ → 2Cl	240.0 kJ mol^{-1}
Cl の電子親和力	$\Delta_{EA} H(Cl)$	Cl + e$^-$ → Cl$^-$	−349.0 kJ mol^{-1}
CaCl の格子エネルギー	$\Delta_L H°(CaCl)$	（＊）	−751.9 kJ mol^{-1}

（＊）$\Delta_L H°(CaCl)$ は，仮想的な反応 Ca$^+$(g) + Cl$^-$(g) → CaCl(s) のエンタルピー変化を表す（NaCl 型の結晶構造を仮定した計算値）．

タから，ボルン-ハーバーサイクルを使って $\Delta_f H°(CaCl)$ の値を見積もれ。

解 答

問1. ① $CaCl_2 + Ca \rightarrow 2CaCl$
② $2CaCl_2 + H_2 \rightarrow 2CaCl + 2HCl$
③ $4CaCl_2 + C \rightarrow 4CaCl + CCl_4$

問2. 予想反応式で2種類の固体はできないし，CaCl が金属光沢をもつはずもないため，期待した反応は進まなかった。つまり，金属銀のような粒子は Ca，無色結晶は $CaCl_2$（どちらも原料のまま）。

問3. Ca と Cl を除く元素の割合は $100\% - (52.36\% + 46.32\%) = 1.32\%$。この 1.32% は水素と推定でき，モル比は次のようになる。

$$n_{Ca} : n_{Cl} : n_H = (52.36/40.08) : (46.32/35.45) : (1.32/1.01)$$
$$= 1.306 : 1.307 : 1.31 \fallingdotseq 1 : 1 : 1$$

つまり組成式は CaClH だとわかる。

問4. $n_{Ca} : n_{Cl} = 1.5 : 1$ より $[Ca_3Cl_2]^{4+}$ が想定でき，Mg_2C_3 が含む C_3^{4-} と組み合わせて組成式は $Ca_3C_3Cl_2$ となる。つまり加水分解で生じる気体は C_3H_4。異性体二つの構造は次のように推定できる。

$$\underset{H}{\overset{H}{\diagdown}} C = C = C \underset{H}{\overset{H}{\diagup}} \qquad H-C \equiv C-CH_3$$

問5. 次図のボルン-ハーバーサイクルでは，固体 $Ca(s)$ と気体 $\frac{1}{2}Cl_2(g)$ から CaCl をつくる二つの経路を考える。どちらの経路でも全エンタルピー変化 = 反応熱は等しい（ヘスの法則）。

　経路1（5段階の実線）では，まず $Ca(s) \rightarrow Ca(l) \rightarrow Ca(g)$（固体 Ca の融解 → 気化）を起こしたあと，イオン化させる（$Ca^+(g)$ の生成）。Cl_2 のほうは，Cl 原子に解離させてから1価陰イオン（$Cl^-(g)$）にする。こうして生じた $Ca^+(g)$ と $Cl^-(g)$ から CaCl をつくる（最終段階が格子エネルギー $\Delta_L H°(CaCl)$ に相当）。

　経路2（1段階の破線）では，$Ca(s)$ と $\frac{1}{2}Cl_2(g)$ から CaCl を直接つくる（標準生成エンタルピー $\Delta_f H°(CaCl)$ に相当）。

ヘスの法則より次式が成り立つ。

$$\Delta_f H°(\mathrm{CaCl}) = \Delta_{\mathrm{fusion}} H°(\mathrm{Ca}) + \Delta_{\mathrm{vap}} H°(\mathrm{Ca}) + \Delta_{\mathrm{IE}} H°(\mathrm{Ca}) + \frac{1}{2} \Delta_{\mathrm{diss}} H°(\mathrm{Cl}_2)$$
$$+ \Delta_{\mathrm{EA}} H°(\mathrm{Cl}) + \Delta_L H°(\mathrm{CaCl})$$
$$= 9.3 + 150.0 + 589.7 + 120.0 - 349.0 - 751.9 \text{ kJ mol}^{-1}$$
$$= -231.9 \text{ kJ mol}^{-1}$$

━━━━━━━━━━━━━ 解 説 ━━━━━━━━━━━━━

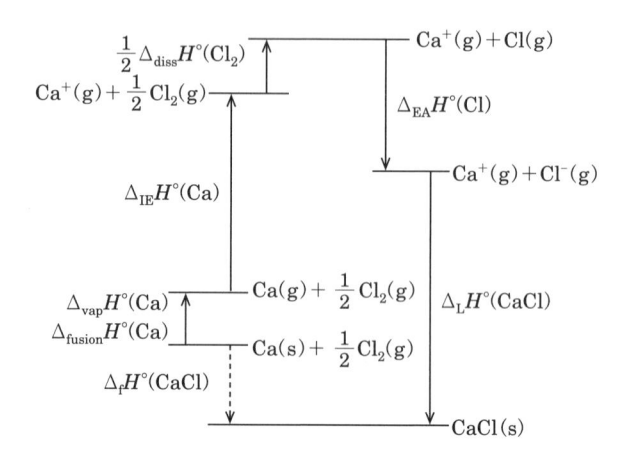

以前よく研究されたCaClの合成についての問題。

問1と問2. 反応式の予想には，塩素がどんな化合物として得られたかと，Ca^{2+} を Ca^+ に還元する電子がどこから来るかを考えよう。日本の高校で，未知の（しかも現実には進まない）反応を考えさせる場面はまずないけれど，論理をたどれば，正答に達するのはやさしい。

問3. CaClHは，CaClと思われた時代もあるが実在し，いまや結晶構造もわかっている。

問4. 日本の高校で扱う金属炭化物は，加水分解でアセチレンを生む炭化カルシウム（カーバイド）CaC_2 くらいだろう。CaC_2 の構造中にある C_2^{2-} イオンがアセチレンの生成源だと思いあたれば，$\mathrm{Mg}_2\mathrm{C}_3$ 中の C_3^{4-} から $\mathrm{C}_3\mathrm{H}_4$ が生じると類推できよう。

問5. 熱力学のうち，エンタルピー変化（日本の高校化学でいう「反応熱」）の理解を問う。下記のエントロピー変化やギブズエネルギー変化も含め，化

学オリンピックでは基礎熱力学が「既習概念」となる。

AX 型イオン結晶の格子エネルギーは，$A^+(g)$ と $X^-(g)$ から結晶ができるときの放出エネルギーだが，直接の測定はできない($A^+(g)$ も $X^-(g)$ も調製できない)。実在結晶だと標準生成エンタルピーを測定できるため，その値から格子エネルギーを推算する。

この問題では CaCl が実在しないから，標準生成エンタルピー $\Delta_f H°$ はわからない。それを算出するために，格子エネルギーの推定値を使う。計算の結果，$\Delta_f H°$ 値は負なので CaCl の生成は発熱反応(エンタルピー的には有利)だが，気体 → 固体の変化を含むためエントロピー変化は $\Delta_f S° < 0$ (不利)となり，総合で標準生成ギブズエネルギー変化が $\Delta_f G° = \Delta_f H° - T\Delta_f S° > 0$ (不利)だから，CaCl は常温では安定に存在できないのだろう(p.55 参照)。

格子エネルギーの値は，イオンの間の静電引力と反発力を考えても計算できる。2008 年大会の準備問題第 23 問では，以下のカプスチンスキー式から見積もらせている(ν は組成式中のイオンの総数，z^+ と z^- はイオンの価数，r^+ と r^- はイオン半径)。

$$\Delta_L H° = -107\frac{\nu|z^+||z^-|}{r^+ r^-}$$

また 2002 年大会の第 4 問では，以下のボルン-ランデ式から格子エネルギーを見積もらせた(f, e, n は定数。A は結晶構造で決まり，「マーデルング定数」という)。

$$\Delta_L H° = \frac{fAe^2|z^+||z^-|(1-n^{-1})}{r^+ r^-}$$

2 ケイ酸塩の化学 (2007 年大会。第 6 問を抜粋・改変)

水溶液中のケイ酸イオンは多様な姿で存在する。ただし，ほとんどの場合，おもな最小構成単位(ビルディング・ブロック)は，中心に Si が入った正四面体構造のオルトケイ酸イオン(SiO_4^{4-}，**1**)になる。

(1)

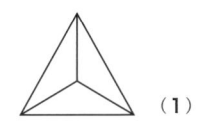

ケイ酸塩の水溶液中に存在する $[Si_3O_9]^{n-}$ イオンについて，以下の問いに答えよ。

問1. 電荷の大きさ n はいくらか。

問2. 隣り合う正四面体どうしを橋かけしている酸素原子は何個か。

問3. $[Si_3O_9]^{n-}$ イオンは，正四面体 **1** をつなぎ合わせてできる。$[Si_3O_9]^{n-}$ イオンの構造を描け。隣り合う正四面体どうしは，1個の頂点を共有していると考えよ。

問4. カオリナイト（高陵土）という粘土の中には，$[Si_4O_{10}]^{m-}$ と書ける組成をもち，負に帯電して厚みが均一な平面状の層がある。その一部，16個の正四面体 **1** をつなぎ合わせた層の構造を描け。10個の正四面体 **1** は，それぞれ2個の正四面体 **1** と頂点を共有し，残る6個の正四面体 **1** は，それぞれ3個の正四面体 **1** と頂点を共有する。

――――――――解 答――――――――

問1. Si の酸化数を +4，酸素の酸化数を −2 として，3×4−2×9 = −6 より $n = 6$ となる。

問2. 3個。

問3.

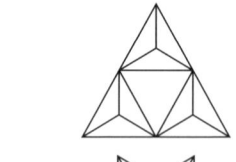

問4.

――――――――解 説――――――――

ケイ酸ナトリウムなどの水溶液中には，さまざまな構造のケイ酸イオンが生じている。酸処理で Na^+ を H^+ に置換すれば，溶けているケイ酸種どうし

が脱水縮合してゲル化する（水ガラス）。

問 2. まずはオルトケイ酸イオンから考える。Si のまわりに 4 個の酸化物イオン O^{2-} があるため，オルトケイ酸イオン 3 個は合計 12 個の酸化物イオンを含む。

$[Si_3O_9]^{6-}$ イオン中に O^{2-} は 9 個あるから，二つの正四面体が共有する酸素（正四面体 2 個を橋かけしている酸素）は 3 個になる。正四面体 1 個あたりの組成は $[SiO_3]^{2-}$ なので，$[SiO_2(O_{0.5})_2]^{2-}$ とみればよい（$O_{0.5}$ は，2 個の正四面体に共有され，−1 の電荷をもつ酸化物イオン $\frac{1}{2}$ 個）。どの正四面体も同じ環境にあることを考え，**問 3** の構造が推定できる。

問 4. まず $[Si_4O_{10}]^{m-}$ の m を求める。

$$4 \times 4 - 2 \times 10 = -4 \text{ から，} m = 4$$

正四面体 1 個あたりの組成は $[SiO_{2.5}]^-$ となり，これは $[SiO(O_{0.5})_3]^-$ とも書ける。平面層という事実から，酸化物イオン 3 個が橋かけして平面をつくった構造が思い浮かぶ。

6 個の正四面体で環をつくれば，同じ環境にある正四面体が均一な厚みの層を形成できる。現実のカオリナイト構造で，ほかの正四面体と結合していない酸化物イオンは同じ方向に突き出ている。本問題の条件では，平面に対してどちらの向きに突き出ているかはわかりにくいが，厚みが均一という条件から推定する。

なお，$[Si_4O_{10}]^{4-}$ の組成から**問 2** のように考えると，架橋酸素は 6 個となるが，解答の構造では 4 個の正四面体がもつ架橋酸素は 9 個になり，話が合わないように思える。しかしこの場合，構造に包含される架橋酸素 3 個と，4 個以外の正四面体がもつ架橋酸素 3 個（6 個×0.5）の合計で 6 個とカウントするのが正しい。

3 水素化ホウ素（2012 年大会。第 1 問を抜粋・改変）

水素化ホウ素（ボラン）の化学は，ストック（1876〜1946）が発展させて以来，20 種を超す物質（一般式 B_xH_y）が見つかっている。うち最も単純な化合物のひとつをジボラン B_2H_6 という（下図，p.106）。

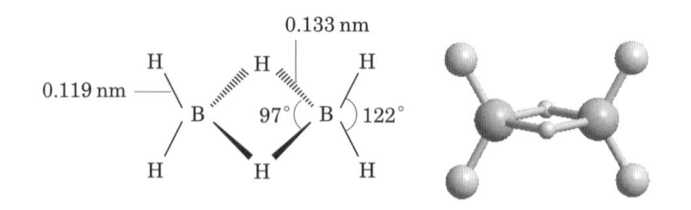

──→は紙面より前方に，⇝は紙面より後方に出ている結合を表す

問 1. 次のデータを使い，水素化ホウ素 X と Y の分子式を書け。

物質	状態(25℃, 1 bar)	ホウ素の質量%	モル質量(g mol⁻¹)
X	液体	83.1	65.1
Y	固体	88.5	122.2

問 2. 水素化ホウ素の研究で 1976 年のノーベル化学賞を得たリプスコムは，どの水素化ホウ素でも，各 B 原子は 1 個以上の H 原子と 2 電子結合している事実をつかんでいた。ただし，ほかの結合形式もいくつかあるため，水素化ホウ素の構造を「$styx$ 数」で表すことにした。s, t, y, x の意味は次のとおり。

s：B−H−B 橋架け結合の数
t：3 中心 2 電子 BBB 結合の数
y：2 中心 2 電子結合の数
x：分子中の BH$_2$ 基の数

B$_2$H$_6$ の $styx$ 数は 2002 となる。$styx$ 数が 4012 のテトラボラン B$_4$H$_{10}$ を構造式で描け。

問 3. ジボランの反応を右(上)図に示す。化合物 **1〜5** の構造式を描け。なお，どの化合物もホウ素を含む。

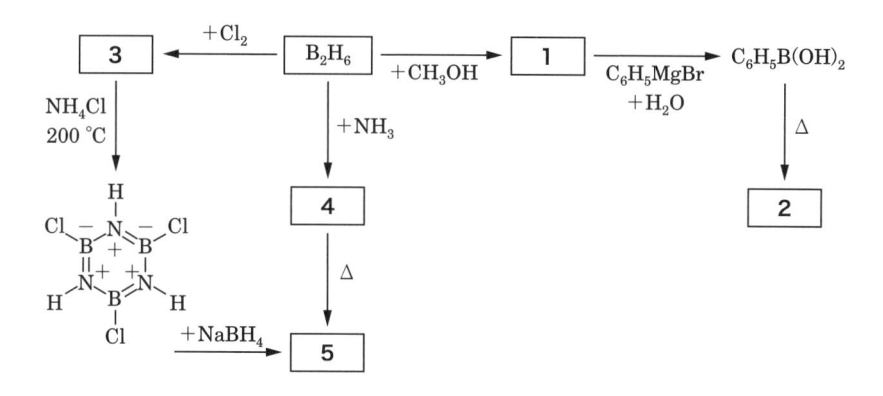

```
                    +Cl₂      B₂H₆                    C₆H₅MgBr    C₆H₅B(OH)₂
        3      ←──────────          +CH₃OH     1    ──────────→
                                   ──────→         +H₂O              │
    NH₄Cl                          +NH₃                               │ Δ
    200 °C                          │                                 ↓
        │                           ↓
        ↓                           4                                 2
```

(環状構造: Cl-B, N-B, etc. 六員環 B₃N₃ with Cl, H 置換基)

```
        4  ──Δ──→  +NaBH₄ ──→  5
```

備考：① **5** の沸点は 55 °C。② どの反応でも過剰量の試薬を使う。③ 0.312 g の **2** をベンゼン 25.0 g に溶かしたときの凝固点降下度は 0.205 °C (ベンゼンのモル凝固点降下は 5.12 K kg mol⁻¹)。

解 答

問1. 化合物 X につき，質量%をモル質量で割り，モル比 H/B を求める。

B：$83.1 \div 10.81 = 7.69$ H：$(100 - 83.1) \div 1.008 = 16.8$

H/B = 2.18

H/B = 2.18 から B_5H_{11} (H/B = 2.20) と予想でき，B_5H_{11} のモル質量 (65.1 g mol⁻¹) にも合う。

同様な計算で，化合物 Y は $B_{10}H_{14}$ と推定できる。

問2.

（現実の構造）   （未発見だが可能な構造）

問 3.

1. B(OCH₃)₃ — H₃CO–B(–OCH₃)(–OCH₃) with OCH₃ groups

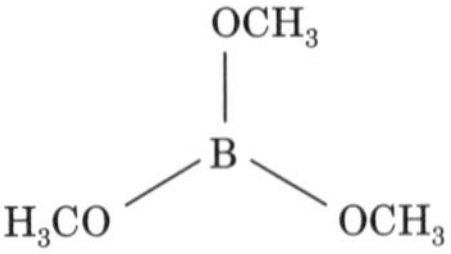

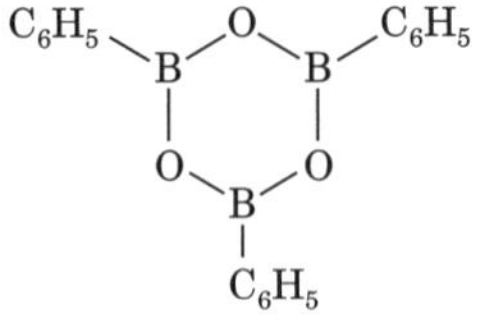

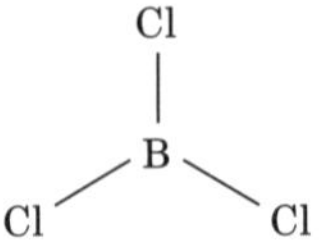

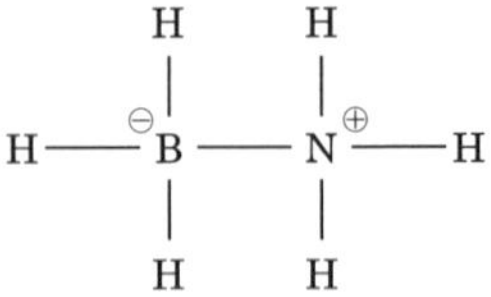

2. 六員環 B₃O₃ に C₆H₅ 基が各 B に結合した構造 (trimer)

3. BCl₃ (Cl–B(–Cl)(–Cl))

4. H₃B⁻–N⁺H₃ (H₃B:NH₃ 付加体)

5. ボラジン様六員環: 交互に B と N が並び,N に ⊕,B に ⊖ の形式電荷,各原子に H が結合

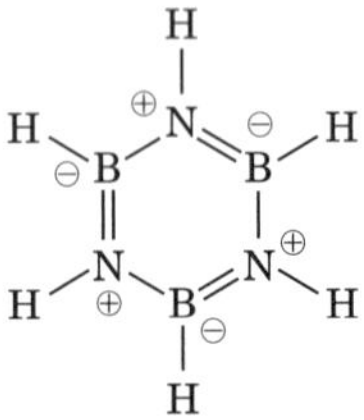

2 の構造式が正しいかどうか,分子量計算で確かめる。$\Delta t_f = 0.205$ K,$k_f = 5.12$ K kg mol^{-1},溶質の質量 $w = 0.312$ g,溶媒の質量 $W = 0.0250$ kg から,分子量 M は次のように計算でき,現実の分子量(311.75)に合う。

$$M = \frac{k_f w}{\Delta t_f W} = \frac{5.12 \times 0.312}{0.205 \times 0.0250} = 312$$

解 説

ボラン類(水素化ホウ素)は,日本の高校では扱わないが,大学の無機化学では重要トピックのひとつ。とりわけ,「3 中心 2 電子結合」をもつ代表的な化合物 B₂H₆ の結合形式は必ず学ぶ。ホウ素 B など 13 族の元素は価電子が 3 個だから,すべてを結合に供出しても計 6 電子しかない。最も単純な水素化ホウ素 BH₃ は,孤立電子対をもつ化合物と付加体をつくれば単量体で存在するが(H₃B:SMe₂ など。S 上の孤立電子対が B と共有され,B は sp³ 混成する),単独では二量体 B₂H₆ をつくる。

B_2H_6 の電子状態を考えよう。価電子12個のうち8個は B−H 結合をつくっている。残りは4個だが，二量体は4本の B−H 結合をもつため，本来は8個を要する。その一見矛盾した電子状態は，「3中心2電子結合」をもとに理解できる（高校で学ぶ共有結合は「2中心2電子結合」）。そのとき，三つの中心をもつ B−H−B 結合を考えて2電子を割り振る。各 B−H 結合は単結合より弱く，結合次数（単結合で1，二重結合で2）は 0.5 となる。

　問1は高級ボラン類を扱う。B と H の化合物は，B_2H_6 以外にも多様な組成が知られ，高級ボラン類（ボランクラスタ）と総称する。どれも「閉じたカゴ」や「開いたカゴ」の構造をもち，中性分子では B_nH_{n+6} か B_nH_{n+4} の組成が知られる。また，問題にある B−B の2中心2電子結合や BBB の3中心2電子結合もある。ほかに，BBB の「開いた3中心2電子結合」も知られる。その研究がノーベル化学賞の対象になった。

　問2は，カゴ関連の構造だと知らずに解くため，ややむずかしい。$s = 2$ で組成が B_4H_{10} だから，B が4個，B−H−B 結合が4個となり，直線ではなく環状の構造が想定できる。B_4H_4 で環をつくり，2個の B それぞれに2個の H を結合させると，B_4H_8 の組成になる。残る2個の B を B−B 結合で結ぶから，残った2個の B にそれぞれもう1個の H を割り当て，B_4H_{10} とする。なお与えてある条件より，現実には存在しないが B_2H_2 環を2個もつ構造もありうるため，解答としては正しい。

　問3ではジボランの反応性を問う。日本の高校ではまず学ばないし，有機化学的な表現なので戸惑うかもしれない。

　化合物 **1** の反応は脱水素。すべての H がメトキシ基 OCH_3 に置換され，ホウ酸エステル（化合物 **1**）ができる。それとグリニャール試薬の反応でフェニル基1個が結合し，残るエステル結合2個が加水分解されてフェニルボロン酸 $C_6H_5B(OH)_2$ が生じる。それを加熱すると，脱水縮合で三量体（化合物 **2**）ができる。凝固点降下のデータから分子量を見積もり，**2** の構造を推定しつつ解いていく。

　もうひとつの経路では，塩素との反応で三塩化ホウ素ができ，NH_4Cl との反応による環形成，$NaBH_4$ による水素化を経て，**5** のボラジン $(HBNH)_3$ になる。ボラジンは，アンモニアとの付加体（化合物 **4**）を経る脱水素でも生じる。ボラジンはベンゼンと等電子的で構造も等しいから，性質もベンゼンに似て

いる。

2.2 遷移元素の問題

4 八面体錯体（2003年大会準備問題。第15問を抜粋・改変）

電子配置がd^1, d^2, ……, d^9となる第一遷移元素の2価金属イオンは，おもにML_6^{2+}（Lは中性の単座配位子）という組成の八面体錯体をつくる。磁場の中で示す性質から，こうした錯体は次の2タイプに分類できる。

① 不対電子の数が，真空中の2価イオンM^{2+}(g)状態と，錯体状態で同じになる「高スピン」錯体

② 錯体中の不対電子数が，M^{2+}(g)状態のときより少ない（またはゼロの）「低スピン」錯体

t_{2g}とe_gのエネルギー準位差をΔ，対形成エネルギー（電子2個が対をつくるのに必要なエネルギー）をPとして，基底状態の錯体それぞれがどのような電子配置をもつか考えよ（構成原理とパウリの排他律を使う）。

解答

d軌道は五つある。原子や孤立イオンでは，どの軌道のエネルギーも同じだが，八面体錯体をつくったとき，エネルギー準位は2本のe_g軌道と3本のt_{2g}軌道に分裂する。

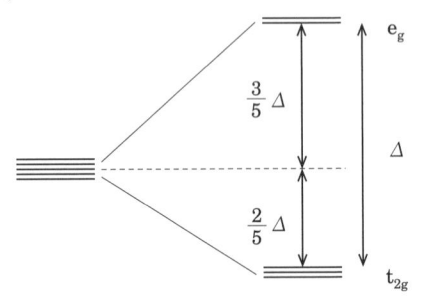

上図を出発点に，構成原理とパウリの排他律，電子のスピンを考えて電子配置を推定する。$d^4 \sim d^7$の場合は，e_g軌道に電子を上げるか，低エネルギーのt_{2g}軌道を2電子で満たすかの選択肢がある。対形成エネルギーPがエネ

ルギー準位差 Δ より大きければ，e_g 軌道に電子が上がり，大小関係が逆なら t_{2g} 軌道を電子で満たす($d^1\sim d^3$ と $d^8\sim d^9$ は，電子配置がただ1種類に決まる)。結果は次のようにまとめられる。

$d^1 : (t_{2g})^1(e_g)^0$

$d^2 : (t_{2g})^2(e_g)^0$

$d^3 : (t_{2g})^3(e_g)^0$

$d^4 : (t_{2g})^4(e_g)^0 \ (\Delta > P)$ または $(t_{2g})^3(e_g)^1 \ (\Delta < P)$

$d^5 : (t_{2g})^5(e_g)^0 \ (\Delta > P)$ または $(t_{2g})^3(e_g)^2 \ (\Delta < P)$

$d^6 : (t_{2g})^6(e_g)^0 \ (\Delta > P)$ または $(t_{2g})^4(e_g)^2 \ (\Delta < P)$

$d^7 : (t_{2g})^6(e_g)^1 \ (\Delta > P)$ または $(t_{2g})^5(e_g)^2 \ (\Delta < P)$

$d^8 : (t_{2g})^6(e_g)^2$

$d^9 : (t_{2g})^6(e_g)^3$

解 説

　日本の高校では教えないd軌道について，ややくわしく眺めておこう。電子配置をわかりやすく示すには，原子軌道や分子軌道の場合と同じく，「軌道の名称^{電子数}」の表記を使う。たとえば，d軌道に2電子が入った状態はd^2と書く。

　錯体になった金属イオンの電子配置は，結晶場理論という理論で考える。原子やイオンのd軌道五つは下図の形をもつ。

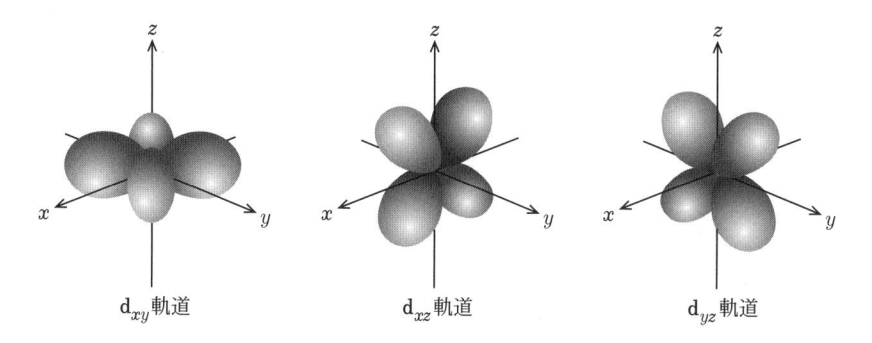

d_{xy}軌道　　　　d_{xz}軌道　　　　d_{yz}軌道

d_{z^2} 軌道 　　　　　　　　$d_{x^2-y^2}$ 軌道

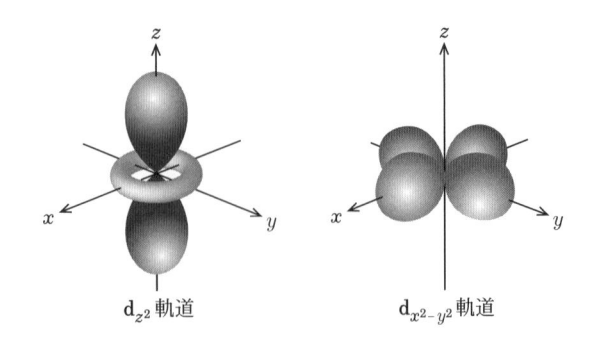

　d軌道五つのまわりに配位子を置こう。八面体錯体では，次図のように配置される。電子雲が突き出た方向に配位子のある軌道（$d_{x^2-y^2}$ および d_{z^2}）と，配位子のない軌道（d_{xy}, d_{xz}, d_{yz}）でエネルギーに差が生じる結果，五つのd軌道は，解答図のとおり2本（2群）のエネルギー準位に分裂する。

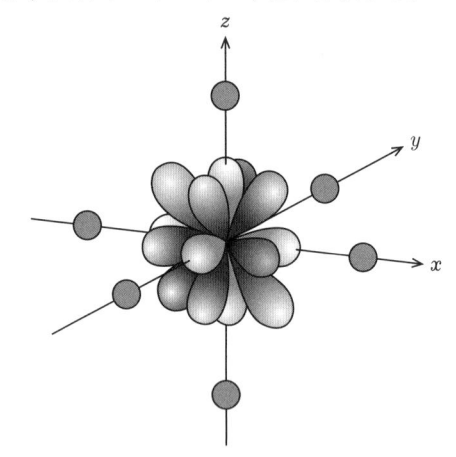

軌道に電子がどう入るかは，以下のルールに従う。
① エネルギーの低い軌道から順に電子が入る（構成原理）
② 1本の軌道は電子を最大2個まで収容できる（2電子が入るとき，スピンは逆向きになる。パウリの排他律）
③ 同じエネルギーの軌道が複数あるなら，電子はまずスピンをそろえて別々の軌道に入る（フントの規則）。
　電子のスピンは，「磁石の向き」だと思えばよい。そのためスピンは「↑」

と「↓」の記号で書き表すことが多い。

　d^1〜d^3の場合は，エネルギーの同じ軌道が低いほうに3本あるため，ルール②に従って電子は三つのt_{2g}軌道に入る(スピンは平行 =「↑↑」)。しかしd^4〜d^7だと，解答のように2種類の電子配置がありうる。

　錯体の「高スピン」状態と「低スピン」状態は，不対電子の数をもとにして呼ぶ。1本の軌道に1個だけ入った電子(不対電子)は，錯体を「ミニ磁石」にする。しかし1本の軌道に2個の電子が入ると，スピンは逆平行(「↑↓」)になって「磁石」の性質は消えてしまう。

　こうして，不対電子の多い電子配置を「高スピン」錯体，少ない(またはゼロの)電子配置を「低スピン」錯体という。電子のスピンも含めて電子配置を問う問題もかつて出題された(2002年大会。**第4問**)。

5 錯体の異性体 (2003年大会準備問題。第16問を抜粋・改変)

八面体錯体の異性体を考えよう。

　同じ化学式 $CoCl_3 \cdot 4NH_3$ をもつ錯体には異性体が二つあり，それぞれプラセオ塩，ビオレオ塩と呼ぶ。$[Rh(py)_3Cl_3]$ 錯体にも二つの構造異性体がある(py = ピリジン。分子のN原子だけ考えればよい)。

　cis-$[Co(NH_3)_4Cl_2]Cl$ 錯体は1種類しかないのに，cis-$[Co(en)_2Cl_2]Cl$ 錯体(en：エチレンジアミン。別名1,2-ジアミノエタン。対称的な二座配位子)は2個の異性体をもち，互いに鏡像異性体の関係にある。

問1. プラセオ塩とビオレオ塩の立体構造を描け。
問2. $[Rh(py)_3Cl_3]$ 錯体2種類の立体構造を描け。
問3. 化学式が $[Co(en)_3]I_3$ となる錯体に異性体は何個あるか。

―――――― 解 答 ――――――

問1. 八面体錯体では，4個の NH_3 と3個の Cl^- のうち6個が Co^{3+} に配位する。Cl^- が3個とも配位すれば錯体の電荷はゼロになるため，4個の NH_3 と2個の Cl^- が配位し，1個の Cl^- が対イオンとなるだろう。以上の考察により2種類の幾何異性体を描く。

ビオレオ塩　　　　　　　プラセオ塩

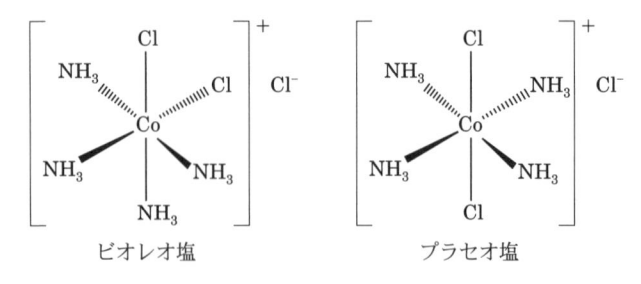

➤ は紙面より前方に，〰 は紙面より後方に出ている結合を表す

問2. 2種類の配位子が3個ずつ配位した錯体だから，次のように描ける。

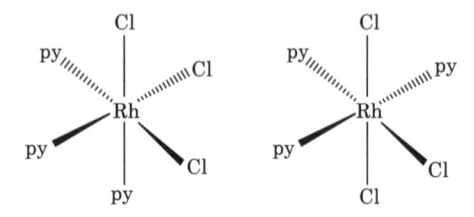

問3. 二座配位子3個が，下記2種類の光学異性体を生む。

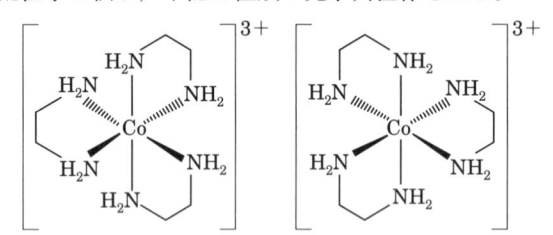

解説

　有機化合物と同じく，錯体にも幾何異性体がある。2種の配位子をもつ八面体錯体では，配位子数比が4：2と3：3のとき幾何異性体ができる。4：2の場合は，少ない2個の位置関係を考える。2個の配位子が隣り合う錯体(ビオレオ塩タイプ。シス体)と，対角線上に来る錯体(プラセオ塩タイプ。トランス体)がある。3：3の場合は，配位子三つを含む平面に注目しよう。平面が八面体の面に対応する錯体と，平面が八面体の中心を通る錯体が，2種類の幾何異性体にあたる。

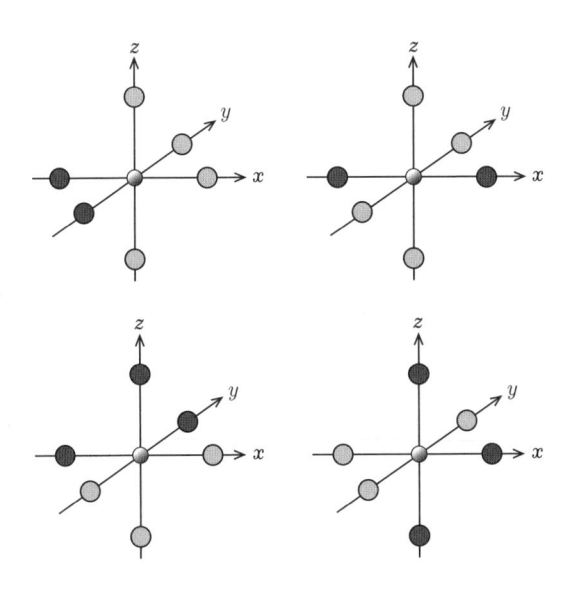

配位子には，複数の原子が同じ金属イオンに配位できるものがある。配位できる原子の数で，二座配位子，三座配位子，…という。二座配位子 en の 3 分子が配位した 2 種類の光学異性体は，「右らせん」「左らせん」と考えればわかりやすい。

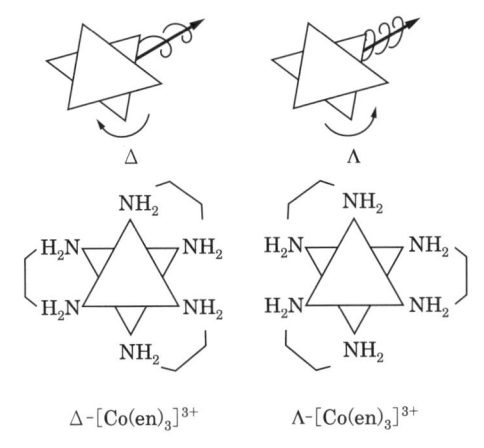

Δ-[Co(en)$_3$]$^{3+}$ Λ-[Co(en)$_3$]$^{3+}$

本問題の範囲外だけれど，2 種類の配位子が結合した平面四角形錯体にも，シス体とトランス体の幾何異性体がある。ただし正四面体錯体では，2 種類

の配位子が結合しても異性体は生じない。

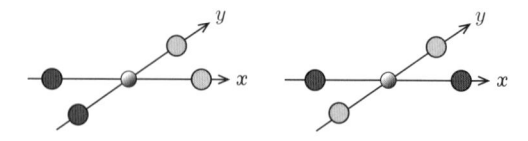

2.3 化学結合の問題

6 ルイス構造と分子の形 (2005 年大会。第 5 問の抜粋・改変)

問1. 一酸化炭素分子のルイス構造を描け。また，炭素原子と酸素原子の形式電荷，酸化状態はそれぞれいくらか。

問2. 下図に示す S,S-二酸化チオ尿素のルイス構造を描け。どの原子も形式電荷がゼロとなるように描くこと。

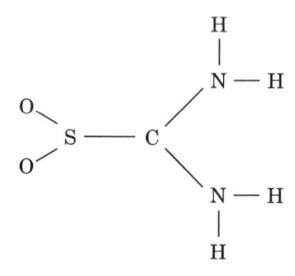

問3. VSEPR (valence shell electron pair repulsion = 原子価殻電子対反発) 理論を使うと，**問2**の分子につき，硫黄・炭素・窒素原子まわりの幾何学構造が推定できる。硫黄・炭素・窒素原子まわりの幾何学構造は，それぞれ次のどれになるか。

　　　① 三角錐　　② 平面三角形　　③ T字形構造

解 答

問1. CO 分子の炭素—酸素間は三重結合となって，ルイス構造式は次のように描ける。

$$:C \equiv O:$$

形式電荷は，[価電子数] − [非共有電子対の電子数] − [$\frac{1}{2}$ × 結合電

子対の電子数]で求まる。

$$炭素原子：4-2-(1\times3) = -1 \text{ だから } C^{-1}$$
$$酸素原子：6-2-(1\times3) = 1 \text{ だから } O^{+1}$$

酸化数は，酸素の値を -2 と決める(過酸化物は例外的に -1)。炭素の酸化数と足せばゼロになるので，炭素の酸化数は $+2$。

問2. 形式電荷をゼロにするため，まず各原子の価電子数を眺める。

窒素	5個
炭素	4個
硫黄・酸素	6個

窒素は1組の非共有電子対(2電子)と3組の結合電子対(3電子)をもつから，形式電荷はゼロとなる。炭素は4組の結合電子対(4電子)をもち，やはり形式電荷はゼロ。炭素－窒素間は単結合なので，炭素－硫黄間は二重結合になる。

酸素は2組の非共有電子対をもつから，2組の結合電子対(2電子)をもてば形式電荷はゼロになる。そのため硫黄との間は二重結合と考えられる。

硫黄は最大6個の結合電子対を受け入れる。だから，炭素との間に加えて，酸素2個との間にも二重結合をつくれば，合計6個の結合電子対(6電子)をもつ。そのとき形式電荷はゼロとなる。

以上より，分子のルイス構造を次のように描く。

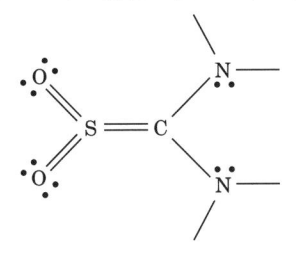

問3. VSEPR理論(「戦略篇」p.14参照)をもとに，電子対の反発がいちばん小さくなる空間配置を考える。

硫黄原子：②　　炭素原子：②　　窒素原子：①

解 説

　解答中の式にあるとおり，形式電荷は結合電子対と非共有電子対で扱いがちがうため，ルイス構造をもとに算出する。原子それぞれの形式電荷を足し合わせた数は，分子ではゼロ，イオンでは総電荷に等しい(なおルイス構造を日本の高校では「電子式」と呼ぶが，その用語は大学以上で使わないし，旧文部省『学術用語集・化学編』にも載っていない)。

　酸化数とは異なり，複数のルイス構造が書ける場合，形式電荷はルイス構造で変わる。一般に，原子それぞれの形式電荷が小さいルイス構造ほど正しいと考えてよい。

　硫黄を含む化合物には注意を要する。硫黄は，価電子が酸素と同じで，2組の非共有電子対と2個の不対電子をもつため，ふつうは2本の共有結合をつくる。ただし酸素とは異なり，非共有電子対をバラバラにしてつくれる結合の数はもっと多い。1組の非共有電子対をバラバラにすれば合計4本，2組の非共有電子対をバラバラにしたら合計6本の結合をつくれる。

　単結合だけでそういう結合をつくった化合物に，たとえば H_2S，SF_4，SF_6 がある。酸素とちがって硫黄は，3d軌道も使える第3周期の元素だから，8電子(オクテット)則には従わない。

7　N_5^+ イオンの化学 (2008年大会準備問題。第6問を抜粋・改変)

　最近まで，窒素原子だけからなる物質は2種(単体1種，イオン1種)しかないと思われていた。

問1.　その2種を化学式で書け。

　1999年，窒素だけからなる別の無機物質をクリステラがつくる。出発物質 **A** は，窒素 42.44 wt% のハロゲン化窒素のシス異性体だった。**A** は −196 ℃ で SbF_5 (強いルイス酸)と反応した(モル比 1：1)。生じたイオン性物質 **B** は原子3種からなり，元素分析で 9.91 wt% の N と 43.06 wt% の Sb を含むとわかる。また **B** は陽イオン1個と陰イオン1個からなり，陰イオンは八面体の構造をしていた。

　B は水と激しく反応し，0.3223 g の **B** から，無色無臭の窒素酸化物(窒素 63.65 wt%)が 25.54 cm³ (0 ℃，101325 Pa)生じた。

　クリステラは −196 ℃ の液体フッ化水素中で HN_3(アジ化水素)と **B** を混ぜ

た。−78 ℃ のアンプル中で混合物を 3 日間かき混ぜたあと −196 ℃ まで冷やしたら，B が含んでいたものと同じ八面体型の陰イオンと，N 原子だけからなる V 字形の陽イオンからなる化合物 C ができた。C の窒素含有率は 22.90 wt% だった。

　C の陽イオンは酸化力がきわめて強く，水を酸化して 2 種の気体(単体)を生じた。そのときできる水溶液は，B を加水分解して生じる化合物と同じ化合物を含んでいた。

問 2. A の実験式を書き，シス異性体のルイス構造を描け。共有電子対と非共有電子対はすべて記すこと。

問 3. B の実験式を書け。

問 4. B をつくる陽イオンの実験式を書き，そのルイス構造を描け。共鳴構造があるなら共鳴構造も描く。共有電子対と非共有電子対はすべて記すこと。また，分子構造から予想されるおよその結合角を書け(共鳴を考える場合，共鳴構造のそれぞれについて書くこと)。

問 5. B の加水分解で生じた窒素酸化物は何か。そのルイス構造を描け。共鳴構造があるなら，その共鳴構造も描け。共有電子対と非共有電子対はすべて記すこと。

問 6. B と水の反応を化学反応式で書け。

問 7. C の実験式を書け。

問 8. C の陽イオンは多くの共鳴構造をもつ。共有電子対と非共有電子対を省略せず，すべての共鳴構造を描け。構造それぞれにつき，予想されるおよその結合角を書け。

問 9. C の加水分解を化学反応式で書け。

―――――― 解 答 ――――――

問 1. 単体：N_2(窒素)　　イオン：N_3^-(アジ化物イオン)。

問 2. 生成物は 42.44 wt% の N と 57.56 wt% のハロゲンを含むから，生成物を N_aX_b，ハロゲンの原子量を M とすれば次式が成り立つ。

$$\frac{42.44}{14.01} : \frac{57.56}{M} = a : b$$

つまり $M \times b = 19.00a$ となり，$a = b$，X = F だけが適する(ほかの

ハロゲンだと $a:b$ が整数比にならない)。したがって組成式は $(NF)_n$ とわかり，シス異性体だから $n=1$ ではない。$n=2$ で窒素間が二重結合なら，電子を適切に配置でき，生じる構造は幾何異性体をもつ。以上から **A** は N_2F_2 で，シス異性体のルイス構造は次のように描ける。

$$\ddot{\text{N}} = \ddot{\text{N}}$$
$$\diagup \qquad \diagdown$$
$$:\!\ddot{\text{F}}: \qquad :\!\ddot{\text{F}}:$$

問3. 3種の原子を含むため，Sb, N, F が **B** を構成する。組成は全体を 100 として 43.06 が Sb, 9.91 が N だから，F は 47.03。以上より次式が成り立ち，実験式は SbN_2F_7 となる。

$$\text{Sb} : \text{N} : \text{F} = \frac{43.06}{121.8} : \frac{9.91}{14.01} : \frac{47.03}{19.00}$$
$$= 0.3535 : 0.7074 : 2.475 \fallingdotseq 1 : 2 : 7$$

問4. 強いルイス酸の SbF_5 が N_2F_2 と反応して八面体構造の陰イオンになったと考えられるため，陰イオンは SbF_6^- とわかる。1:1 で反応し，陽イオン：陰イオン比も 1:1 だから，陽イオンは N_2F^+ と予想する。**B** の陽イオン N_2F^+ は，以下の共鳴構造で表せる。

$$:\!\text{N} \equiv \text{N}^+ \qquad \longleftrightarrow \qquad :\!^+\text{N} = \ddot{\text{N}}$$
$$\diagdown \qquad\qquad\qquad\qquad \diagdown$$
$$:\!\ddot{\text{F}}: \qquad\qquad\qquad\qquad :\!\ddot{\text{F}}:$$

右側の構造は**問2**のルイス構造から出てくる。VSEPR 理論で結合角 $\angle\text{N}-\text{N}-\text{F}$ を予想すると，非共有電子対の影響により，左側の構造は $180°$ に近く，右側の構造は sp^2 混成の理想値 $120°$ より小さいだろう。

問5. 生成物は $63.65\,\text{wt\%}$ の N と $36.35\,\text{wt\%}$ の O を含むため，**問2**と同様に窒素酸化物を N_aO_b と書けば次式が成り立ち，気体分子は N_2O(一酸化二窒素)だとわかる。

$$a : b = \frac{63.56}{14.01} : \frac{36.35}{16.00} = 4.537 : 2.272 \fallingdotseq 2 : 1$$

N_2O 分子は次の共鳴構造で表せる。

$$:\!\ddot{\text{N}}^-\!=\text{N}^+\!=\ddot{\text{O}}: \quad \longleftrightarrow \quad :\text{N}\equiv\text{N}^+\!-\ddot{\ddot{\text{O}}}:^-$$

問 6. N_2O の量は，体積から $25.54\times 10^{-3}/22.4 = 1.14$ mmol となる。

また **B**($[N_2F^+][SbF_6^-]$) の量は 0.3223 g$/282.8$ g mol$^{-1} = 1.140$ mmol なので，$N_2O:[N_2F^+][SbF_6^-] = 1:1$ とわかる。つまり SbN_2F_7 と，当量の H_2O が反応した。水素は HF になるだろうから，反応は次のように書ける。

$$[N_2F^+][SbF_6^-]+H_2O \rightarrow N_2O+2HF+SbF_5$$

なお，生じた SbF_5 はさらに加水分解を受け，たとえば次の反応が進む。

$$SbF_5+H_2O \rightarrow SbOF_3+2HF$$

問 7. 陰イオンは **B** と共通だから，全体を 100 として 77.10 が SbF_6^-，22.10 が N なので次式が成り立ち，実験式は $[N_5^+][SbF_6^-]$ とわかる。

$$SbF_6^-:N = \frac{77.10}{235.8}:\frac{22.90}{14.01} = 0.327:1.635 \fallingdotseq 1:5$$

問 8. 化学式 N_5^+ と N の価電子数(5個)より，構造単位は電子 24 個(電子対 12 組)をもつ。また，V 字形の構造だから，中央部分にある結合としては N−N=N か N−N−N が推定できる。窒素原子それぞれの形式電荷が $-1 \sim +1$ となるように電子を配置し，下記の構造が描ける。

VSEPR 理論に基づいて ∠N−N−N を予想しよう。:N≡N−N や N=N=N の結合は，中央の N に非共有電子対がないため，ほぼ 180° だろう。N−N=N や N−N−N の結合角は，非共有電子対の影響で，それぞれ 120°，109.5° より少し小さいだろう。

問 9. 発生する気体の候補は酸素・水素・窒素だが，酸化反応なので水から

は酸素が出る。もうひとつは窒素と予想する。また，**B** の加水分解で生じる物質は HF だろう（H_2O の O は O_2 になるため，N_2O は候補から落とす）。

以上より，N_5^+ は全量が窒素 N_2 になるものと考えて係数を合わせ，下記の反応式を得る。

$$4[N_5^+][SbF_6^-] + 2H_2O \rightarrow 10N_2 + O_2 + 4HF + 4SbF_5$$

解説

窒素の珍しい陽イオン N_5^+ を扱った問題。クリステらの論文は大きな注目を集め，発表から10年間に200回近くも引用された。

本問には，原子が正電荷や負電荷をもつさまざまな構造が登場する。どの原子にどういう電荷があるかを突き止めるには，前問で扱った形式電荷の考えかたが役に立つ。

高校化学の入り口で学ぶ「モル比の計算」や「反応式の係数合わせ」が何度か問われ，それ自体はやさしいけれど，肝心の反応物と生成物を特定するところが骨かもしれない。

問4ではルイス酸とルイス塩基の考えを使う。ルイスの定義によると，電子対を受けとるのが酸，電子対を与えるのが塩基になる。日本の高校化学では少ししか触れないが，アレニウスやブレンステッドの定義よりも概念として広い。ルイス酸（A）とルイス塩基（：B）は次のように反応する。

$$A + :B \rightarrow A:B$$

ルイス塩基が電子対をそっくり提供して A−B 結合ができる。たとえばルイス酸の三フッ化ホウ素（BF_3）とルイス塩基のアンモニアはこう反応する。

$$BF_3 + :NH_3 \rightarrow F_3B:NH_3$$

本問題ではルイス酸 SbF_5 の反応を扱う。

$$N_2F_2 + SbF_5 \rightarrow [N_2F^+][SbF_6^-]$$

SbF_5 が電子対を受け入れて結合を形成すると同時に，N_2F_2 から F^- が抜けて N_2F^+ が生じる。このようにルイスの定義は多様な反応に応用できる。

問4にはもうひとつ，共鳴の概念も出てくる。共鳴は有機化学でも重要だから，「有機化学」に関連問題がある（p.180）。たとえばベンゼンの構造を考えよう。ある高校教科書には以下二つの構造が描かれ，「どの結合も等価」と本文中に書いてある。

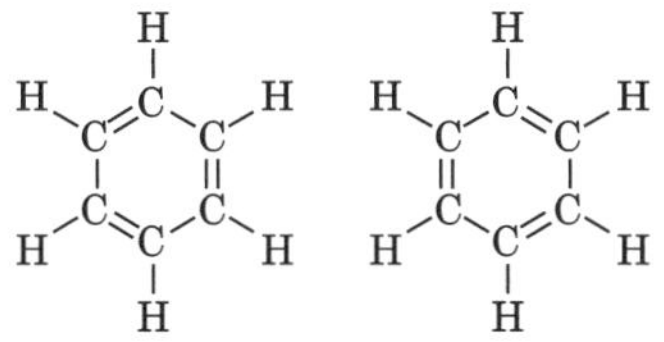

C-Cの単結合と二重結合を交互に置いても，ベンゼンの正しい構造ではない。両者の中間，つまり結合6本のどれも単結合と二重結合の平均になる構造が，ベンゼンの素顔に近い。共鳴の概念を使えば，そのことを下図のように表せる。

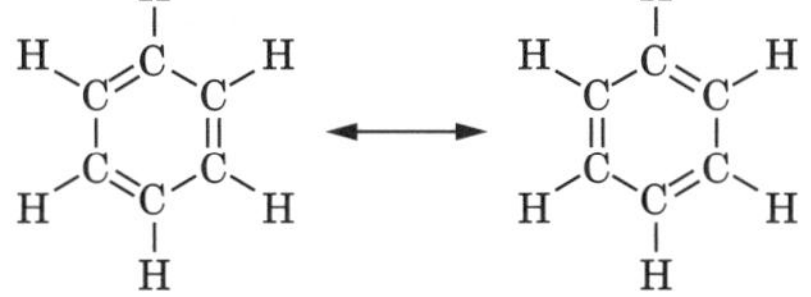

共鳴を表現するときに描いてある構造それぞれ(極限構造，寄与構造)は，分子やイオンの真の姿ではないところに注意しよう。

問5に登場するN_2O(一酸化二窒素，亜酸化窒素)は，日本の高校ではまず扱わないけれど，じつは窒素酸化物のうちで安定性がいちばん高い。化学オリンピックの問題を解き進めるうち，見たことがない化合物に出合っても，論理的に導き出されたものなら正しいと確信してよい。

問8の構造を考えるとき，負に帯電した窒素が1個，正に帯電した窒素が2個となって不安になるかもしれないが，総電荷は+1だからそれでよい。うち2組は，ベンゼンの対と同様，左右を入れ替えた組み合わせになる。上で説明した共鳴構造と同じく，最終的に出てくる構造六つのどれひとつ，N_5^+の真の姿を表すものではない。

問7や問9のような化学反応式をつくり上げる問いでは，問題文に書いてある情報をじっくり積み上げよう。とりわけ問9では，水が酸化されて出る酸素O_2と，N_5^+の分解から生じる窒素N_2を思い浮かべるのが，正解に達するカギとなる。

2.4 結晶の問題

8 野菜・果物と原子（2007年大会準備問題。第16問を抜粋・改変）

ある農夫が，ジャガイモをトラックで運ぼうとしている。いい積みかたを考えよう（ジャガイモは硬い球とみる）。

（1）第1層は図のタイプAにする。第2層は第1層の完全なコピーとし，ジャガイモを第1層のジャガイモの真上に置く（単純立方充填。simple cubic から sc）。

（2）第1層はタイプAにするが，第2層のジャガイモは第1層のくぼみ部分に置く（体心立方充填。body centered cubic から bcc）。

（3）第1層はタイプBにする。第2層は第1層の完全なコピーとし，ジャガイモを第1層のジャガイモの真上に置く（六方充填。hexagonal packing から hp）。

（4）第1層はタイプBにするが，第2層のジャガイモは第1層のくぼみ部分に置く（六方最密充填。hexagonal close packing から hcp）。

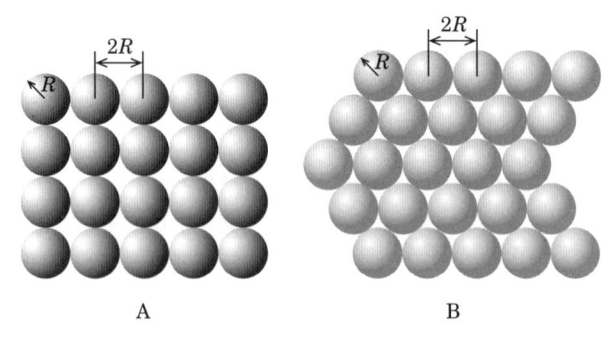

A　　　　　　B

問1. いちばん効率のよい詰めかたはどれか。

問2. タイプBで，第3層の並べかたには次の①と②がある。①第1層のジャガイモがあった真上（第2層のくぼみ部分）に第3層のジャガイモを置く。②第1層のくぼみ部分の真上に第3層のジャガイモを置く（面心立方充填。face centered cubic から fcc）。方法②の充填体積密度 φ はいくらか。

問3. 農夫は第3層を fcc 法で詰めようとしたのだが，第1層のすき間やジ

ャガイモの場所がどこかわからなくなってしまった。まちがえた配置で詰めたら，φ はどれだけ変わるか。

次に農夫は，トラックで西瓜(すいか)と桃を一緒に運ぼうと，西瓜のすき間に桃を詰めることにした（西瓜も桃も硬い球とみる）。

問4. 次の場合，桃が傷まないような「桃：西瓜」の半径比（桃 peach と西瓜 watermelon より，R_p/R_w）の最大値はいくらか。

① sc 構造中にできる立方体のすき間に桃を詰める。
② bcc 構造中にできる八面体のすき間に桃を詰める。
③ fcc 構造中にできる八面体のすき間に桃を詰める。

問5. sc, bcc, fcc 型で充填したとき，西瓜1個あたり桃は何個まで入るか。

問6. 荷台は風通しが悪くて果物を腐らせる。bcc 充填と fcc 充填のすき間を保とうと，農夫は，桃を置いた八面体のすき間どうしが辺や面で接しないようにした。そのとき，西瓜1個あたり何個の桃を置けるか。

解答

問1. タイプ A と B を比べると，平面の利用効率はタイプ B のほうが高い。次の層を乗せるとき，野菜の真上に乗せるより，くぼみ部分に乗せたほうが2層目が低くなる。つまり(4)の hcp がいちばん効率的。

問2. fcc の構造は次のように描ける。

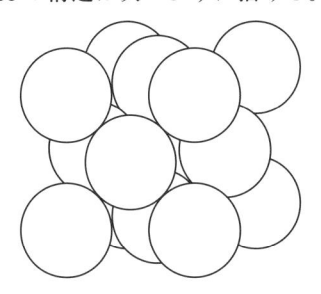

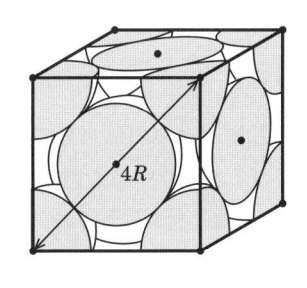

立方体面（正方形）の対角線が $4R$ だから，一辺の長さはそれを $\sqrt{2}$ で割った $2\sqrt{2}R$ になる。立方体の内部には，$\frac{1}{8}$ 球が8個，半球が6個あるため，合わせて $\frac{1}{8} \times 8 + \frac{1}{2} \times 6 = 4$ 個の球が入っている。したがって充填体積密度 φ は次のように計算できる。

$$\varphi = \left[4 \times \frac{4}{3}\pi R^3\right] \div (2\sqrt{2}R)^3 = 0.7405$$

問3. 最密充塡のまま積み重ねるなら，φ 値は積みかたに関係せず一定。

問4. ① 立方体 sc 構造　西瓜のつくるすき間に桃をぴったり入れたときは，立方体の対角線上で2種類の球がすき間なく接する。

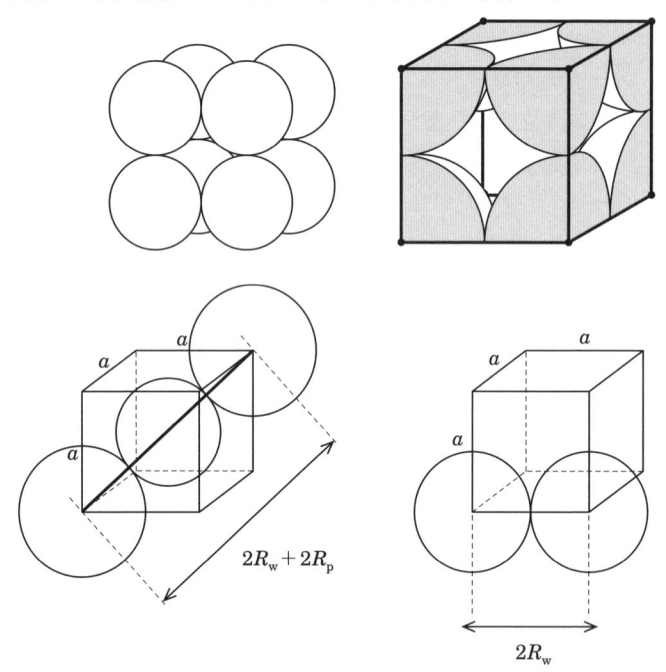

立方体の対角線は辺長の $\sqrt{3}$ 倍となり，大きい球(西瓜)が一辺に接している。計算すると次の結果になる。

$$2R_\mathrm{w} + 2R_\mathrm{p} = \sqrt{3} \times 2R_\mathrm{w} \quad \text{よって} \quad R_\mathrm{p}/R_\mathrm{w} = \sqrt{3} - 1 = 0.732$$

② 八面体 bcc 構造　bcc 構造は右(上)図のように描ける。

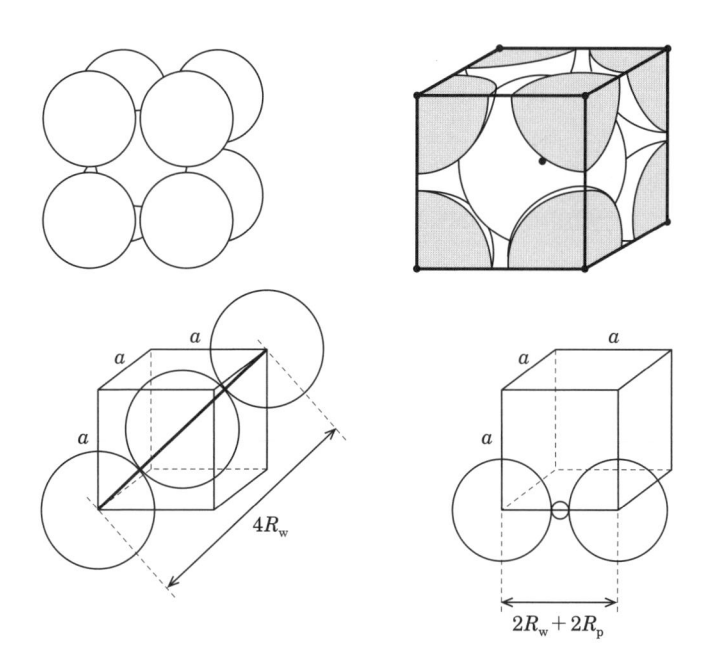

立方体の一辺に沿って，西瓜と西瓜の間に桃がぴったり入るため，一片の長さは $2R_w+2R_p$。かたや立方体の対角線長 $4R_w$ は，辺長の $\sqrt{3}$ 倍になるから，次の結果が得られる。

$$\sqrt{3}\times(2R_w+2R_p)=4R_w \quad よって \quad R_p/R_w=(2/\sqrt{3})-1=0.155$$

③ 八面体 fcc 構造　②と同様，立方体の一辺に沿って，西瓜と西瓜の間に桃がぴったり入るため，一辺は $2R_w+2R_p$。立方体面（正方形）の対角線長 $4R_w$ は，辺長の $\sqrt{2}$ 倍だから，次の結果を得る。

$$2R_w+2R_p=2\sqrt{2}\,R_w \quad よって \quad R_p/R_w=\sqrt{2}-1=0.414$$

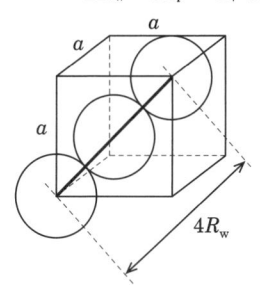

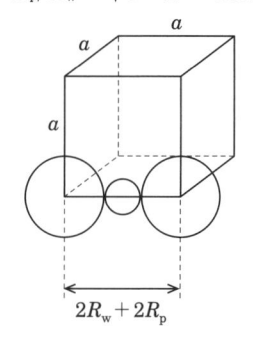

問5. [sc構造] 西瓜は頂点八つに$\frac{1}{8}$個ずつ(計1個分)あり，桃は中心に1個あるため，西瓜：桃 = 1：1。

[bcc構造] 西瓜は，頂点八つ($\frac{1}{8}$個ずつ。計1個)と中央に1個だから計2個。桃を置ける八面体のすき間は，面六つの中央($\frac{1}{2}$個ずつ。計3個)と，12辺の中央($\frac{1}{4}$個ずつ。計3個)だから，桃の総数は6個。以上より，西瓜：桃 = 1：3。

[fcc構造] 西瓜は，頂点八つ($\frac{1}{8}$個ずつ。計1個)と面六つの中心($\frac{1}{2}$個ずつ。計3個)にあるから計4個。桃を置ける八面体のすき間は，立方体の中心(1個)と，12辺の中央($\frac{1}{4}$個ずつ。計3個)だから，桃の総数は4個。以上より，西瓜：桃 = 1：1。

問6. [fcc構造] 中心の八面体すき間に桃を置く。問5で考えたとおり，各辺の中央にも桃を置けるので，あと二つ西瓜を補って各辺の中央を中心とした八面体をつくると，中央の八面体と西瓜2個が共通だから，中央の八面体と新しい八面体が辺で接してしまうので，各辺の中央に桃は置けない。中央にだけ桃のある立方体で空間を敷き詰めていくと，隣にある立方体の中心の八面体とは面心の西瓜1個が共通し，頂点で接することになる。そこで構成単位の立方体ごとの個数をみれば，問5のように西瓜は4個だから，桃：西瓜 = 1：4。

[bcc構造] ある面の中心に桃を置く(桃のまわりに八面体をつくるには，1個の西瓜を補う)。それに近い4面の中心にも八面体すき間があるけれど，同様に1個ずつ西瓜を補って八面体をつくると，最初につくった八面体とは西瓜2個が共通となる結果，二つの八面体は辺で接してしまう。逆側の面の中心にある八面体すき間(やはり西瓜1個を補うと八面体ができる)とは，立方体中心の西瓜だけが共通だから，頂点で接する。各辺の中央にある八面体すき間で八面体をつくれば，八面体二つのどれかと西瓜2個が共通する。つまり，立方体内には桃2個を置けるすき間があり，各$\frac{1}{2}$個の桃が立方体に含まれる。

桃が並ぶ方向に立方体をつなげていくと，中心に西瓜と桃が交互に並ぶ細長い構造ができる。それを敷き詰めて空間を埋める際，長く伸びている方向(紙面の上〜下)ではない4面に同じ立方体(桃$\frac{1}{2}$×2個)を置けば，西瓜2個が二つの八面体で共通になってしまうから，桃のある

立方体と，ない立方体を交互に配置することになる（p.112の図）。

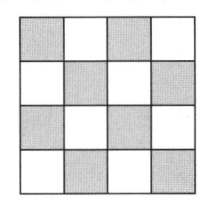

桃が入った立方体と入っていない立方体を組にして個数を数える。桃は $\frac{1}{2} \times 2 = 1$ 個，西瓜は立方体あたり $1 + \frac{1}{8} \times 8 = 2$ 個が二つ分だから 4 個になり，桃：西瓜 = 1：4。

解説

初等数学(幾何学)めいた問題だが，無機固体内部の原子配列は「球遊び」のようにして決まることが多いため，こういう空間構造をじっくり考えるのも化学の重要テーマになる。

無機化合物のうちイオン結晶や金属の原子間結合には，共有結合のような方向性がない。イオンや原子を球とみて，球を三次元的に詰めこんだ配列から結晶の内部構造がつかめる。

1 種類の野菜(ジャガイモ)だけを詰める**問 1 ～ 問 3** は，金属の結晶構造にからむ。**問 1** はいちばん効率的な充填法を問う。cp (close packing) の呼び名どおり，それを最密充填と呼ぶ。

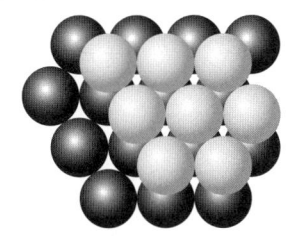

問 2 では 3 層目を乗せた状態を扱う。① は六方最密充填，② は立方最密充填や面心最密充填という（次図，p.130）。

①　　　　　　　　　②

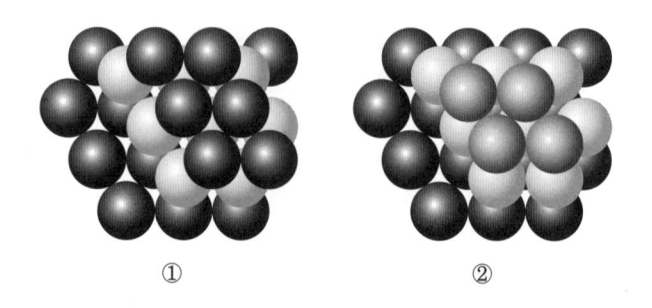

　積層については，1層目をA層，2層目をB層と呼ぶ。3層目は，1層目と同じ位置に球を置くA層(①)か，A・B層とはちがう層(C層。②)になる。六方最密充填はABAB……，面心(立方)最密充填はABCABC……と積む。ABCを明記した面心(立方)最密充填の構造を下図に描いた。

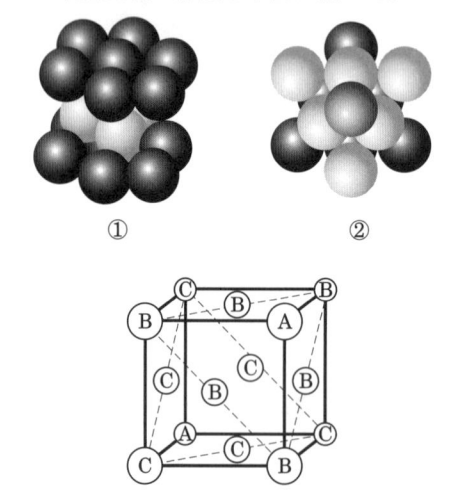

①　　　　　　　　　②

　上図を見て，充填体積密度 φ が解答のようになるのを理解しよう。
　西瓜と桃が登場する問4以降は，イオン結晶の構造にからむ。ふつう陽イオンより陰イオンのほうが大きいため，まず陰イオンを充填し，すき間に陽イオンを置く。つまり西瓜を並べたあと，すき間に小さな桃を入れると，イオン結晶が組み上がる。
　問4では限界半径比という値を扱う。まず陰イオンをぎっしり充填し，すき間にぴったり入る陽イオンの大きさは簡単に計算できる。イオン半径比

(問題の R_p/R_w とも呼ぶ限界半径比がわかれば，構造を予想できる。限界半径比より大きい R_p/R_w をもつ結晶構造は安定になる(R_p/R_w がそれより小さいと，陽イオンがまわりの陰イオンすべてと接触できないから)。ただし，R_p/R_w がさらに上がれば，配位数がもっと大きい限界半径比に達するため，そちらの構造が安定となる。

西瓜の並び方	桃のあるすき間	桃のまわりにある西瓜の数 (配位数)	ぴったり収まったときの桃と西瓜の半径の比 R_p/R_w (限界半径比)	構造図
sc 構造	立方体すき間	8	0.732	
cp (最密充填)構造	八面体すき間	6	0.414	
	四面体すき間	4	0.225	

問5と**問6**では，見えない西瓜を想像しながら構造を考える。ある立方体の面六つには同じ立方体が接しているため，書いてない西瓜も考えなければいけない。つまり，無数の西瓜や桃が規則正しく並んだ構造を，小さな立方体の繰り返しとみる。**問6**では，陽イオンが詰めこまれた構造を，八面体のつながりと考える。2個の八面体が頂点(①)と辺(学術用語は「稜」)(②)，面(③)で接している状況は，それぞれ，1個，2個，3個の球が互いに共通していることを意味する。

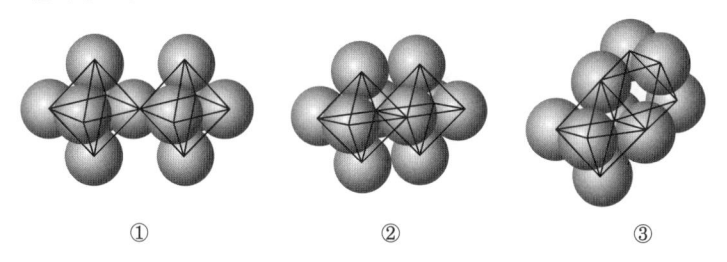

① ② ③

9 オパールと光の回折 (2007年大会準備問題。第16問を抜粋・改変)

天然鉱物のオパールは，シリカ SiO_2 の微小球が最密充填された固体とみてよい。光のもとでオパールはみごとな光沢色(玉虫色＝干渉色)を見せる。この現象は，光の波長を λ，微小球が並んだ面と面の距離を d，結晶面と入射光のなす角度を θ (入射光～回折光間の角度：2θ) としたブラッグの式(下記)に従い，可視光が回折するために起こる。

$$\lambda = 2d \sin \theta$$

屈折率の高い微小球が並んだオパールは，未来のIT技術として光通信などへの応用も期待される「フォトニック結晶」のモデル系とみてよい。

問. fcc 構造の結晶では，2θ が最小の回折線(第1反射)のミラー指数$(h k l)$が(111)になる。第1反射が $2\theta = 60°$ に観測されるとき，光の波長は何 nm か。SiO_2 微小球の半径は 450 nm とし，SiO_2 の屈折率に分散はない(屈折率が波長によらない)とせよ。

解　答
---

fcc 構造の場合，立方体の一辺は $2\sqrt{2}R$ となる(前問の**問 2** 参照)。一辺の長さが a なら，次式が成り立つ。

$$d = \frac{a}{\sqrt{h^2+k^2+l^2}}$$

$a = 2\sqrt{2} \times 450$ nm, $h = k = l = 1$ を代入して次の結果を得る。

$$d = 2\sqrt{2} \times \frac{450}{\sqrt{1^2+1^2+1^2}} = 735 \text{ nm}$$

$$\lambda = 2d \sin \theta = 2 \times 735 \times \sin 30° = 735 \text{ nm}$$

解　説

微小な球が規則的に並んだ構造は，前問の結晶構造と同様に扱える。前問では，野菜や果物の並びを小さな立方体の繰り返しとみた。そのときの立方体を結晶構造では単位格子と呼ぶ。

単位格子(立方体)の辺の長さ(格子定数)を a とすれば，特定の方向に球が並んだ面を「ミラー指数」で表せる。x 軸(結晶では a 軸)と面の切片が a/h，y 軸(結晶では b 軸)と面の切片が a/k，z 軸(結晶では c 軸)と面の切片が a/l になる

とき，三つの数字 h, k, l を組み合わせて面を表す．

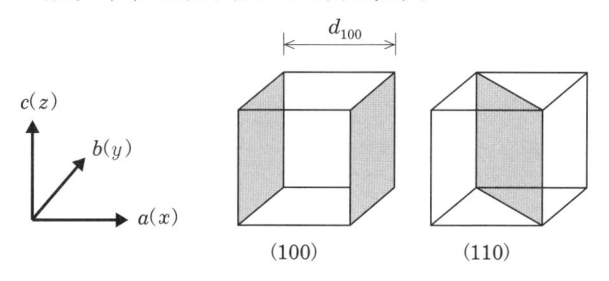

微小球が規則的に並んだ構造では，微小な球が並ぶ面どうしの間隔が一定となるから，ブラッグの式が適用できる．

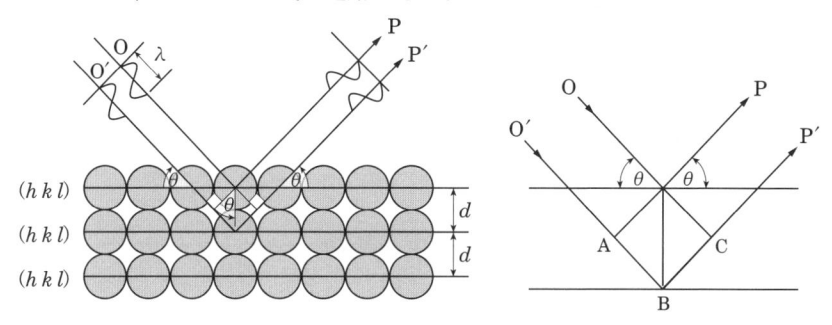

波の位相がそろった（山も谷も歩調を合わせた）光が O と O′ から入射したとしよう．光路長は O′ のほうが ABC 分だけ長い．ABC の長さは $2d \sin\theta$ となって，それが波長 λ の整数倍なら，干渉で波が弱まることなく，光線 2 本の位相がそろう（回折現象）．

シリカの微小球はサイズが可視光の波長（400〜750 nm）程度だから可視光を回折し，玉虫色を生み出す．結晶の中で原子やイオンがどのように並んでいるかを調べたいなら，原子やイオンのサイズは 1 nm 以下なので，可視光や紫外線ではなく，波長がずっと短い X 線を使う．

10 黄鉄鉱のつくり（2008 年大会準備問題．第 5 問を抜粋・改変）

黄鉄鉱（鉱物名パイライト：FeS_2）は NaCl 型の結晶構造をもち，NaCl 中なら Na^+ と Cl^- が占める位置を，それぞれ鉄イオン Fe^{2+} と二硫化物イオン S_2^{2-} が占める．また S-S 結合の軸は単位格子の対角線方向に一致し，隣り合う

S–S 結合の軸は互い違いになっている。

パイライト結晶の格子定数は，ふつう化学量論比によらない。つまり，組成式 FeS$_y$ の y 値が 2 からごくわずかちがう 1.95〜2.05 になっても，結晶格子は安定に存在できる。

問1. 鉄原子には 8 個の硫黄原子が配位している。硫黄原子には，何個の原子が配位しているか。

問2. 完全なパイライト結晶の密度 ρ は 5.011 g cm^{-3} となる。単位格子（もっとも小さい立方体）の格子定数はいくらか。

問3. 鉄の含有量だけが変わったとき，結晶の密度が y 値でどう変わるかを表す式を書け。また，硫黄原子の含有量だけが変わった場合の同様な式も書け。

問4. 天然のパイライト結晶で，鉄イオンは本来の格子点のうち 99% を占めている。また硫黄原子は 1% だけ過剰で，格子のすき間に存在する。天然結晶の組成を求め，密度を計算せよ。

― 解 答 ―

問1. 下図のように，ある硫黄原子には，別の硫黄原子（ペアの相手）1 個と Fe^{2+} イオン 3 個が配位し，ゆがんだ四面体ができている。

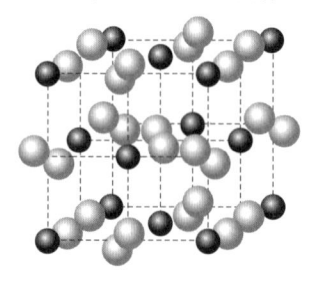

問2. 鉄原子は面心立方格子の位置にある。格子定数 a_0 の立方体単位格子は 4 個の鉄原子を含む（前問の **問2** 参照）。硫黄も同じ位置を占めるから，硫黄原子は 8 個ある。以上から，鉄と硫黄の原子量を M_{Fe}，M_S と書き，次のように計算できる。

$$\rho = \frac{4M_{Fe} + 8M_S}{N_A \times a_0^3} = 5.011 \text{ g cm}^{-3}$$

$a_0 = 0.5418$ nm

問 3. 鉄の含有量だけを変えるとき，硫黄は FeS_2 の場合とまったく同じように存在し，鉄の量が 4 から増減すると見なす。したがって結晶の密度 ρ は次のように表せる。

$$\rho = \frac{\dfrac{8}{y} \times 55.85 + 8 \times 32.07}{6.022 \times 10^{23} \times (5.418 \times 10^{-8})^3}$$

$$= 2.679 + \frac{4.665}{y}$$

同様に，硫黄の含有量だけを変えたとき，結晶の密度 ρ は次のように表現できる。

$$\rho = \frac{4 \times 55.85 + 4y \times 32.07}{6.022 \times 10^{23} \times (5.418 \times 10^{-8})^3}$$

$$= 2.333 + 1.339\,y$$

問 4. 鉄の係数は $1 \times 0.9900 = 0.9900$，硫黄の係数は $2.00 \times 1.010 = 2.020$ だから，組成比は $2.020 \div 0.9900 = 2.040\ (<2.05)$ となり，格子定数は変わらない。したがって結晶の密度 ρ は次のように計算できる。

$$\rho = \frac{\dfrac{8}{2.020} \times 55.85 + 4 \times 2.020 \times 32.07}{6.022 \times 10^{23} \times (5.418 \times 10^{-8})^3}$$

$$= 5.015\ \mathrm{g\ cm^{-3}}$$

解 説

密度は，単位格子あたりの平均値として計算する。結晶によっては，陽イオンと陰イオンの個数比が，化学量論比(黄鉄鉱の場合は Fe：S ＝ 1：2)からかなり大きくずれる。そうした化合物を不定比(ノンストイキオメトリー)化合物という。

なお黄鉄鉱は，鉄(酸化数 +2)も硫黄(平均酸化数 −1)も十分な還元力をもつため，通常の(酸化的な)環境中では，酸化されるとエネルギーを放出する。事実，黄鉄鉱の多い地域(鉄鉱山地域)には，黄鉄鉱を「食べて」生きるバクテリアが棲み，その「排泄物」(Fe^{2+} や Fe^{3+})を人間が鉄の生産に利用している。

2.5 無機分析の問題

11 イオンの分離と同定（2005年大会準備問題。第1問を抜粋・改変）

硝酸水溶液中の2価陽イオン A^{2+}, B^{2+}, C^{2+}, D^{2+}, E^{2+} と，陰イオン X^-, Y^-, Z^-, Cl^-, OH^- および有機配位子 L との反応を調べた（陰イオンを含む溶液中の陽イオンは Na^+）。結果は表1のようになり，変化のない組み合わせと，沈殿や錯体が生じる組み合わせがあった。

表1（*：変化なし）

	X^-	Y^-	Z^-	Cl^-	OH^-	L
A^{2+}	*	*	*	*	白色沈殿	*
B^{2+}	黄色沈殿	白色沈殿	*	*	*	BL_n^{2+} 錯体
C^{2+}	白色沈殿	褐色沈殿	褐色沈殿	白色沈殿	黒色沈殿	CL^{2+} 錯体 CL_2^{2+} 錯体
D^{2+}	*	赤色沈殿	*	*	*	*
E^{2+}	*	赤色沈殿	白色沈殿	*	*	*

問1. 陰イオン X^-, Y^-, Z^-, Cl^-, OH^- を含む水溶液を試薬に使い，硝酸水溶液中の A^{2+}, B^{2+}, C^{2+}, D^{2+}, E^{2+} を分離したい。手順を流れ図（フローチャート）に描け。フローチャート中の各段階でどのような生成物ができるかも書くこと。

問2. 白色沈殿 BY_2 は水に溶けにくく，25℃で溶解度積が $K_{sp} = 3.20 \times 10^{-8}\ mol^3\ L^{-3}$ となる。BY_2 の溶解度を計算せよ。

問3. 10本の50 mLメスフラスコを使って，B^{2+} と L を含む水溶液をつくった。まず，メスフラスコそれぞれに $8.20 \times 10^{-3}\ mol\ L^{-1}$ の B^{2+} 水溶液 2.00 mL を入れた。次に，配位子 L を $1.00 \times 10^{-2}\ mol\ L^{-1}$ で含む体積 V_L(mL) の水溶液を加えたあと，標線(50.0 mL)まで純水を加えた。

試料溶液それぞれを光路長 1.00 cm のセルにとり，錯体 BL_n の吸光度 A を波長 540 nm で測った。測定データを表2に示す。B^{2+} も配位子 L も 540 nm の光は吸収しない（$A = 0$）と仮定し，錯体 BL_n^{2+} につき n の値（配位数）を計算せよ。

問4. 錯体 BL_n^{2+} の生成定数 K_f を計算せよ。

表2

V_L / mL	吸光度 A	V_L / mL	吸光度 A
1.00	0.140	2.00	0.260
3.00	0.400	4.00	0.480
5.00	0.550	6.00	0.600
7.00	0.640	8.00	0.660
9.00	0.660	10.00	0.660

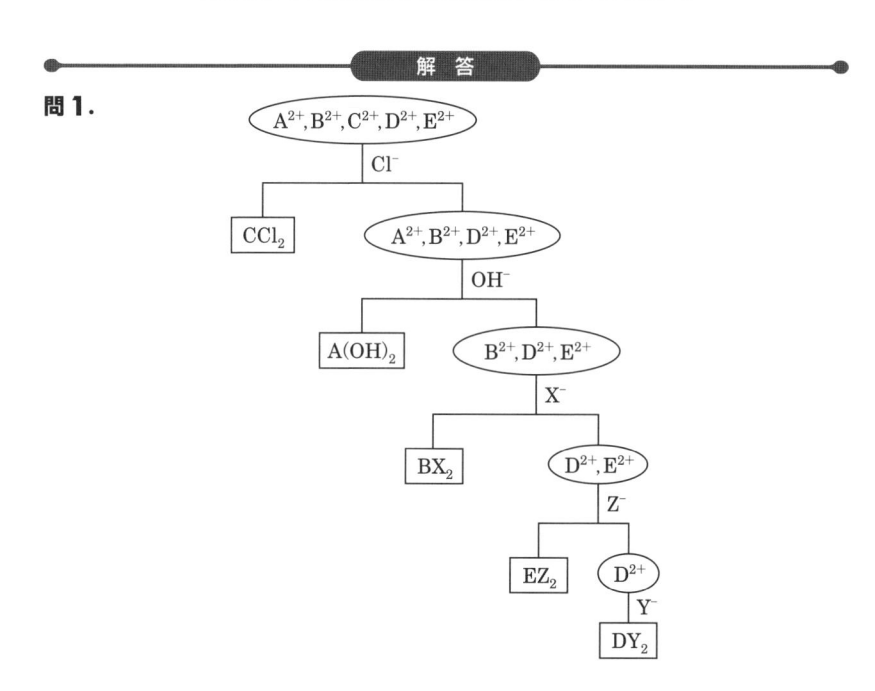

解 答

問1.

```
         A²⁺,B²⁺,C²⁺,D²⁺,E²⁺
                 │ Cl⁻
         ┌───────┴───────┐
       CCl₂         A²⁺,B²⁺,D²⁺,E²⁺
                         │ OH⁻
                  ┌──────┴──────┐
                A(OH)₂      B²⁺,D²⁺,E²⁺
                                │ X⁻
                         ┌──────┴──────┐
                       BX₂          D²⁺,E²⁺
                                       │ Z⁻
                                ┌──────┴──────┐
                              EZ₂           D²⁺
                                              │ Y⁻
                                            DY₂
```

問2. BY_2 の溶解平衡は $BY_2 \rightleftharpoons B^{2+} + 2Y^-$ だから,溶解度積は次のように書ける。

$$K_{ap} = 3.20 \times 10^{-8} = [B^{2+}][Y^-]^2$$

BY_2 の溶解度を $S(\text{mol L}^{-1})$ として,B^{2+} の平衡濃度は S,Y^- の平衡濃度は $2S$ となるため,$K_{sp} = [B^{2+}][Y^-]^2 = S \times (2S)^2 = 4S^3$ が成り立つ。それを解いて $S = 2.00 \times 10^{-3} \text{ mol L}^{-1}$ が得られる。

問3. 錯体 BL_n の生成平衡は次式に書く。

$$B^{2+} + nL \rightleftharpoons BL_n^{2+}$$

表2のデータは下図のように描ける。

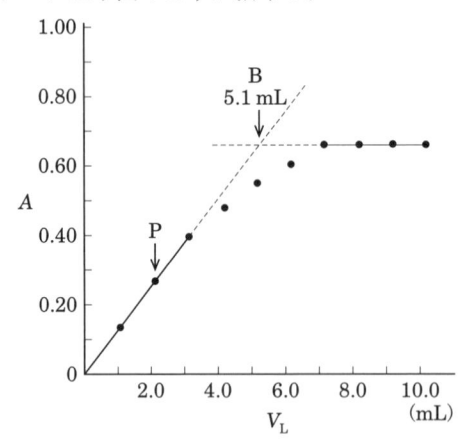

2直線の交点Bは，LがすべてBL$_n^{2+}$になるときの配位子L水溶液の添加量を表す。つまり次式が成り立つ。

$$n = \frac{L の量}{B の量}$$

$$= \frac{5.1 \text{ mL} \times (1.00 \times 10^{-2}) \text{ mmol mL}^{-1}}{2.00 \text{ mL} \times (8.20 \times 10^{-3}) \text{ mmol mL}^{-1}}$$

$$= 3.1 \fallingdotseq 3$$

$n = 3$ より，錯形成平衡はこう書ける。

$$B^{2+} + 3L \rightleftharpoons BL_3^{2+}$$

問4． まず，仮想的な点B(溶液中にBL$_n^{2+}$だけ存在)でモル吸光係数を算出する。ランベール-ベールの式(「物理化学」p.51参照)を使い，ε 値が次のようになる。

$$A = 0.660 = \varepsilon \times 1.00 \times [BL_n^{2+}]$$

$$= \varepsilon \times (2.00 \times 8.20 \times 10^{-3}/50.0) \text{ mmol mL}^{-1}$$

$$\varepsilon = 2.01 \times 10^3 \text{ L mol}^{-1} \text{ cm}^{-1}$$

次に，データのどれか1点を使い，成分それぞれの濃度を見積もる。P点を使えば，次の結果が得られる。

$$[\mathrm{BL}_3^{2+}] = \frac{0.260}{\varepsilon \times 1.00} = \frac{0.260}{2.01 \times 10^3}$$
$$= 1.29 \times 10^{-4} \text{ mol L}^{-1}$$
$$[\mathrm{B}^{2+}] = (2.00 \text{ mL} \times 8.20 \times 10^{-3} \text{ mmol mL}^{-1}$$
$$\qquad -50.0 \text{ mL} \times 1.29 \times 10^{-4} \text{ mmol mL}^{-1})/50.0 \text{ mL}$$
$$= 1.99 \times 10^{-4} \text{ mol L}^{-1}$$
$$[\mathrm{L}] = (2.00 \text{ mL} \times 1.00 \times 10^{-2} \text{ mmol mL}^{-1}$$
$$\qquad -3.00 \times 50.0 \text{ mL} \times 1.29 \times 10^{-4} \text{ mmol mL}^{-1})/50.0 \text{ mL}$$
$$= 1.3 \times 10^{-5} \text{ mol L}^{-1}$$

生成定数 K_f は，錯形成平衡の平衡定数だから，次のように計算できる。

$$K_\mathrm{f} = \frac{[\mathrm{BL}_3^{2+}]}{[\mathrm{B}^{2+}][\mathrm{L}]^3}$$
$$= \frac{1.29 \times 10^{-4}}{1.99 \times 10^{-4} \times (1.3 \times 10^{-5})^3}$$
$$= 3.0 \times 10^{14} \text{ mol}^{-3} \text{ L}^3$$

──────── 解 説 ────────

問1. 日本の高校でも扱うレベルの問題。陽イオンのうち1個だけを沈殿させる試薬を使えば分離できる。

まずは Cl^- を加えて C^{2+} を分離する。OH^- を加えて沈殿するのは A^{2+} と C^{2+} だが，分離ずみの C^{2+} は溶液中にないため，A^{2+} をほか3種の陽イオンから分離できる。そのあと X^-，Z^- の順に加え，最後は D^{2+} を DY_2 の沈殿にする。

問2. 溶解度積は，物理化学篇で十分に解説した。単純な AX 型ではなく，陽イオン A^{m+} と陰イオン X^{n-} がモル比 $n:m$ で結合した塩 $\mathrm{A}_n\mathrm{X}_m$ なら，溶解平衡は次式に書ける。

$$\mathrm{A}_n\mathrm{X}_m \rightleftharpoons n\mathrm{A}^{m+} + m\mathrm{X}^{n-}$$

溶解度積は $K_\mathrm{sp} = [\mathrm{A}^{m+}]^n[\mathrm{X}^{n-}]^m$ と書き表せるため，K_sp の単位が $\text{mol}^{n+m} \text{ L}^{-(n+m)}$ となるところに注意しよう。

問3と問4. 日本の高校では，錯体を扱う単元で「錯イオン」や「錯塩」と

いう呼び名を使うが，一般には錯体(complex)と呼ぶ。また，金属イオンに配位する分子や陰イオンを配位子(ligand。略号 L)という。

錯体の生成(錯形成)を日本の高校では一方向の反応とみるけれど，たいていの錯形成は化学平衡になる。だから，きわめて安定な錯体を除き，当量の配位子を加えても，一部の配位子は錯体にならない(キレート滴定に使うエチレンジアミン四酢酸 EDTA などは安定性がきわめて高く，さまざまな金属イオンと 1：1 で錯形成する。2008 年大会準備問題の**第 10 問**)。解答図の背後にはそういう事情がひそむ。

配位子の濃度が十分に低いときは，どの配位子も錯体に組みこまれていると考えてよい。そのため，解答図のうち配位子濃度の低い部分にできた直線を延長し，金属イオンがすべて錯体になっているときの吸光度(x 軸に平行な直線)と交わる点は，配位子のすべてが錯体に組みこまれた仮想的な状態を表している。

錯体の生成定数 K_f とは，錯形成平衡の平衡定数をいう(下記の式で L は中性とみたが，L が陰イオンなら錯体の電荷も変わる)。

$$M^{n+} + xL \rightleftharpoons BL_x^{n+}$$

$$K_f = \frac{[BL_x^{n+}]}{[M^{n+}][L]^x}$$

なお，本問のように mL 単位で試薬の濃度を考えるときは，$mol\ L^{-1}$ と $mmol\ mL^{-1}$ が等しいことを使えば計算が楽になる。

12 硬貨の成分 (2008 年大会準備問題。第 10 問を抜粋・改変)

ハンガリーの 2 フォリント硬貨は，銅-ニッケル合金でできている。硬貨を精密に秤量し(3.1422 g)，約 4 時間かけフード内で濃硝酸に溶かした。そのとき褐色の気体が発生した(ほかの気体は出ていない)。できた緑青色の溶液(**試料溶液**)をメスフラスコで 100.00 cm³ に希釈した。

次に，分析の準備として以下の溶液を調製した。

① 6 g の $Na_2S_2O_3 \cdot 5H_2O$ を 1.0 dm³ の水に溶かした $Na_2S_2O_3$ 溶液

② 0.08590 g の KIO_3 を水に溶かした 100.00 cm³ の標準溶液

溶液②の 10.00 cm³ に 5 cm³ の 20% 塩酸と 2 g の固体 KI を加えたら溶液は褐色になり，溶液 ① で滴定した。滴定を繰り返したところ，当量点の平均

値は 10.46 cm³ だった。

　試料溶液 1.000 cm³ をコニカルビーカーに入れ，20 cm³ の 5% 酢酸と 2 g の固体 KI を加えて 5 分間ほど待った。溶液は褐色になり，薄く色のついた沈殿ができた。次に**試料溶液**を溶液 ① で滴定したところ，当量点の平均値は 16.11 cm³ だった。

問 1. 2 フォリント硬貨の溶解を化学反応式で書け（反応がいくつかあればすべて書く）。

問 2. $Na_2S_2O_3$ 溶液（溶液 ①）の濃度を決める操作で進む反応を化学反応式で書いたうえ，$Na_2S_2O_3$ の濃度を求めよ。使った指示薬は何だったか。

問 3. 2 フォリント硬貨の組成を求めよ。

解 答

問 1. 褐色の気体を二酸化窒素 NO_2 と推定し，金属の溶解反応は次のように書ける。

$$Cu + 4HNO_3 \rightarrow Cu(NO_3)_2 + 2NO_2 + 2H_2O$$

$$Ni + 4HNO_3 \rightarrow Ni(NO_3)_2 + 2NO_2 + 2H_2O$$

問 2. KIO_3 に KI と塩酸を加えたときは，下記の酸化反応が進む。

$$IO_3^- + 5I^- + 6H^+ \rightarrow 3I_2 + 3H_2O$$

$$(KIO_3 + 5KI + 6HCl \rightarrow 3I_2 + 3H_2O + 6KCl)$$

　遊離したヨウ素は，次の平衡により I^- と結合して I_3^- に変わる結果，水に溶ける。

$$I_2 + I^- \rightleftharpoons I_3^-$$

I_3^- (I_2) は $S_2O_3^{2-}$ と以下のように反応する。

$$I_3^- + 2S_2O_3^{2-} \rightleftharpoons 3I^- + S_4O_6^{2-}$$

$$(I_2 + 2S_2O_3^{2-} \rightleftharpoons 2I^- + S_4O_6^{2-})$$

以上をまとめ，1 mol の IO_3^- が 6 mol の $S_2O_3^{2-}$ と当量関係にある。KIO_3 ($M = 214.00$ g mol^{-1}) は $0.08590 \div 214 \fallingdotseq 0.4014$ mmol だから，IO_3^- の濃度は次のように計算できる。

$$\frac{n}{V} = \frac{0.4014}{100} \text{ mmol mL}^{-1} = 4.014 \times 10^{-3} \text{ mol L}^{-1}$$

滴定結果から，$S_2O_3^{2-}$ の濃度を c とすれば次式が成り立ち，$c =$

2.302×10^{-2} mol L^{-1} だとわかる。

$$\frac{c \times 10.46}{1000} : \frac{4.014 \times 10^{-3} \times 10.00}{1000} = 6 : 1$$

滴定の指示薬にはデンプン溶液が適する。

問 3. $2Cu^{2+} + 4I^- \rightarrow 2CuI + I_2$

1 mol の I_2 は 1 mol の $S_2O_3^{2-}$ と当量関係にあるから(**問 2** の結果)，1 mol の Cu は 1 mol の $S_2O_3^{2-}$ に相当する。$S_2O_3^{2-}$ 溶液 16.11 cm^3 中の量は，試料溶液全体の 100 分の 1 を滴定したので，こう計算できる。

$$0.02302 \text{ mol L}^{-1} \times 0.01611 \text{ L} \times 100 = 3.709 \times 10^{-2} \text{ mol}$$

つまり銅の重量は 3.709×10^{-2} mol $\times 63.55$ g mol^{-1} = 2.357 g となり，硬貨 3.1422 g 中に占める割合は $2.357 \div 3.1422 = 0.7501$ (75.01%)だから，組成は銅 75.01%，ニッケル 24.99%。

解 説

「間接ヨウ素法」という酸化還元滴定を利用する問題。日本では許されない「硬貨を溶かす実験」も，ハンガリーでは平気なのか？

問 1. 濃硝酸に溶ける金属として，日本の高校化学にはなぜか銅と銀しか登場しないけれど，たいていの金属は溶ける。ニッケルの溶解反応式は類推で書けるだろう。

問 2. 操作の前半は，Cu^{2+} の濃度測定に使うチオ硫酸ナトリウム($Na_2S_2O_3$)水溶液を，まずラフな濃度に調製したあと，正確な濃度を決める(標定する)手続きになる。KI は，遊離してくる I_2 を I_3^- に変えて溶かすために過剰量を加える。I_2 の生成量は加えた KIO_3 の量で決まるため，KI も塩酸も過剰量を加えてよい。

問 3. 試料溶液中の銅イオン濃度を計算してもわかるが，mol 単位の量にしてから銅の重量を計算するほうがやさしい。

ちなみに，日本の 100 円硬貨・50 円硬貨も 2 フォリント硬貨と同じ Cu : Ni = 75 : 25 の「白銅」でつくる。なお 1 円硬貨は純粋な Al，5 円硬貨は黄銅 (Cu : Zn ≒ 70 : 30)，10 円硬貨は青銅 (Cu : Zn : Sn ≒ 95 : 3 : 2)，500 円硬貨はニッケル青銅 (Cu : Zn : Ni = 72 : 20 : 8)。

13 水中のヒ素 (2011年大会準備問題。第9問を抜粋・改変)

　ヒ素は有毒な環境汚染物質だけれど，2010年12月にアメリカ航空宇宙局 (NASA) の研究者が，カリフォルニア州モノ湖に棲む細菌がリンの代わりにヒ素を体内で使っているらしいと報告。水に溶けたヒ素の定性・定量は，これから大事な課題になるだろう。

　鉱物の溶解に由来する天然水中のヒ素は，オキソ酸(亜ヒ酸とヒ酸)の姿をとる。亜ヒ酸 H_3AsO_3 とヒ酸 H_3AsO_4 は，次の酸解離定数を示す。

$H_3AsO_3 : K_{a1} = 5.1 \times 10^{-10}$

$H_3AsO_4 : K_{a1} = 5.8 \times 10^{-3}, \; K_{a2} = 1.1 \times 10^{-7}, \; K_{a3} = 3.2 \times 10^{-12}$

水中のヒ素がもつ価数は，共存する酸化剤と還元剤で変わり，ことに溶存酸素の影響が大きい。世界保健機構 (WHO) は飲料水の総ヒ素濃度を $10\,\mu g\,L^{-1}$ 以下と決め，それを多くの国が採用している。

　飲料水源になる河川水の pH は 6.50 だった。原子吸光分析で As(III) と As(V) の濃度を測ったら，それぞれ $10.8\,\mu g\,L^{-1}$ と $4.3\,\mu g\,L^{-1}$ だと判明。

問1. 以上だけが水中のヒ素化合物と仮定し，As(III) と As(V) の総モル濃度を計算せよ。

問2. pH 6.50 のとき，As(III) を含むおもな分子またはイオンは何か。化学式で書け。

問3. pH 6.50 のとき，As(V) を含むおもな分子またはイオンは何か。化学式で書け。

問4. 問2で答えた溶存種のモル濃度はいくらか。

問5. 問3で答えた溶存種のモル濃度はいくらか。

問6. As(III) は As(V) よりヒトへの毒性が強い。溶存酸素のような酸化剤が水中に存在する状況は，いいことか，悪いことか。

解 答

問1. As(III) : $10.8 \times 10^{-6}\,g\,L^{-1} \div 74.92\,g\,mol^{-1} = 1.44 \times 10^{-7}\,mol\,L^{-1}$
　　　As(V) : $4.3 \times 10^{-6}\,g\,L^{-1} \div 74.92\,g\,mol^{-1} = 5.7 \times 10^{-8}\,mol\,L^{-1}$

問2. H_3AsO_3。pH (6.50) が pK_{a1} (9.29) よりずっと小さいため，ほぼ全量が H_3AsO_3 分子の形をとる。

問3. $H_2AsO_4^-$。pH (6.50) が pK_{a1} と pK_{a2} の間だから，おもな溶存種は

$H_2AsO_4^-$ となる。

問 4. 1.44×10^{-7} mol L^{-1}

問 5. $\mathrm{pH} = \mathrm{p}K_{a2} + \log \dfrac{[HAsO_4^{2-}]}{[H_2AsO_4^-]}$

$[HAsO_4^{2-}] + [H_2AsO_4^-] = 5.74 \times 10^{-8}$ mol L^{-1}

$[HAsO_4^{2-}] = x$ とすれば $[H_2AsO_4^-] = 5.74 \times 10^{-8} - x$

$\mathrm{pH} = \mathrm{p}K_{a2} + \log \dfrac{x}{5.74 \times 10^{-8} - x}$

上式に $\mathrm{pH} = 6.50$, $\mathrm{p}K_{a2} = 6.96$ を代入し，次の関係式を得る。

$6.50 = 6.96 + \log \dfrac{x}{5.74 \times 10^{-8} - x}$

$x = [HAsO_4^{2-}] = 1.48 \times 10^{-8}$ mol L^{-1}

$[H_2AsO_4^-] = 5.74 \times 10^{-8} - 1.48 \times 10^{-8} = 4.26 \times 10^{-8}$ mol L^{-1}

問 6. 酸化剤は As(III) を As(V) に酸化して毒性を下げるから，いいことだといえる。

解 説

酸の解離平衡に注目する問題。酸の解離平衡は次のように表せる。

$HA \rightleftharpoons H^+ + A^-$ $\mathrm{pH} = \mathrm{p}K_a + \log \dfrac{[A^-]}{[HA]}$

$\mathrm{pH} = \mathrm{p}K_a$ では $[HA] = [A^-]$ となり，同濃度の $[HA]$ と $[A^-]$ が共存する。**問 2** の平衡はこう書ける。

$H_3AsO_3 \rightleftharpoons H^+ + H_2AsO_3^-$

$\mathrm{pH} = \mathrm{p}K_{a1} + \log \dfrac{[H_2AsO_3^-]}{[H_3AsO_3]} = 9.29 + \log \dfrac{[H_2AsO_3^-]}{[H_3AsO_3]}$

$\mathrm{pH} \ll \mathrm{p}K_{a1}$ だから $[H_2AsO_3^-]/[H_3AsO_3]$ はきわめて小さく，溶存種は H_3AsO_3 だけとみてよい。$H_2AsO_3^-$ の H^+ が外れる反応の解離定数はごく小さいので省略されたため，$HAsO_3^{2-}$ や AsO_3^{3-} を考える必要はない (一般に K_{a2} は K_{a1} の 10^{-5} 程度，K_{a3} も K_{a2} の 10^{-5} 程度)。従って**問 4** の答えは As(III) の総濃度に等しい。

問 3 の解離平衡は次のように書ける。

$$H_3AsO_4 \rightleftharpoons H^+ + H_2AsO_4^- \qquad pH = pK_{a1}(=2.24) + \log\frac{[H_2AsO_4^-]}{[H_3AsO_4]}$$

$$H_2AsO_4^- \rightleftharpoons H^+ + HAsO_4^{2-} \qquad pH = pK_{a2}(=6.96) + \log\frac{[HAsO_4^{2-}]}{[H_2AsO_4^-]}$$

$$HAsO_4^{2-} \rightleftharpoons H^+ + AsO_4^{3-} \qquad pH = pK_{a3}(=11.50) + \log\frac{[AsO_4^{3-}]}{[HAsO_4^{2-}]}$$

pH = 6.96 で $[H_2AsO_4^-] = [HAsO_4^{2-}]$ だから,pH = 6.50 では $[H_2AsO_4^-] >$ $[HAsO_4^{2-}]$ となる。また,$pK_{a1} = 2.24 \ll 6.50 \ll 11.50 = pK_{a3}$ だから,$[H_3AsO_4]$ と $[AsO_4^{3-}]$ はたいへん小さい。こうした考察を手際よく進める力が問われる。

問5では,**問3**の考察をもとに $[H_2AsO_4^-]$ と $[HAsO_4^{2-}]$ の間の解離平衡だけ考えればよいため,解答のように計算する。

なお,対数の整数部分(指標)は「位取り」を表すので,小数部分の桁数が有効数字の桁数になることに注意したい(有効数字の処理ミスも減点対象になりやすい)。

3 ORGANIC CHEMISTRY 有機化学

　有機化学では，有機化合物の構造や反応について問う。

　日本の高校化学は，有機化合物の名前や構造式，反応をいくつか教えても，有機分子が「**なぜ**」そんな構造をもち，ある反応が「**なぜ**」「**どのように**」進むのかはほとんど教えないため，暗記モノの世界になっている。

　かたや化学オリンピック(国際標準の高校化学)の有機化学は，戦略篇でも触れたとおり，有機電子論を基礎にして，原子どうしのつながりかた，できた分子の構造・性質，反応の進みかたについての理解度が試される。さらには，高分子化学や超分子化学(分子どうしの相互作用から生まれる性質や機能)，生化学や生体関連物質化学もカバーする。高校の「既習概念」とされる内容は，戦略篇の p.23〜24 を見て確かめよう。

　有機化学をざっとジャンル分けすれば下のようになり，戦略篇で紹介した過去問の **C1** は ①+③ に，**C2** は ①+② に分類できる。

有機化合物	
構造・性質	①
反応・合成	②
高分子・超分子化学	③
生化学	④

　また，有機化合物の構造を知るのに欠かせない分析法のひとつ NMR (Nuclear Magnetic Resonance = 核磁気共鳴) も出題によく使われるので，簡単な分子については，チャート(スペクトル)の読みかたを学んでおきたい。また，有機化合物の特定には赤外・紫外〜可視スペクトル法や質量スペクトル法も問題中で使われる。

　以下，上記 ①〜④ を **3.1〜3.4** として，15個の過去問を紹介する。

3.1 構造・性質の問題

1 医薬品の立体化学 (2004年大会。第7問の抜粋)

問1. 分子の立体化学(立体構造)を表す方法のひとつに,「カーン・インゴルド・プレローグ(Cahn-Ingold-Prelog = CIP)の順位則」(CIP則)がある。CIP則に従うと,次の(1)〜(3)ではそれぞれどちらの基が高順位か。□内に不等号を書いて答えよ。

(1) —SCH₃ □ —P(CH₃)₂　　(2) テトラヒドロピラン-2-CH₃ □ テトラヒドロフラン　　(3) —CCl₃ □ —CH₂Br

問2. 擬エフェドリン(pseudoephedrine, 化合物 **1**)は風邪薬(点鼻薬など)に使う。化合物 **1** の不斉炭素に*印をつけよ。

Ph—CH(OH)—CH(CH₃)—NHCH₃　　**1**

また,化合物 **1** の不斉中心それぞれにつき,置換基に優先順位をつけたうえ,絶対配置を記号(R または S)で答えよ。

問3. 化合物 **1** の構造をニューマン投影図(あるいは木びき台投影図)で描け。また,フィッシャー投影図でも描け。

問4. 化合物 **1** に酸性の過マンガン酸塩溶液を作用させると,刺激性のメスカチノン **2** ができる。

Ph—CH(OH)—CH(CH₃)—NHCH₃ $\xrightarrow{\text{MnO}_4^-/\text{H}^+}$ **2**

1

化合物 **2** を,立体構造がわかるように描け。またこの酸化還元反応を反応式で書き,酸化数が変わる原子の酸化数を付記せよ。

問 5. 化合物 2 に水素化リチウムアルミニウム LiAlH₄ を作用させると，1 とは融点のちがう化合物 3 が生じる。

$$2 \xrightarrow{\text{LiAlH}_4} 3$$

（a） 化合物 3 を，立体構造がわかるように描け。
（b） 以下の文章の正誤を○×で示せ。
　A　化合物 1 と 3 は立体異性体の関係にある。
　B　化合物 1 と 3 は鏡像異性体の関係にある。
　C　化合物 1 と 3 はジアステレオマーの関係にある。
　D　化合物 1 と 3 は回転異性体の関係にある。

解　答

問 1. CIP 則をもとに判断する。
　(1)は，原子番号が大きいほど順位が高いので「左＞右」。
　(2)は，根元の原子はどちらも C，2 番目も CH₂・CH₂ で同じだから 3 番目を見ると，左は C・H・H，右は O・H・H なので「左＜右」。
　(3)は，根元の C についた原子を見ると，左が Cl・Cl・Cl，右が Br・H・H だから「左＜右」。

問 2. 問 1 と同じように考える。
　左側の不斉炭素：置換基は OH，CH(CH₃)(NHCH₃)＝(N, C, C)，H，フェニル基 Ph＝(C, C, C) の四つ。順位は高いほうから ① OH，② CH(CH₃)(NHCH₃)，③ Ph，④ H となる。最低順位の H を紙面の向こう側に置いた状況を想像し，①→②→③ が右回りなら R，左回りなら S という。この場合，①→②→③ は左回りになるので S が答え。

　右側の不斉炭素：置換基は CH₃，NHCH₃，H，CH(OH)Ph の四つ。順位は，① NHCH₃，② CH(OH)Ph，③ CH₃，④ H だから，H を紙面の向こうに置いたときの ①→②→③ は，やはり左回りとなって，S が答え。

[構造式: (S,S)配置の 1-phenyl-2-(methylamino)propan-1-ol, Ph-CH(OH)-CH(NHCH₃)-CH₃, 化合物 **1**]

問3.

ニューマン投影図，木びき台投影図	フィッシャー投影図
[HO, CH₃, H / MeHN, Ph, H のニューマン投影図] または [木びき台投影図: MeHN-CH(CH₃)- / HO-CH(Ph)-H] (Me = CH₃)	[Ph—上, H—OH, MeHN—H, CH₃—下] または [CH₃—上, H—NHMe, HO—H, Ph—下] (Me = CH₃)

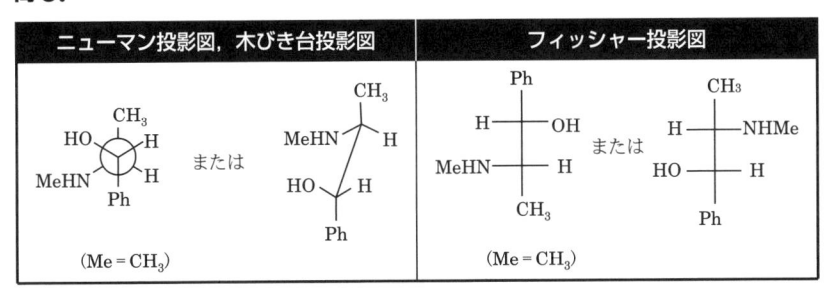

問4.
+7 価の過マンガン酸イオンが +2 価のマンガンイオンに還元され，同時にアルコール性 OH がケトン >C=O に酸化される。係数を合わせ，反応式は次のように書ける。

$$5\ \underset{1}{Ph\underset{\pm 0}{-}CH(OH)-CH(NHMe)-CH_3} + 2\ MnO_4^{-(+7)} + 6\ H^+ \longrightarrow 5\ \underset{2}{Ph-\underset{+2}{C}(=O)-CH(NHMe)-CH_3} + 2\ Mn^{2+(+2)} + 8\ H_2O$$

問5.
(a) 化合物 **2** は，LiAlH₄ で還元すればアルコールに戻る。融点が **1** とは異なるため，ジアステレオマー（官能基の配置がちがう異性体）ができたと推定できる。したがって下記が候補になる。

[Ph-C(=O)-CH(NHMe)-CH₃ (化合物 **2**)] $\xrightarrow{\text{LiAlH}_4}$ [Ph-CH(OH)-CH(NHMe)-CH₃ (OH の立体が反転)]

(b)
A ◯（アルコール部分の立体化学だけが異なり，立体異性体の定義に合う）
B ×（OH のついた不斉炭素上の配置は逆でも，窒素のついた不斉炭素上の立

体配置は同じだから，鏡像異性体ではない）

  C ○（上記のように，ジアステレオマーと判定できる）

  D ×（回転異性体は，自由回転する単結合まわりの配置をもとにしたものだから，この場合には当てはまらない）

―――――― 解 説 ――――――

問1. CIP則は，不斉炭素まわりの絶対配置をわかりやすく表すため，結合した原子や原子団に優先順位をつけるルールをいう。日本では大学で学ぶが，とりたてて「CIP則」と呼ばないことも多い。なお，原子団の優先順位がどうなるかは，有機化学の教科書を参照しよう。

問2. 不斉炭素は二つある。それぞれにつき，最低順位の置換基（多くの場合は水素H）が紙面の向こうに突き出した状況を想像し，残る手前の置換基三つが，右回りに高位 → 中位 → 低位なら R，左回りに高位 → 中位 → 低位なら S となる。

問3. 日本の高校では学ばないが，ニューマン投影図とフィッシャー投影図には慣れておきたい。

問4. 係数をまちがえずに酸化還元の反応式を書く基礎的な問題。

問5. ジアステレオマー，エナンチオマーなど，有機化合物の立体化学についての理解度を問う。

2 反応の原子効率と E ファクター （2002年大会準備問題。第5問）

 暮らしには医薬から合成染料まで多様な有機合成品が欠かせない。半面，有機合成プロセスは大量の廃棄物を出す。その解決には，生産量を減らすよりも，廃棄物の副生が少ない反応に切り替えるのがいい。

 環境負荷の少なさを評価する指標として，次の「原子効率」と「Eファクター（Environmental factor = 環境因子）」がある。

 原子効率：目的産物の量(mol)を，副生物を含む生成物の全量で割った値

 Eファクター：目的産物1gあたりに生じる副生物の重量(g)

 コンタクトレンズなどの合成原料（モノマー）となるメタクリル酸メチルは，次に描いた二つの方法で合成される。

従来法

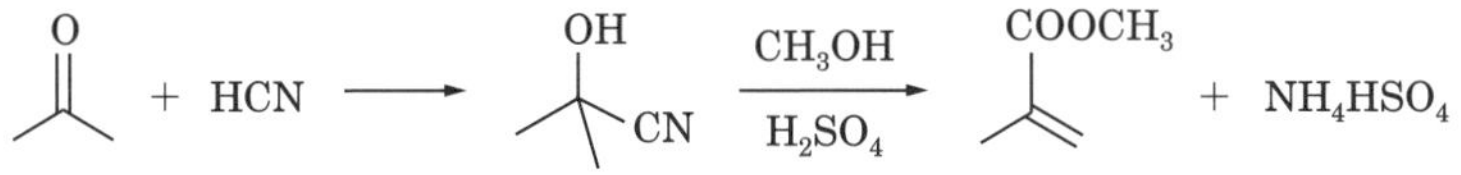

$$\text{(アセトン)} + \text{HCN} \longrightarrow \underset{\text{CN}}{\text{(OH)}} \xrightarrow[\text{H}_2\text{SO}_4]{\text{CH}_3\text{OH}} \text{(メタクリル酸メチル COOCH}_3) + \text{NH}_4\text{HSO}_4$$

最新法

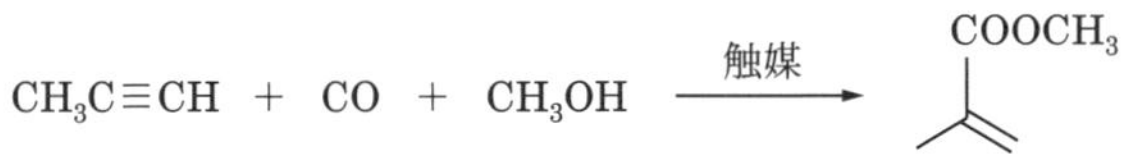

$$\text{CH}_3\text{C}\equiv\text{CH} + \text{CO} + \text{CH}_3\text{OH} \xrightarrow{\text{触媒}} \text{(メタクリル酸メチル COOCH}_3)$$

問. 従来法と最新法のそれぞれで，原子効率と E ファクターを計算せよ。

解 答

メタクリル酸メチル $CH_2=C(CH_3)(COOCH_3)$ の分子量は 100，従来法で副生する硫酸水素アンモニウム NH_4HSO_4 の式量は 115 だから，原子効率と E ファクターは次のように計算できる。

従来法：原子効率 $= 100 \div (100+115) = 0.47$ (47%)

　　　　　E ファクター $= 115 \div 100 = 1.15$ （副生物のほうが多い）

最新法：原子効率 $= 100 \div 100 = 1.00$ (100%)

　　　　　E ファクター $= 0 \div 100 = 0$ （副生物なし）

解 説

環境負荷を減らす「グリーンケミストリー」や資源の有効利用には，ただ目的物質をつくるだけでなく，効率がよくて副生物の少ない合成法が望ましい。原子効率も E ファクターも近年，副生物(ゴミ)をなるべく出さずに化学合成するための指標として使われるようになった。

分子量の足し算と割り算だけの算数だからやさしいけれど，こうした発想と時代の流れを感じてほしい。

3 有機化合物の構造解析（2005 年化学グランプリ。第 2 問の抜粋）

問. 構造異性体の関係にある 3-ペンタノンと 3-メチル-2-ブタノンの質量スペクトルは，下図 (a)，(b) のどちらかになる。

(1) ア～エのピーク はどんなフラグメント(分子断片)を表すか，$C_xH_yO_z^+$ のように答えよ。なお，2種類のフラグメントが重なったピークもある。

(2) 3-ペンタノンの質量スペクトルは，図(a), (b)のどちらか。

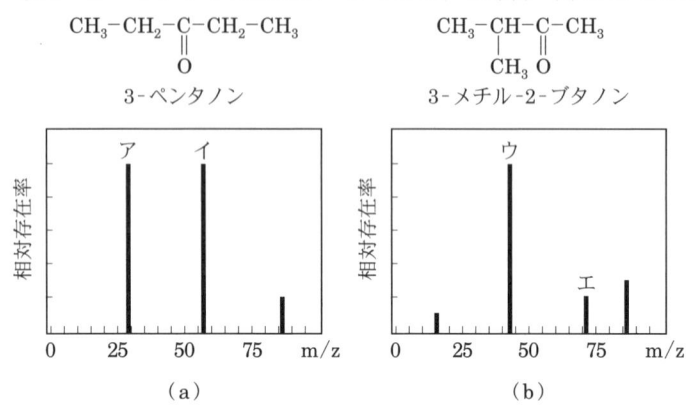

$CH_3-CH_2-\underset{O}{\overset{\|}{C}}-CH_2-CH_3$
3-ペンタノン

$CH_3-\underset{CH_3}{\overset{|}{CH}}-\underset{O}{\overset{\|}{C}}-CH_3$
3-メチル-2-ブタノン

(a)

(b)

3-ペンタノンあるいは3-メチル-2-ブタノンの質量スペクトル

解 答

(1) 式量はアが29，イが56，ウが43，エが71。それぞれの部分構造は，$C_2H_5^+$, $C_3H_5O^+$, $C_3H_7^+$ および $C_2H_3O^+$, $C_4H_7O^+$ となる。

(2) 3-ペンタノンからは $C_2H_5^+$ と $C_3H_5O^+$ のフラグメントが生じるはずだから，スペクトルは(a)。

解 説

質量分析では，電子を有機分子にぶつけて分解させ，断片(フラグメント)イオンの質量から分子の部分構造を推定する。3-ペンタノンと3-メチル-2-ブタノンは分子量が同じ86だから，親イオンのピークでは判別できなくても，フラグメントの質量をもとに判別できる。メチルケトンの部分構造をもつ化合物は，質量43のフラグメントイオンを生む(スペクトル(b))。

質量スペクトルは，高校では学ばないが大学では分析化学(機器分析)の一環として原理を学ぶ。有機化学の分野でも，質量スペクトル分析は化合物の構造解析に欠かせないため，実習や演習に多用する。

4 安定なカルベン（2012 年大会準備問題。第 23 問）

　共有結合に関与しない電子 2 個（対になったもの，または孤立したもの）を炭素原子 C 上にもつ化合物を，カルベンという。さまざまな有機化学反応の中で，カルベン自体や，金属の配位したカルベンが，不安定な（短寿命の）中間体になると思われている。

　米国のブレスローは 1950 年代，人体中でビタミン B_1 をとりこむ反応の中間体として，安定なカルベンが存在すると提唱した。安定な（難分解性の）カルベンは，ようやく 1990 年代になって単離されている。代表的なカルベン類を図 1 に示す。

　現在，安定なカルベンのいくつかは，有機分子触媒や金属錯体の配位子として利用されるようになり，市販の試薬もある。

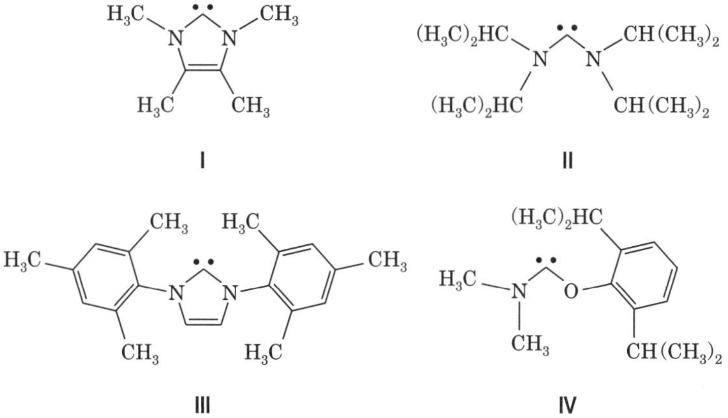

図 1

問 1. 最も単純なカルベン CH_2 について，電子 2 個が逆スピンで対になった「一重項カルベン」と，同スピンの電子 2 個が孤立している「三重項カルベン」のルイス構造を描け。

問 2. 図 1 にあげたカルベン I〜IV につき，安定性の背景にある共鳴構造を描け。

問 3. カルベン I〜IV の安定性に寄与する（共鳴以外の）要因を考察せよ。

問 4. カルベン CH_2 の三重項は，一重項カルベンより安定性がずっと高い。

しかし上記の化合物 I〜IV は，ふつう一重項カルベンの姿をとり，三重項の化合物は不安定なため単離できない。なぜか。

問5. 安定なカルベン D の合成ルートを**図2**に示す。化合物 **A〜D** の構造式を描き，合成反応を完成せよ。

問6. カルベンの代表的な反応に，可逆的な二量化がある。カルベン I (図1) の二量化を反応式で書け。

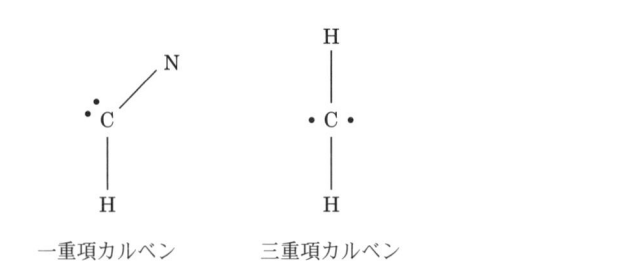

$$H_3C-\underset{CH_3}{\underset{|}{\bigcirc}}-NH_2 \xrightarrow{BrC_2H_4OH} A \xrightarrow[\underset{N}{\underset{||}{\overset{H}{\underset{|}{N}}}}]{I_2/PPh_3} B \xrightarrow[HCOOH]{\substack{PhNH_3Cl \\ HC(OEt)_3}} C \xrightarrow{KOC(CH_3)_3} D$$

図2

解 答

問1.

一重項カルベン　　三重項カルベン

問2.

I, II の共鳴構造式

問 3. 空の p 軌道をもつカルベン炭素と，隣接ヘテロ原子（I と III の場合は 6 電子の複素環芳香族化合物）の間で π 電子が非局在化する電子的効果や，カルベン C 原子まわりの立体的な混み合い（II〜IV）が，安定性を上げていると思える。

問 4. カルベン炭素が空の p 軌道をもち，π 電子 2 個がカルベン炭素と隣接ヘテロ原子の間の非局在化に寄与すれば，カルベンの安定性が増す。その現象は，一重項カルベンのときだけ起こる。三重項ではカルベン炭素の孤立電子 1 個が炭素原子の p 軌道を占めるため，π 電子の非局在化効果が低下する。

問 5.

化合物 C には，C＝N 結合の位置が違う異性体もあるけれど，どの異性体も最終的には同じカルベン D となる。

問6.

$$2 \underset{\text{I}}{\left[\begin{array}{c}\text{H}_3\text{C}-\text{N}(\text{CH}_3)\text{-C:}-\text{N}(\text{CH}_3)-\text{CH}_3\end{array}\right]} \rightleftarrows \text{(dimer)}$$

解説

　炭素Cは本来4価の化合物が安定だけれど，不安定ながら2価の炭素もあることは知られ，「不安定中間体の化学」の視点で，反応機構の研究や有機合成に使われていた。残る軌道2個が「孤立電子対＋空軌道」なら一重項，電子を1個ずつ収容したものを三重項カルベンという(**問1**)。どちらも，4価の炭素化合物より安定性が低い。

　しかし最近，窒素Nなどヘテロ原子を置換基にし，室温でも分解せずに存在するカルベンも合成され，金属錯体の配位子や有機分子触媒などに利用される。また，構造的にはイオン液体との関連が深いものも多い。

　問1・問2では，もともと不安定なはずのカルベンが安定化される理由を考える。**問3・問4**は，電子スピン状態(スピンが逆向きの一重項と，同じ向きの三重項)にも注目した考察となる。また**問5・問6**は，カルベンの合成や反応性についての洞察力が問われる。

3.2　反応・合成の問題

5　NMRによる構造決定（2004年大会準備問題。第23問の抜粋）

　フェナセチンという合成鎮痛剤は1888年に発売された(副作用があるため1986年に販売が禁じられている)。

　フェナセチン**E**は次の反応で合成する。

$$\text{PhNO}_2 \xrightarrow{\text{SnCl}_2, \text{H}^+} \textbf{A} \xrightarrow{+\text{Ac}_2\text{O}} \textbf{B} \xrightarrow{\text{SO}_3/\text{H}_2\text{SO}_4} \textbf{C}$$

$$\xrightarrow[300\ ^\circ\mathrm{C}]{\mathrm{NaOH}} \mathbf{D} \xrightarrow{\mathrm{C_2H_5Br}} \mathbf{E}\ \mathrm{C_{10}H_{13}NO_2}$$

フェナセチンの ^{1}H NMR スペクトルを下図に示す。合成反応式と NMR スペクトルから，フェナセチンの分子構造を推定せよ。

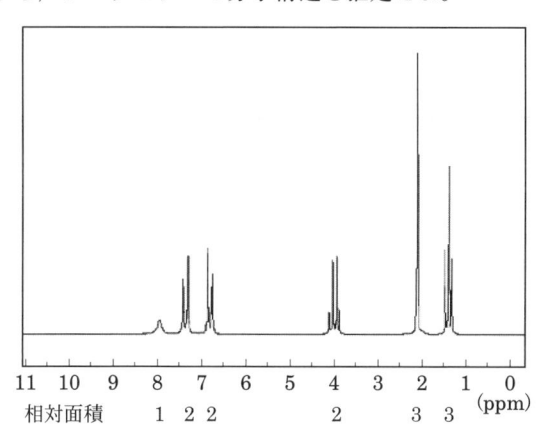

	11	10	9	8	7	6	5	4	3	2	1	0 (ppm)
相対面積				1	2 2			2		3	3	

解 答

ニトロベンゼンを $\mathrm{Sn^{2+}}$ で還元するとアニリン **A** になり，無水酢酸との反応でアセトアニリド **B** になったあと，パラ位がスルホン化を受け(**C**)，水酸化ナトリウムとの高温反応でスルホ基が OH 基に変わる(**D**)。最後に臭化エチルでエーテル化し，最終産物の **E** を得る。

スペクトルの各ピークは(構造式につけたアルファベット小文字で)，左から順に b，c，d，e，a，f。

A: アニリン (NH$_2$-C$_6$H$_5$)
B: アセトアニリド
C: パラ位にSO$_3$H
D: パラ位にOH
E: パラ位にOC$_2$H$_5$

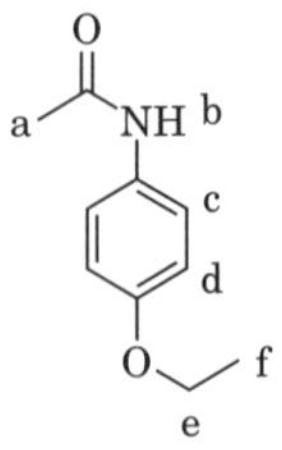

解説

有機反応そのものは，日本の高校でも学ぶ基本的なものが大半を占めるけれど，出題の素材に使う物質は，教科書にまず載っていないものが多い(そのほうが，ほんとうの理解度を試せる)。

NMR スペクトルの解析(読みかた)は，日本では大学の専門に進んでから学ぶ。なにしろ背景には量子論(核スピンと磁場の相互作用)がある高度な話だから，海外の高校でも原理を教えているとは思えないが，化学オリンピックでは物質を特定する手段としてよく出題される。

^{1}H NMR スペクトル上のピーク位置は，水素原子核が近くの官能基からどれほどの影響を受けるかを語る(それを「化学シフト」という)。官能基それぞれの化学シフトは経験からわかっているため，その情報をもとに，化合物 **E** にあるどの水素原子がどのピークに対応するかを判断する。

隣の炭素原子に結合した水素原子の個数は，各ピークの分裂度合い(カップリング)を決める。また，ピークの積分面積の相対値が，同じ環境にある水素原子核の個数に比例する。

6 臭素付加反応の立体化学 (2008 年化学グランプリ。第 2 問の抜粋)

2, 3-ジブロモブタンは，不斉炭素原子を二つもつため，4 種類の立体異性体があると思いたくなる。しかし，うち二つはまったく同じ分子だから，実際の立体異性体は 3 種類しか存在しない。

この「同じ分子」二つは，不斉炭素原子があるのにエナンチオマーが存在しない(実像と鏡像が重なり合う)ため，キラル(対掌体)ではない。

問 1. 右(上)図の(1)～(4)に H と Br を書き入れ，この「キラルでない立体異性体」の構造を完成せよ。

```
        (3)
   (1)  H₃C
    ＼   ＼
     C ─── C
    ／   ＼
         CH₃  (4)
   (2)
```

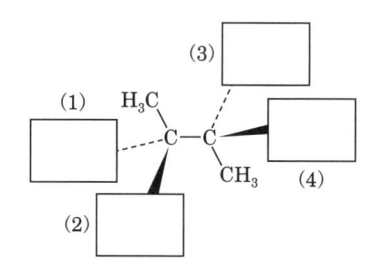

　これらの立体異性体は，化学反応で選択的につくれる。臭素は二重結合に付加する。たとえば**図1**のように，エチレンに臭素が付加すると1,2-ジブロモエタンができる。

$$\underset{H}{\overset{H}{>}}C=C\underset{H}{\overset{H}{<}} + Br_2 \longrightarrow Br-\underset{H}{\overset{H}{C}}-\underset{H}{\overset{H}{C}}-Br$$

図1. エチレンへの臭素付加による1,2-ジブロモエタンの生成

　トランス-2-ブテンの場合は，臭素を付加させて2,3-ジブロモブタンにすると，1種類の立体異性体Iだけが得られる。これは，付加反応で生じる二つのBr-C結合が，トランス-2-ブテンの分子面（**図2**参照）に対し，（　　）生成することを物語る。

臭素原子と炭素原子との結合は，この面の上または下から形成される

図2. トランス-2-ブテン分子の平面構造

問2. （　　）内には，以下のどれが入るか。
　（1） ひとつは分子面の上から，もうひとつは分子面の下から
　（2） 両方とも分子面の同じ側（上または下）から
　（3） 両方とも分子面の上下からランダムに

問3. ところで，シス-2-ブテンに臭素を付加させたら，2種類の立体異性体（IIとIII）が生じた。立体異性体I，II，IIIの説明として正しいものを，次の(a)～(e)から選べ。正しい説明は複数ある。
　（a） IIはキラリティーをもつ。

（b） IとIIはジアステレオマーの関係にある。
（c） IとIIIはエナンチオマーの関係にある。
（d） IIとIIIはジアステレオマーの関係にある。
（e） IIとIIIはエナンチオマーの関係にある。

解 答

問1. 置換基のつきかたには，以下四つの可能性がある。A'とC'，B'とD'がエナンチオマー対となるが，B'とD'は180°の回転でまったく同じ立体構造になるため，キラルではなくなる。

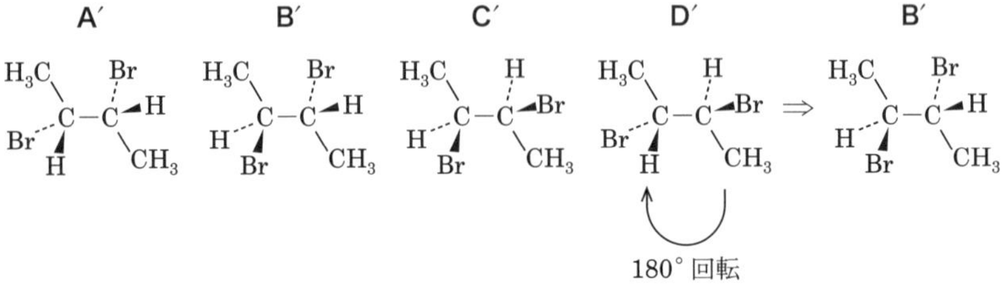

A'　　　B'　　　C'　　　D'　⇒　B'

（180°回転）

以上から，置換基の配置は次のように決まる。
　（1）H, （2）Br, （3）Br, （4）H　または
　（1）Br, （2）H, （3）H, （4）Br

問2. 問1で答えた立体構造となるには，臭素原子がシス付加，トランス付加のどちらをすればよいかを考える。答えは(1)。

問3. (a)，(b)，(e)が正しい。

解 説

大学の有機化学で学ぶ立体化学のうち，もっとも基本的な問題のひとつ。アルケンにハロゲン原子が付加する際，アルケンの立体化学(幾何異性)と，ハロゲンが付加する反応の立体化学がどうなるかを正しくつかめていれば，さほどむずかしくはないだろう。

問1. 不斉炭素が二つあるのに，鏡像と実像がまったく同じ化合物になるため光学活性を示さないものを「メソ体」という。

問3. エナンチオマー，ジアステレオマーの意味をつかみ，付加反応の進み

かたを理解していれば，正誤の判定はやさしい。

7 有機化合物の反応 (2008年大会。第2問)

以下に書いた反応を見て，化合物 **A**〜**H** の構造を描け。どの化合物についても立体化学は問わない。

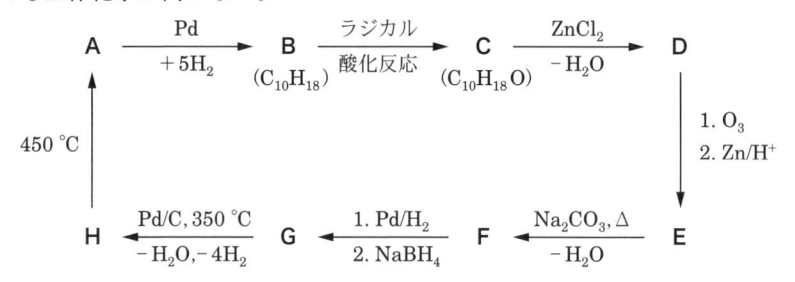

$$
\mathbf{A} \xrightarrow[+5H_2]{Pd} \mathbf{B}\,(C_{10}H_{18}) \xrightarrow[\text{酸化反応}]{\text{ラジカル}} \mathbf{C}\,(C_{10}H_{18}O) \xrightarrow[-H_2O]{ZnCl_2} \mathbf{D} \xrightarrow[2.\ Zn/H^+]{1.\ O_3} \mathbf{E} \xrightarrow[-H_2O]{Na_2CO_3,\ \Delta} \mathbf{F} \xrightarrow[2.\ NaBH_4]{1.\ Pd/H_2} \mathbf{G} \xrightarrow[-H_2O,\ -4H_2]{Pd/C,\ 350\ ^\circ C} \mathbf{H} \xrightarrow{450\ ^\circ C} \mathbf{A}
$$

ヒント

（1） **A** は平凡な芳香族炭化水素である。

（2） **C** のヘキサン溶液にナトリウムを加えると，反応が起きて気体が出る。ただし **C** はクロム酸とは反応しない。

（3） ^{13}C NMR スペクトルから判断して，**D** にも **E** にも CH_2 基は 2 種類しかない。

（4） **E** の溶液に炭酸ナトリウムを加えて熱したところ，不安定な物質が生じ，その物質が脱水して **F** が生じた。

解 答

ヒントより，芳香族炭化水素の **A** に 5 分子の水素が付加して $C_{10}H_{18}$ に変わるので，もとの分子式は $C_{10}H_8$ となり，それをナフタレンと特定するのが解答の出発点。ナフタレンの二重結合 5 個が水素化され，**B** が生じる。

C は(ヒントから) OH 基をもち，しかも第三級アルコールと予想できる。ラジカル酸化(生成物の分子式にも注目)で生じた安定な第三級ラジカルに水が付加し，**C** が生成する。

D と **E** は(ヒントから)対称性のいい化合物だと予想できる。脱水によって 4 置換の二重結合をもつ **D** が生じ，その二重結合がオゾン分解でジケトン **E** に変わる。

Fは分子内アルドール縮合の生成物と考えられ，(ヒントから) OH 基が脱水により C＝C 二重結合になると推定する。

F→Gの変化は，まず条件 1 (Pd/H₂ 還元)で C＝C 二重結合が還元され，条件 2 (NaBH₄ 還元)でカルボニル基が還元される。そのあと脱水と脱水素により芳香族化してアズレン(非ベンゼン系芳香族化合物の典型例)ができる。最後に 450 ℃ で熱異性化させ，ナフタレンに戻す。

解説

さまざまな有機反応を登場させ，有機化学の力を幅広く問う問題。日本ではほとんどが大学レベルの(ただし初歩的な)反応だといえる。使う試薬だけを見て生成物を正しく予想するには，多少の訓練が必要になろう。むろん，日本の高校で課すように結果をただ暗記するのではなく，有機化学反応の本質をしっかりつかむ訓練のことだが。

Aから出発してAに戻る反応だから，途中段階の一部に知らない反応があっても，前後を眺めて見当がつく箇所も多いだろう。

8 コニインの反応 (2003 年大会準備問題。第 26 問)

コニインは，ヘムロック (ドクニンジン) という植物中に見つかった毒性物質で，古代ギリシャの哲学者ソクラテスはコニインで落命したといわれる。窒素原子を含むコニインは，アルカロイド類に属す。

以下に示す反応から，コニインの化学式と立体構造を突き止めよ。中間にできる化合物 A，B，C の構造式も描け。

コニイン $\xrightarrow[\text{2. Ag}_2\text{O, H}_2\text{O, 加熱}]{\text{1. CH}_3\text{I(ホフマン徹底メチル化)}}$ **A** (C$_{10}$H$_{21}$N) 光学活性

A $\xrightarrow[\text{2. Ag}_2\text{O, H}_2\text{O, 加熱}]{\text{1. CH}_3\text{I(ホフマン徹底メチル化)}}$ 1,4-オクタジエン ＋ 1,5-オクタジエン

コニイン $\xrightarrow[\text{NaOH, 0 °C}]{\text{C}_6\text{H}_5\text{CH}_2\text{OCOCl}}$ **B** $\xrightarrow[\text{加熱}]{\text{KMnO}_4}$ **C** $\xrightarrow[\text{加熱}]{\text{H}_2\text{, Pd/C}}$ (S)-5-アミノオクタン酸

解 答

コニインの窒素原子にヨウ化メチルが作用すると(条件1)，窒素原子に2個のメチル基がつく。条件2でメチル基をホフマン脱離させ，生じる二重結合の置換基が少ない方向に脱離が起きて**A**になる。

一方，コニインは塩化ベンジルオキシカルボニルとの反応で**B**になり，**B**を過マンガン酸カリウムで処理すると，窒素原子に隣接したCH$_2$基がカルボニル基に酸化され，続く加水分解により開環し**C**ができる。

Pd/C触媒を使って**C**を水素と反応させれば，ベンジルオキシカルボニル基が脱保護されて(S)-5-アミノオクタン酸となる。以上から，化合物**A**〜**C**とコニインの構造式は次のように推定できる。

解説

天然物のコニインに有機化学反応(分子変換)をさせ，生じる化合物の構造を突き止める問題。やや高級な「ホフマン脱離」の進みかたをつかんでいるかどうかがカギになる。

まず，2段目の反応から **A** の構造を推定しよう。推定できれば，上段の反応で分子内ホフマン脱離が起こる(反応後も窒素原子が残る)からには，コニインは環内に窒素を含む環状化合物だとわかる。

下段の反応は，窒素原子の保護(ベンジルオキシカルボニル基。Cbz基・Z基ともいう)と脱保護，酸化剤 KMnO₄ による C－N 結合の切断など，高校レベルでは苦しいものの，大学の有機化学では基本的な反応になる。

9 ディールス−アルダー反応 (2004年大会。第6問の抜粋)

ディールス−アルダー反応，つまりジエンとオレフィンからシクロヘキセンを生じる協奏的 [4+2] 環化付加反応は，1929年にドイツのキール大学で発見された。ディールス教授と共同研究者アルダー博士が，p-ベンゾキノンと過剰のシクロペンタジエンを混ぜ，次の生成物 **B** を得た。

問1. 化合物 **A** の構造式を描け(立体化学は問わない)。

問2. ディールス−アルダー反応は，立体特異性がよい1段階の協奏的反応として進む。たとえば次の反応では，ただひとつの立体異性体 **C** だけが生じる。アルケンとして E 体の異性体を使えば，二つの立体異性体 **D1** と **D2** ができる。**D1** と **D2** の構造式を描け。

問3. シクロペンタジエンとベンゾキノンから**B**をつくる反応で，ディールスとアルダーは以下六つの立体異性体のうち1個だけを得た。化合物**1〜6**のうち，得られたのはどれか。

問4. ディールス-アルダー反応は，以下の反応でも大きな役割を演じる。中間に生じる化合物 **I**, **K**, **L** の構造式を描け。

ヒント

Kはメチル基を1個だけもつ。**L**は，**K**とアルケン（右向き矢印の上に描いた分子）とのディールス-アルダー反応生成物を意味する。

解 答

問1 [A]: (構造式)

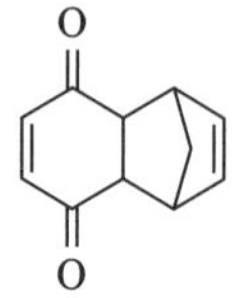

問2 (構造式 endo/exo CN, CN)

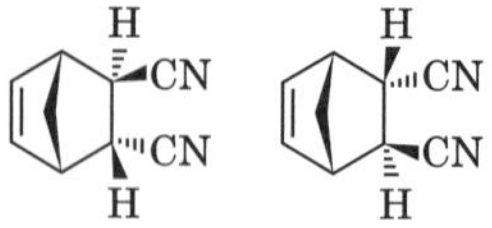

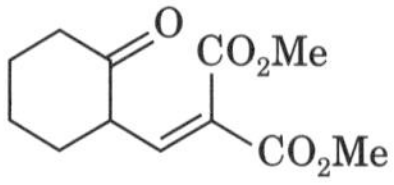

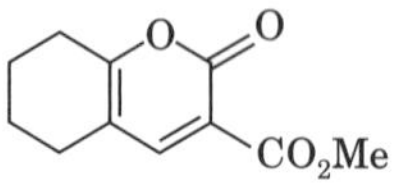

問3 2

問4 I, K, L (構造式)
(2) (2) (2)

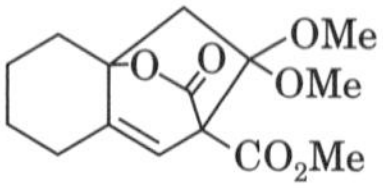

解 説

2004年ドイツ大会の開催校キール大学で発見されたディールス-アルダー反応の問題(ディールスとアルダーは1951年にノーベル化学賞を受賞)。いわば「ご当地問題」(「戦略篇」p.34参照)だといえる。

ディールス-アルダー反応を典型例とする協奏的な環化付加反応は，海外諸国でも高校レベルを超す。反応の特徴となる「立体特異性」や「選択的に起こるendo付加」などを正しくつかんでおかないと，問2や問3には正答できない。

問4は，複雑な骨格をもつ有機分子をつくるときにディールス-アルダー反応が主役を演じる例。マイケル付加に続くメトキシ基の脱離でIが生じ，分子内ラクトン化によりKが，またKのジエン部分がジエノフィルとディールス-アルダー反応してLが生成する。

どれも高校レベルを超え，一部の反応は大学院レベルだろうが，現実のオリンピックでは難なく正答する生徒も多かった。

10 タミフルの合成 (2010年大会準備問題。問題29)

シキミ酸(shikimic acid)は，生合成の重要な中間体になるだけでなく，不斉炭素を複数もつ分子だから，さまざまな医薬品を合成するための不斉試薬と

しても役立つ。

インフルエンザウィルスの増殖を抑える特効薬タミフル(Tamiflu)は、シキミ科の常緑高木から抽出したシキミ酸を出発点にして合成できる。合成ルートの例を下図に描いた。

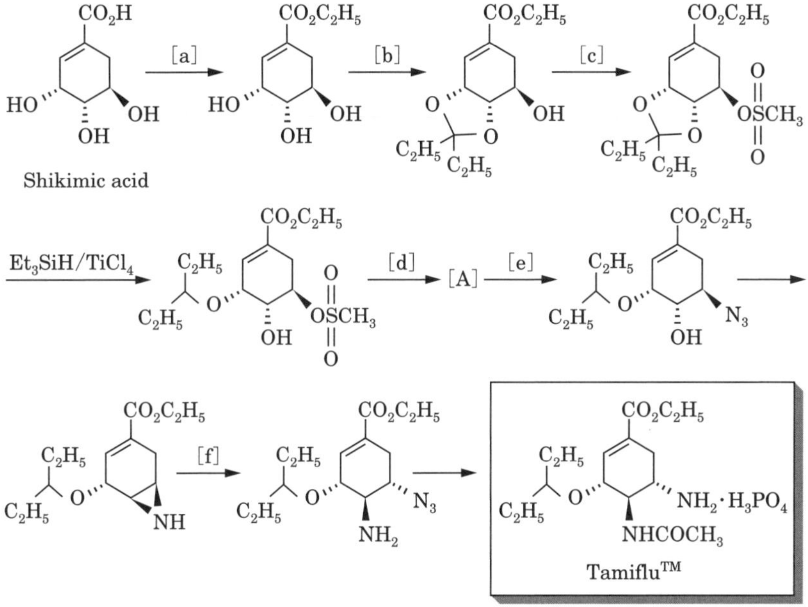

問1. 反応 a～f に使う試薬を書け。
問2. 反応 b のメカニズムを書き表せ。
問3. 中間体 A の分子構造を描け。
問4. タミフル分子には、何個の立体異性体がありうるか。

解 答

問1. a : EtOH/SOCl$_2$
b : 3-pentanone/H$^+$
c : MeSO$_2$Cl/Et$_3$N
d : NaHCO$_3$
e : NaN$_3$/NH$_4$Cl

f：NaN$_3$/NH$_4$Cl

問 2.

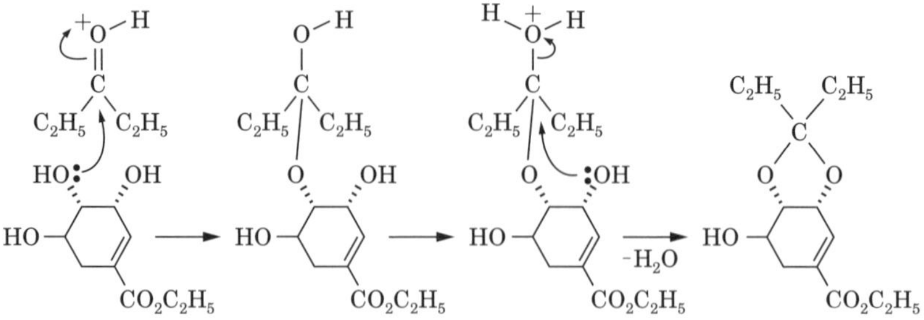

[反応機構の図：アセタール生成の段階的機構]

問 3.

A：[化合物Aの構造式：シクロヘキセン環にCO$_2$C$_2$H$_5$、OCH(C$_2$H$_5$)$_2$、エポキシドを有する]

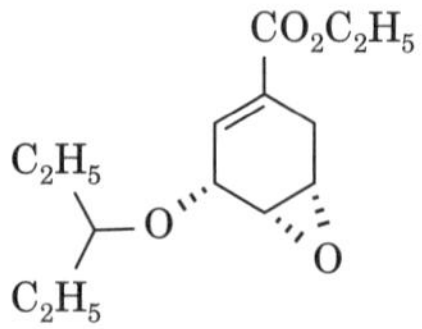

問 4. 8個

解 説

　インフルエンザ薬タミフルの合成法を素材に，有機化学の基礎知識を問う。シキミ酸のヒドロキシ基3個をそれぞれエーテル結合，アミド基，アミノ基に変換する。アミノ基だけは立体化学が反転し，ほか2個は立体化学を保持するところがポイントとなる。

　問1は，国際レベルだと高校〜大学初年次の基本的な問題だといえる。反応 e と f はどちらもアジドを使うが，前者はエポキシド（三員環エーテル），後者はアジリジン（三員環アミン）の開環反応になる。

　問2では，アセタール（カルボニル基の代表的な保護基）の生成反応機構を問う。矢印で電子の動きを表し，有機反応の機構をつかむには格好の素材だろう。

　問3は，中間体の反応前後の化合物を見ると，脱離基のメタンスルホニル基（−SO$_2$CH$_3$）を，炭素原子の立体化学を保持しつつアジド基（−N$_3$）に変えるため，いったん隣のOH基が攻撃してエポキシドを生成し（立体反転），そこにア

ジドイオン(N_3^-)が立体反転で攻撃し開環すると，立体反転を 2 回する結果，立体保持となるのがポイント。

問 4 では，3 個の不斉炭素が $2^3 = 8$ 個のジアステレオマーをつくることを見抜く。

3.3 高分子・超分子化学の問題

11 原子移動ラジカル重合 (2007 年大会。第 8 問の抜粋)

ATRP (atom transfer radical polymerization = 原子移動ラジカル重合) は，新しいポリマー合成法として注目を集める。改良法のひとつ，有機ハロゲン化物と遷移金属錯体 (とりわけ Cu^+ 錯体) とのレドックス (酸化還元) 反応を利用する ATRP の例を**スキーム 1** に示す (M：モノマー，Hal：ハロゲン)。

$$R\text{-}Hal + Cu^{(+)}Hal \underset{k_{\text{deact}}}{\overset{k_{\text{act}}}{\rightleftarrows}} R\bullet + Cu^{(2+)}Hal_2$$

$$\downarrow k_p \; +M$$

$$R\text{-}M\text{-}Hal + Cu^{(+)}Hal \underset{k_{\text{deact}}}{\overset{k_{\text{act}}}{\rightleftarrows}} R\text{-}M\bullet + Cu^{(2+)}Hal_2$$

$$\downarrow \cdots$$

$$\downarrow k_p \; +(n\text{-}1)M$$

$$R\text{-}M_n\text{-}Hal + Cu^{(+)}Hal \underset{k_{\text{deact}}}{\overset{k_{\text{act}}}{\rightleftarrows}} R\text{-}M_n\bullet + Cu^{(2+)}Hal_2$$

$$R\text{-}M_y\bullet + R\text{-}M_x\bullet \xrightarrow{k_t} R\text{-}M_{(y+x)}R$$

スキーム 1

反応速度定数 k を次のように定義する。

- k_{act} 　活性化反応
- k_{deact} 　可逆的な不活性化反応
- k_p 　高分子鎖の生長反応

k_t　非可逆的な停止反応

問1. 速度を v_{act}(活性化), v_{deact}(不活性化), v_p(高分子鎖生長), v_t(停止)として，素反応の速度式を書け．なお活性種 R′X(X：ハロゲン，R′：R-や R-M$_n$-)は 1 種類だけとする．鎖状高分子の分子総数は開始剤分子の数と等しいとせよ．また，重合中の高分子鎖は，みな同じ長さと考えてよい．

問2. モノマーの濃度 [M] は，反応時間 t と次の関係にある ([M]$_0$：モノマーの初期濃度，k_p：生長反応の速度定数，[R・]：活性ラジカルの濃度)．

$$\ln \frac{[M]}{[M]_0} = -k_p [R\cdot] t$$

ATRP 法でポリマーを合成するため，31.0 mmol のモノマー MMA(メタクリル酸メチル)と CuCl(触媒)を混合した．反応の開始剤として 0.12 mmol の TsCl(塩化 p-トルエンスルホニル)を加え，重合時間は 1400 秒とした．k_p は 1616 L mol^{-1} s^{-1}，ラジカル種の定常濃度は 1.76×10^{-7} mol L^{-1} だった．得られたポリマーの重量 m を計算せよ．

メタクリル酸メチル　TsCl　HEMA-TMS

問3. 別の実験では，ほかの条件はそのままにして MMA の重合時間だけを変えたところ，0.73 g のポリマーができた．次に，23.7 mmol のメタクリル酸 2-(トリメチルシリロキシ)エチル HEMA-TMS を反応混合物に加え，重合をさらに 1295 秒間続けた．MMA と HEMA-TMS の反応性は等しい．得られたポリマーの重合度を計算せよ．

問4. MMA 単位と HEMA-TMS 単位をそれぞれ **A**，**B** として，得られたポリマーの構造を描け(末端基も忘れずに)．必要なら，共重合体構造を表すのに次の記号を使え：block(ブロック構造)，stat(確率的 = ランダム構造)，alt(交互構造)，grad(徐々に変化する構造)，graft(グラフト構造)．

たとえば(**A**$_{65}$−graft−**C**$_{100}$)−stat−**B**$_{34}$ は，繰り返し単位 **A** と繰り返

し単位 **B** のランダム共重合体に，ポリマー **C** の鎖がグラフトされている状況を表す(モノマー単位の数は省略した)。

問 5. 二つのブロック共重合体 **P1** と **P2** をつくるのに ATRP を利用した。**P1** も **P2** も，ブロック部分のひとつは，ポリエチレンオキシドのモノ(2-クロロプロピオニル)化体を重合開始剤に使って合成した。

$$H_3C-O-()_{58}-O-C(=O)-CH(Cl)-CH_3$$

もうひとつのブロック部分は，**P1** がスチレン単位(**C**)，**P2** が *p*-クロロメチルスチレン単位(**D**)だった。

重合開始剤，**P1**, **P2** の ^{1}H NMR スペクトルを下図に示す。代表的なピークの積分強度は表にまとめてある。次(p.172)の部分構造を表す NMR ピークはどれか。

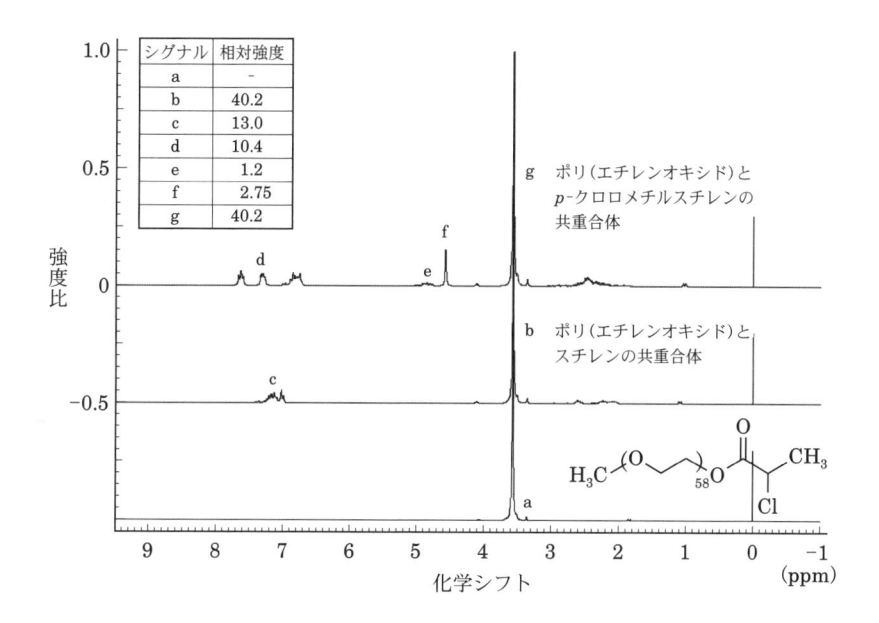

シグナル	相対強度
a	-
b	40.2
c	13.0
d	10.4
e	1.2
f	2.75
g	40.2

g ポリ(エチレンオキシド)と *p*-クロロメチルスチレンの共重合体

b ポリ(エチレンオキシド)とスチレンの共重合体

(1)

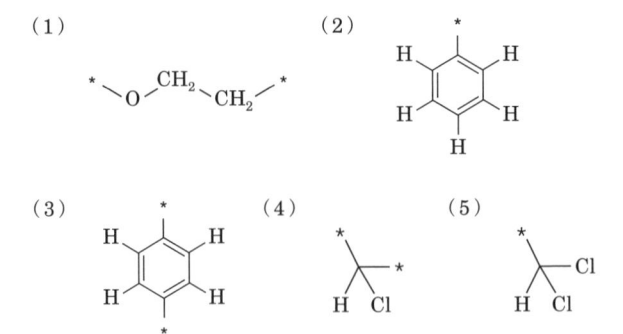

```
*―O―CH₂―CH₂―*
```

(2) フェニル基（*位置はパラ）

(3) フェニル基

(4) *―CH(Cl)―* (H, Cl)

(5) *―C(Cl)(H)―Cl

問6. P1とP2につき，繰り返し単位CとDのモル分率と，それぞれの分子量を計算せよ。

解 答

問1. スキーム1から，素反応それぞれの速度は次のように書ける。

$$v_{act} = k_{act}[R-Hal][CuHal]$$
$$v_{deact} = k_{deact}[R\cdot][CuHal_2]$$
$$v_p = k_p[R\cdot][M]$$
$$v_t = 2k_t[R\cdot]^2$$

問2. 重合反応中のMMAの濃度 $n(MMA)$ は，初期濃度を $n_0(MMA)$ として次の式に従う。

$$n(MMA) = n_0(MMA)\exp(-k_p[R\cdot]t)$$

重合時間が1400秒のとき，残存MMAモノマーの量は次のようになる。

$$31.0 \times \exp(-1616 \times 1.76 \times 10^{-7} \times 1400) = 20.8 \text{ mmol}$$

つまりモノマーの消費量は $31 - 20.8 = 10.2$ mmol だから，生じたポリマーの質量は，MMAの分子量を $M(MMA) = 100.1$ として，$m = \Delta n(MMA) \times M(MMA) = (10.2 \div 1000) \times 100.1 = 1.03$ g となる。

問3. 得られたポリマーの重合度 D_P は次のように計算する。

生長ポリマーの数はTsCl分子の数に等しく，0.12 mmol。第1段階で7.3 mmolのMMAが消費された。第2段階の初期，モノマーの総量は $23.7 + 23.7 = 47.4$ mmol。各モノマーの反応性は等しいため，モノ

マーは同じ反応速度で高分子にとりこまれる。

第2段階で消費されるモノマーの量は次のようになる。

$$\Delta n = n_0(1-\exp(-k_p[\text{R}\cdot]t))$$
$$= 47.4\{1-\exp(-1616\times1.76\times10^{-7}\times1295)\} = 14.6 \text{ mmol}$$

合計 7.3＋14.6 ＝ 21.9 mmol のモノマーが2段階で重合するため，重合度 D_P は 21.9÷0.12 ＝ 182.5 ≒ 183 と計算できる。

問4. リビング重合ではブロック共重合体(コポリマー)ができ，1段階目のブロックは MMA だけからなる。

構造：Ts－**A**$_{61}$－block－(**A**－stat－**B**)$_{61}$－Cl

または Ts－**A**$_{61}$－block－(**A**$_{61}$－stat－**B**$_{61}$)－Cl

重合度 D_P は 7.3÷0.12 ＝ 60.8 ≒ 61。

2段目のブロックは，反応性が等しい2種類のモノマーが競争的に共重合してできるから，統計的なコポリマーとなる。2段目の重合初期には **A** と **B** の濃度が等しいため，生成ポリマーのブロック中で **A** と **B** の数は等しい。2段目のブロックでは重合度が 183－61 ＝ 122 になる。

問5. 化学シフト値と積分強度比などから，次のように推定できる。

（1）a, b, g　（2）c　（3）d　（4）e　（5）f

問6. 多重線 b と g の強度は 40.2 だから，水素1個あたりの強度はそれぞれ 40.2÷4÷58 ＝ 0.173。多重線 c の強度は 13 なので，水素は 13÷0.173 ＝ 75 個。スチレン分子の芳香族水素を5個とみれば，スチレンブロックの重合度 D_P は 75÷5 ＝ 15 となる。つまり **P1** 中のスチレンのモル分率は 15÷(15＋58) ＝ 20.5%。

多重線 d は，強度が 10.4 だから，水素は 10.4÷0.173 ＝ 60 個。p-クロロスチレン分子1個は水素1個をもつため，p-クロロスチレンの重合度は 60÷4 ＝ 15。こうして **D** のモル分率は 15÷(15＋58) ＝ 20.5% になる。

P1 の分子量

$M(\textbf{P1}) = 15.03＋58\times44.05＋72.06＋15\times104.15＋35.45 = 4240$

P2 の分子量

$M(\textbf{P2}) = 15.03＋58\times44.05＋72.06＋15\times152.62＋35.45 = 4967$

解説

　ATRPは，日本の研究者が大きく貢献しつつ，新しい重合手法として1990年代に開発された。それまでは反応性を制御しにくくてリビング重合がむずかしかったラジカル重合を，金属の可逆な酸化還元を利用し活性種を安定化することにより可能とした。その反応機構は，本問題のスキームに描かれた素反応の形で整理・理解できる。

問1. 素反応それぞれの速度を式で表す。題材は重合反応でも，物理化学の柱となる反応速度論の基礎をつかんでいればむずかしくない。

問2. 式に適切な数値を代入すればよい。

問3・問4. 反応の途中段階で別のモノマーを加え，ブロック共重合をさせる。**問2**と同様，式に数値を入れれば解ける。

問5. ^{1}H NMRスペクトルのピークを特定させる問い。代表的な水素原子核がどれほどの化学シフトを示すか押さえたうえ，シグナルの積分強度などを参考にしながら前に進む。

問6. ポリマーのNMRデータをもとに，繰り返し単位(**C, D**ユニット)のモル分率と，**P1, P2**の分子量を計算する。NMR解析の基礎力と，ブロック共重合についての基礎知識などを問う。日本の高校では完全に未知の世界。題材は高級なATRPだが，ふつう大学で学ぶアニオンリビング重合にもまったく同じように当てはまる。大学の専門課程では高分子合成化学の基本的な問題になる。

12 巨大な分子デンドリマー (2002年大会準備問題。第19問)

　樹枝のような構造の巨大分子をデンドリマーという。デンドリマーはマイケル付加を利用してつくる。マイケル付加の簡単な例を以下に示す。

$$(C_2H_5)_2NH + H_2C=CHCO_2C_2H_5 \xrightarrow[0\ °C]{溶媒+酢酸} (C_2H_5)_2N-CH_2-CH_2CO_2C_2H_5$$

デンドリマーは次の手順で合成する。

　（1）　NH_3を過剰のアクリロニトリル$H_2C=CH-C\equiv N$で徹底的に処理し，シアノ基3個をもつ物質にする。

　（2）　それをH_2と触媒で還元し，第一級アミノ基が3個の分子を得る。

（3） その第一級アミンを再び過剰のアクリロニトリルで処理する。

（4） その産物を再び H_2 と触媒で水素化し，アミノ基6個をもつヘキサアミンにする。それを出発点に，枝分かれした巨大分子を合成する。

問1. （a） ステップ(1)の反応式を書け。
　　　（b） ステップ(2)の反応式を書け。
　　　（c） ステップ(3)の生成物の構造を描け。
　　　（d） ステップ(4)の水素化産物の構造を描け。

問2. 「アクリロニトリル処理→シアノ基の還元」を繰り返せば，表面に第一級アミノ基をもつ球状の分子ができる。

　そのサイクルを5回(ただし第1回目はステップ(1)+(2)とする)繰り返すと生じるデンドリマーの末端には，何個の第一級アミノ基がついているか。

問3. （a） 1 mol の NH_3 あたり，サイクル5回に必要な水素は何 mol か。
　　　（b） サイクル5回に必要なアクリロニトリルは何 mol か。
　　　（c） サイクル1回につきデンドリマーの直径は約 10 Å だけ増す。サイクル5回のあと，デンドリマー分子の体積はいくらになるか。

解 答

問1. （a） $NH_3 + 3CH_2=CHCN \rightarrow N(CH_2CH_2CN)_3$

（b） $N(CH_2CH_2CN)_3 + 6H_2 \rightarrow N(CH_2CH_2CH_2NH_2)_3$

（c） $N(CH_2CH_2CH_2NH_2)_3 + 6CH_2=CHCN$
　　　$\rightarrow N\{CH_2CH_2CH_2N(CH_2CH_2CN)_2\}_3$

（d） $N\{CH_2CH_2CH_2N(CH_2CH_2CN)_2\}_3 + 12H_2$
　　　$\rightarrow N\{CH_2CH_2CH_2N(CH_2CH_2CH_2NH_2)_2\}_3$

問2. 最初のサイクルでアミノ基3個が導入される。以後，アミノ基1個あたり新たなアミノ基2個が導入されるため，5サイクル後に末端のアミノ基は $3 \times 2 \times 2 \times 2 \times 2 = 48$ 個となる。

問3. （a） $6 + 12 + 24 + 48 + 96 = 186$ mol

（b） $3 + 6 + 12 + 24 + 48 = 93$ mol

（c） 半径は 25 Å $= 2.5$ nm $= 2.5 \times 10^{-9}$ m だから，体積は $\frac{4}{3} \times 3.14 \times (2.5 \times 10^{-9})^3 = 6.5 \times 10^{-26}$ m³

解 説

いわゆる超分子のひとつデンドリマーは，いまさかんに研究されている。三つの反応点があるコア分子（アンモニアNH_3）をアクリロニトリルに共役付加させる。アクリロニトリルのシアノ基は還元によりアミノ基となるため，アミノ基3個をもつ分子になる。

新しく生えたアミノ基それぞれがアクリロニトリルに共役付加すればシアノ基6個の分子が生まれ，それをまた還元して，アクリロニトリル12分子と反応可能な分子になる。この操作を繰り返し，巨大な樹枝状分子のデンドリマーが生まれる。

先端化学に属するデンドリマーを素材とした出題でも，使う素反応はみな有機化学の基礎知識があれば理解できよう。

3.4 生化学の問題

13 酵素反応（2006年大会。第11問）

シキミ酸の生合成（生物体内で進む合成反応）は，アミノ酸やアルカロイド，ヘテロ環状天然物の合成ルートとして意義深い。シキミ酸は数段階の酵素反応でコリスミン酸に変わる。コリスミン酸からプレフェン酸への変化では，コリスミン酸ムターゼという酵素が触媒になる。

問1. コリスミン酸はシキミ酸の脱水で生じる。そのとき失われるヒドロキシ基は，$\boxed{1}$，$\boxed{2}$，$\boxed{3}$のどれか。

問2. コリスミン酸ムターゼの作用でコリスミン酸は置換基の転位を起こし，同じ分子式のプレフェン酸に変わる。この転位反応（クライゼン転位）は，

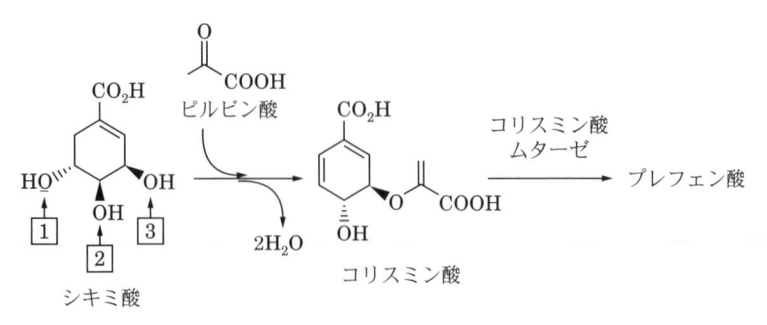

コープ転位(下図)と同様な協奏的ペリ環状反応だといえる。

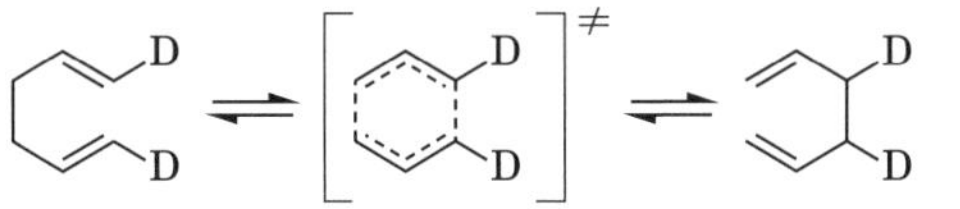

次のスペクトルデータをもとに，プレフェン酸の構造を描け。
^{1}H NMR(D$_2$O 中, 250 MHz)：δ 6.01(2H, d, J = 10.4 Hz)，
5.92(2H, dd, J = 10.4, 3.1 Hz)，4.50(1H, t, J = 3.1 Hz)，
3.12(2H, s)

プレフェン酸分子には，D$_2$O の重水素と速やかに交換される3種類の水素と，交換がきわめて遅い2個の水素 (δ 3.12) がある。

^{13}C NMR(D$_2$O 中, 75 MHz)：δ 203, 178, 173, 132(環境の同じ炭素原子2個)，127(環境の同じ炭素原子2個)，65, 49, 48

δ は化学シフト値，nH の n は積分値からの水素原子数，d は二重線(doublet)，dd は二重の二重線(double doublet)，J はカップリング定数，t は三重線(triplet)，s は一重線(singlet)を表す。

問3. コリスミン酸ムターゼは，クライゼン転位の遷移状態を安定化するはず。そのことは阻害剤の設計に役立つ。つまり，遷移状態と構造の似た阻害剤は，酵素の活性中心に結合するだろう。8種の阻害剤を設計・合成した。IC$_{50}$ 値(酵素活性を半減させる濃度)が小さいほど，阻害効率が高い。

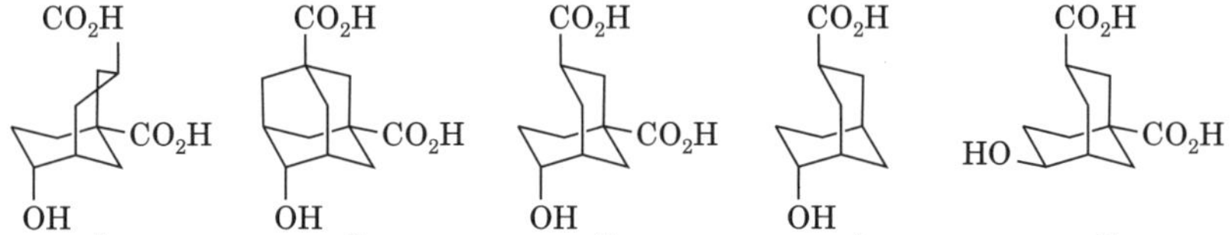

1
IC$_{50}$ = 2.5 mM

2
IC$_{50}$ = 1.3 mM

3
IC$_{50}$ = 0.78 mM

4
IC$_{50}$ = 1.1 mM

5
IC$_{50}$ = 5.3 mM

6	7	8
IC₅₀ = 0.017 mM	IC₅₀ = 0.0059 mM	IC₅₀ = 0.00015 mM

阻害剤 8 種の構造と IC₅₀ 値からみて，次のうち正しい記述をすべて選べ。IC₅₀ 値が 5 倍ちがえば阻害効率に実質的な差があると考えよ。

（a）遷移状態の構造にも阻害剤の設計にも，ヒドロキシ基の位置が効く。

（b）遷移状態の構造にも阻害剤の設計にも，カルボキシ基 2 個の存在が効く。

（c）遷移状態では，いす型の六員環と，ねじれ舟型の六員環ができる。

（d）化合物 7 と 8 では，水素原子 H_a の ¹H NMR ピーク位置が異なる。

問 4. 上記の実験結果を参照し，コリスミン酸をプレフェン酸に変える反応の遷移状態を描け。

問 5. 触媒を使わない熱反応に比べ，コリスミン酸ムターゼはコリスミン酸 → プレフェン酸の活性化エネルギーを下げ，25 °C で反応を 100 万倍も加速する。コリスミン酸ムターゼは活性化エネルギー E_a をどれだけ下げるか。

熱反応の活性化エンタルピー $\Delta H^\ddagger$ は 86900 J mol⁻¹ だとわかっている。$E_a = \Delta H^\ddagger$ と考えた場合，熱反応の速度が酵素反応の速度と等しくなるのは何 °C のときか。

解 答

問 1. 2 の絶対配置が，シキミ酸とコリスミン酸で反転しているところに注目。脱水反応で OH 基の立体化学は反転しないため，脱水で外れた OH は 3。

問 2. 例示のコープ転位を参考にしながら反応の進みかたを考えれば，次の

構造だと推定できる。

問3. (a)は化合物**3**と**5**，(b)は化合物**3**と**4**，(c)は化合物**6**と**7**の数値を比べて判断する。(d)は，化合物**7**と**8**で水素H_aが等価かどうか考える。考察の結果，正しいのは a，c，d。

問4. 化合物**8**の構造を参考にして，遷移状態は次の形だと推定できる。

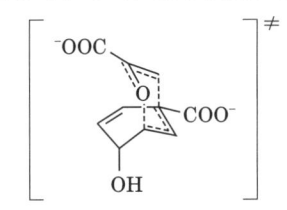

問5. 酵素反応と熱反応の速度定数をそれぞれ k_1, k_2, 活性化エネルギーの差を $\Delta E_a = E_{a1} - E_{a2}$ と書いて，アレニウス式を当てはめる。

$$k_1/k_2 = \exp(-E_{a1}/RT)/\exp(-E_{a2}/RT) = \exp(-\Delta E_a/RT)$$
$$= \exp[-\Delta E_a(\text{J mol}^{-1})/(2480\,\text{J mol}^{-1})] = 10^6$$

以上から $\Delta E_a = -34300\,\text{J mol}^{-1} = -34.3\,\text{kJ mol}^{-1}$，つまり酵素反応の活性化エネルギーは熱反応より $34.3\,\text{kJ mol}^{-1}$ だけ小さい。

二つ目の問いでは，$E_a = \Delta H^{\neq} = 86900\,\text{J mol}^{-1}$ の熱反応が，T_1 (25 ℃)で $k_1 = 1$，T_2 で $k_2 = 10^6$ として，アレニウスの式より $T_2 = 491\,\text{K}\,(218\,℃)$ となる。

解 説

酵素(タンパク質)は，反応の遷移状態と強く相互作用し，活性化エネルギーを下げて(結合を切れやすくして)反応を速める。

遷移状態に似ていそうな構造の合成物質を酵素に作用させ，阻害効果を調べれば，遷移状態の構造を推定できる。

問1. ピルビン酸が，シキミ酸の OH 基と反応してエノールエーテルになる。そのときシキミ酸の立体化学は変わらない。生成物の OH 基が上向きから下向きに反転しているのは表記の問題(一種の引っかけ？)。よく見ると，ピルビン酸と結合したのは $\boxed{1}$ の OH 基だから，脱水で失われるのは $\boxed{3}$ の OH。

問2. コリスミン酸がクライゼン転位するため，C−O 結合が切れ，各々から 2 原子先にある二重結合の炭素原子が結合し合う。コープ転位の反応形式を参考にすると，それが読みとれるだろう。プレフェン酸の ^{1}H NMR, ^{13}C NMR スペクトルデータもヒントになる。

問4. IC$_{50}$ 値がいちばん小さい(阻害効果がいちばん大きい)化合物 **8** の構造をもとに考えればよい。なお，IC$_{50}$ 値の単位 mM は mmol L^{-1} を意味する (M = mol L^{-1})。

問5. 物理化学(熱力学)の初歩的な問題。

14 アミドとフェノールの化学 (2005 年大会。第 1 問)

カルボン酸とアミンは脱水縮合してアミドになる。たとえば，ギ酸とジメチルアミンからは N,N-ジメチルホルムアミド (DMF) ができる。DMF 分子は，下記の共鳴構造式で表せる。

問1. N,N-ジメチルホルムアミド(**A**)，N-メチルアセトアミド (CH$_3$CONHCH$_3$, **B**)，プロピオンアミド(CH$_3$CH$_2$CONH$_2$, **C**)の融点の序列を予想し，融点が高いものから順に並べよ。

問2. カルボニル基は赤外域に強い吸収ピークをもつため，赤外スペクトル法で同定できる。吸収ピークの波数は C=O 結合の強さで変わり，結合の強さは C−O 結合の距離を反映する。

　アミドのカルボニル基については，結合の強さを共鳴構造の存在から推定できる。たとえばシクロヘキサノンは，カルボニル基の吸収ピ

ークを 1715 cm^{-1} に示す。プロピオンアミドのカルボニル基の吸収ピークは，どの波数に現れるだろうか。次のうちから選べ。

（a）カルボニル基の結合がシクロヘキサノンより短いから 1660 cm^{-1}
（b）カルボニル基の結合がシクロヘキサノンより長いから 1660 cm^{-1}
（c）カルボニル基の結合がシクロヘキサノンより短いから 1740 cm^{-1}
（d）カルボニル基の結合がシクロヘキサノンより長いから 1740 cm^{-1}

問 3. α-アミノ酸のグリシン H$_2$N−CH$_2$−COOH は，水 2 分子の脱離を伴って 3 分子が縮合（アミド結合）したトリペプチド Gly−Gly−Gly になる。その構造式を描け。

問 4. α-アミノ酸は，α-炭素の置換基が三つとも異なるとき，光学異性体が存在する。たとえば L-アラニンと D-アラニンは互いに光学異性体となる。縮合反応の原料としてグリシン，L-アラニン，D-アラニンの三つを使い，鎖状のトリペプチドを合成したら，全部で何種類のトリペプチドができるか。

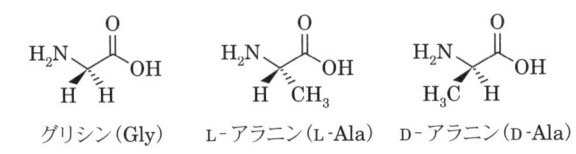

グリシン（Gly）　　L-アラニン（L-Ala）　　D-アラニン（D-Ala）

問 5. 問 4 で答えたトリペプチドのうち，光学活性な分子は何個あるか。

問 6. タンパク質や核酸の分析には，ポリアクリルアミドのゲルを使う電気泳動が利用される。ただし，初めてポリアミドゲルが分析に利用されたのは，薄層クロマトグラフィーによるフェノールの分離だった。置換基の異なるフェノール類は，酸性度がちがう。酸性度が高いほど，ポリアクリルアミドゲルに強く吸着するので動きにくい。

フェノール（**D**），4-メチルフェノール（**E**），4-ニトロフェノール（**F**）を，ポリアミドゲルへの吸着力が強い順に並べよ。

問 7. 紫外可視（UV-Vis）吸収スペクトルで，吸収のピーク波長は，共役二重結合の数に関係する。ふつう，共役二重結合が五つ以上ある化合物は可視光を吸収する結果，吸収されない波長域の色（補色）がついて見える。たとえば中和滴定に使う指示薬フェノールフタレインは，酸性

〜中性では無色だが，塩基性（pH 8.3〜10）では赤味がかったピンク色がつく。

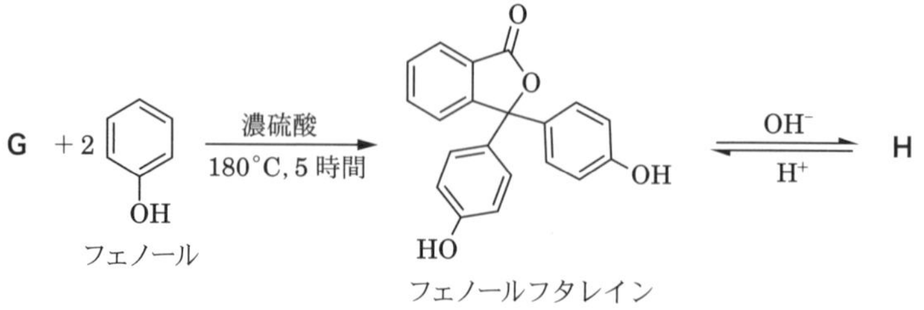

G ＋ 2 フェノール → （濃硫酸 180°C，5 時間） フェノールフタレイン ⇌（OH⁻／H⁺） H

NaOH 水溶液中のフェノールフタレインは，上記の反応で化合物 **H** に変わり，ピンク色を示す。**H** の構造式を描け。

問 8. 縮合反応でフェノールフタレインをつくるには，化合物 **G** を 2 当量のフェノールと反応させる。**G** の構造としてもっとも適切なのは下記のどれか。

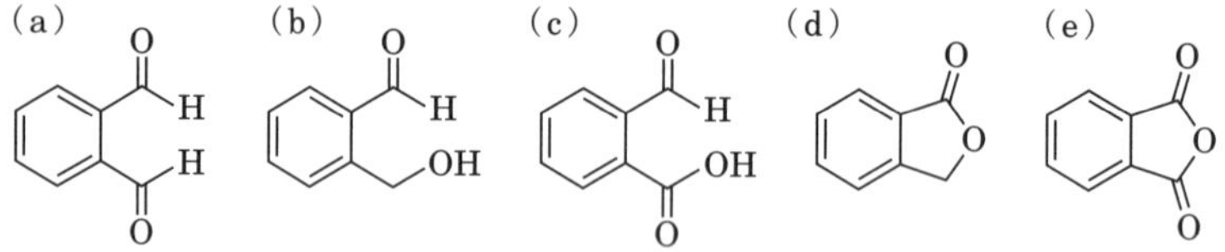

(a) ベンゼン環に 2 つの CHO
(b) ベンゼン環に CHO と CH₂OH
(c) ベンゼン環に CHO と COOH
(d) フタリド（ラクトン）
(e) 無水フタル酸

解　答

問 1. 分子量が同じなら，分子間の相互作用が強いほど融点は高い。そのため，融点は **C > B > A** と予想できる。

問 2. CN 結合の二重結合性が高いほど，CO 結合の π 電子は酸素原子に引きつけられて結合長が伸び，振動エネルギーが減って波数が下がる。
(b) 1660 cm⁻¹

問 3.

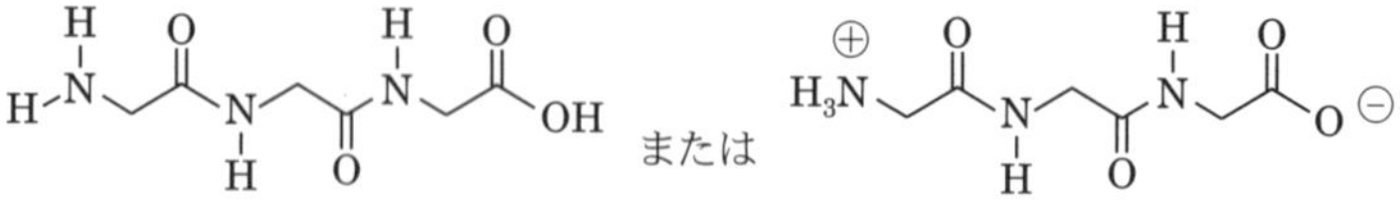

H₂N–CH₂–CO–NH–CH₂–CO–NH–CH₂–COOH　または　H₃N⁺–CH₂–CO–NH–CH₂–CO–NH–CH₂–COO⁻

Gly-Gly-Gly　　　　　　　　　　　　　　Gly-Gly-Gly

問 4. 3×3×3 ＝ 27 種のトリペプチドができる。

問 5． 27 種のうち，L-アラニンかD-アラニンを1個でも含むものは光学活性となるから，26 種が光学活性。光学活性でないのは H$_2$N−Gly−Gly−Gly−OH だけ。

問 6． フェノールの酸性が強い順（置換基の電子求引性が大きい順）。**F > D > E**

問 7．

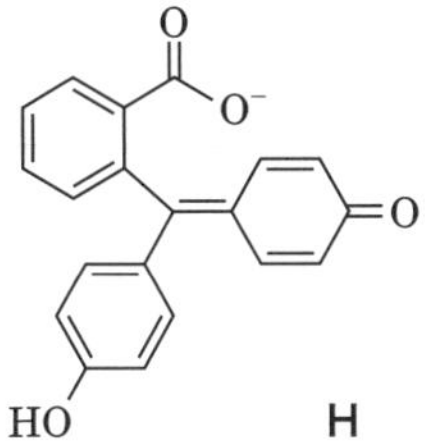

問 8． カルボニル基にフェノール2分子が反応し，脱水してフェノールフタレインになるため，反応物は(e)。

解 説

生化学そのものというより，「生体関連物質化学」の問題。生体分子にとってもっとも基本的な化合物のうち，アミドとフェノールを素材に使い，その性質を考えさせる。

結果の一部だけは日本の高校でも扱うけれど，「**なぜ**」そうなるのかを，分子構造や分光学データに注目して考察しなければいけない。

問 1． アミドの共鳴構造では，負電荷が酸素原子上に，正電荷が窒素原子上に存在する。一級や二級のアミドは水素結合をつくるが，NH のない三級アミドは水素結合できない。そのため融点は，プロピオンアミドが 79 °C，N-メチルアセトアミドが 28 °C，N,N-ジメチルホルムアミドが −61 °C になる。

問 2． 分子構造と分光学的性質の関連性のうち，赤外吸収スペクトルの初歩的な解釈について問う。結合の強さ（バネ定数）が大きいほど，結合エネルギーが大きいためピーク波数が高くなる。

問 3〜問 5． アミノ酸やペプチドの基礎的な問題。日本の高校レベルでも十分に対応できよう。

問6～問8. 中学校からおなじみの指示薬フェノールフタレインにつき，pH変化に応じた呈色の仕組みを考えさせる問題。化合物Hは，まずOH⁻の作用で五員環のラクトンが開環したのち，フェノール(エノール型)構造がケト型となって脱水することによりπ共役系が広がる。そのため可視光を吸収するようになって呈色する。

15 糖の反応と立体配座 (2008年大会準備問題。第21問)

ケトースは糖類のうち特別なグループをつくる。D-リブロース誘導体は光合成で重要な役割を果たす。

D-リブロースのα-メチルグリコシドAは，D-リブロースをメタノールと酸触媒で処理すればできる。Aをアセトン中で塩化水素とともに熱するとイソプロピリデン誘導体Bになる。アセトンは，OH基二つの向きが適切なら，隣のジオールとアセタール(アセトニド)を形成する。

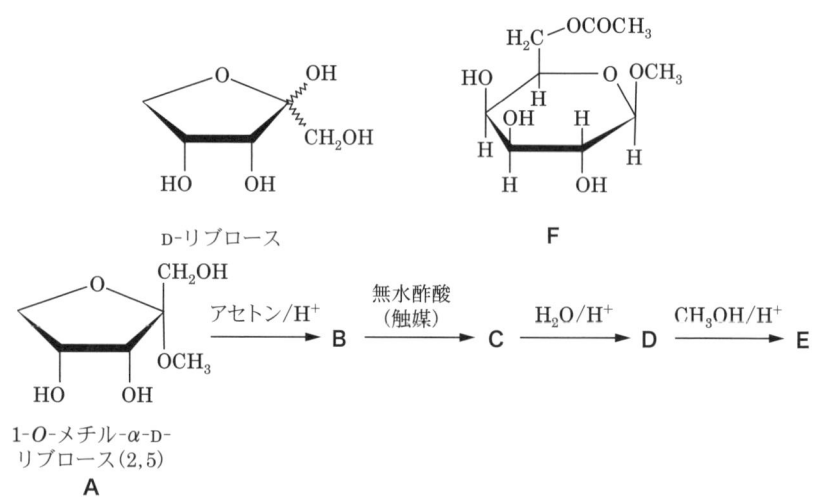

[構造式: D-リブロース, F, 1-O-メチル-α-D-リブロース(2,5) A → (アセトン/H⁺) B → (無水酢酸(触媒)) C → (H₂O/H⁺) D → (CH₃OH/H⁺) E]

問1. Bの合成では2種の生成物が生じる。生成物の構造式を描け。また，主生成物はどちらか。

問2. 触媒を使い，Bを無水酢酸と反応させるとCになる。DはCを薄い酸の水溶液中で加熱すれば得られる。Dはメタノールおよび酸と反応してEになる。C～Eの構造式を描け。

問 3. E につき，C2 炭素原子まわりの立体配置は予測できるか。

問 4. アセトニド（アセトン化物）の生成は，二つの近接 OH 基を一時的に保護する方法だが，複数の生成物を生じることが多い（生成物の分布は反応条件でも変わる）。六員環をもつ糖類の場合，隣接する OH 基が両方ともアキシャルなら，アセトニドはできない。しかし，ジエクアトリアルやアキシャル-エクアトリアルの隣接ジオールは，アセトン/塩化水素と反応する。

1-*O*-メチル-6-*O*-アセチル-β-D-ガラクトース(1,5) (**F**) のいす型配座を二つ描け。各 OH 基に，アキシャル(a) またはエクアトリアル(e) のマークをつけよ。どちらの配座異性体が安定か。

問 5. F からは何種類のアセトニド異性体ができるか。また，それぞれには，異なるいす型配座異性体がいくつあるか。

問 6. L-ガラクトース(1,5) のハース構造式を描け。

解　答

問 1. A の OH 基三つからできるアセトニドには，1,3-アセトニドと 3,4-アセトニドがありうる。トランス型で五員環と六員環が縮合した 1,3-アセトニドのほうが不安定。

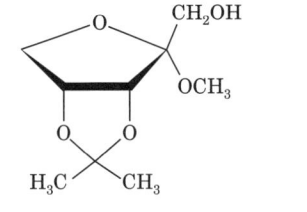

3,4-アセトニド（主生成物）　　　1,3-アセトニド

問 2. B が無水酢酸と反応したとき，アルコール部分が酢酸エステル **C** になる。酸で加水分解すると，アセトニドが脱保護されるとともに OCH₃ 基が OH に変わる。E では，2 位の OH 基が OCH₃ 基に変わる。

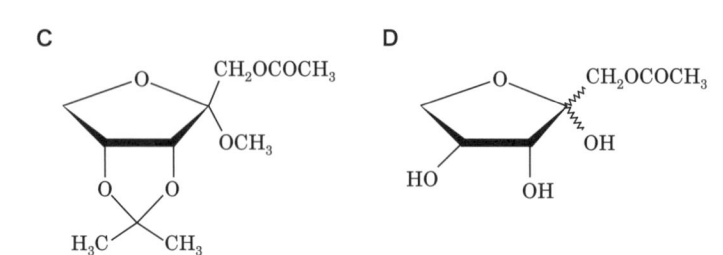

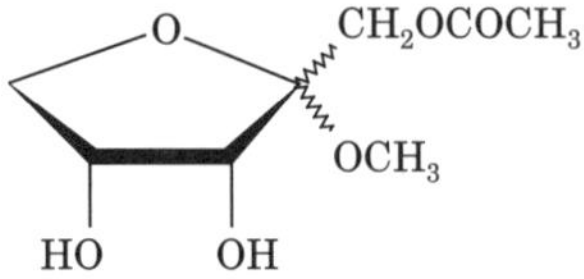

問 3. D には保護された OH 基がないため，E では α, β どちらの異性体も生じうる。生成比は反応条件で変わる。

問 4. 二つの配座異性体間では，アキシャル，エクアトリアルがすべて反転している。エクアトリアル位を占める置換基が多い異性体のほうが安定。

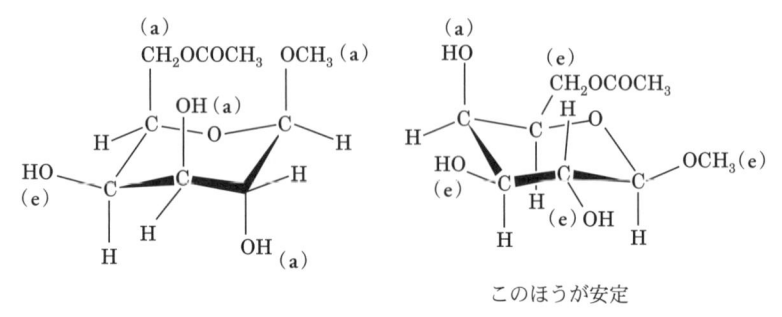

このほうが安定

問 5. 3,4-アセトニド 2 種と 2,3-アセトニド 1 種が生成する。

問 6.

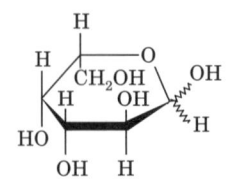

解　説

糖の一般的な反応や，立体化学についての問題。後半の問いはやや高度だが，パターンは同じだから，基本をつかみ落ち着いて考えれば見当がつく。

問題図の **A** に添えてある記号 (2,5) や，**問 4・問 6** に見える記号 (1,5) は，炭素 2 と炭素 5（または炭素 1 と炭素 5）が –O– 結合で環状構造になることを意味する。糖分子の炭素原子に番号をつけるやりかたは，有機化学の教科書を見て確かめよう。

問 2. **C**, **D** は，酸性条件の反応中に開環構造と平衡にあるため，生成物は立体異性体の混合物になるだろう。**E** では，OH 基が OCH₃ 基に変わるので，やはり立体異性体の混合物ができる。

問 4. 解答に描いた構造のうち，エクアトリアル位を占める置換基の多いほうが安定となる。

問 5. 問 4 で得た構造式二つのうち，アセトニドを考えるとよい。不安定なほうの配座異性体 (2,3-アセトニド) は，OH がどちらもアキシャル位になって生成できないため，次図の 3 種類だけが生じる。

4 実験問題
PRACTICAL TASKS

　物質の性質と変化を探求する化学では，性質や変化についての仮説(予想)を実験で確かめる。つまり実験が命ともいえるため，化学を学ぶには，学習段階のそれぞれで実験技術の習得が欠かせない。また実験は，新しい化学現象を見つける手段ともなる。

　操作が未熟だったり結果がバラついたりするようなら，仮説の確認も現象の発見もおぼつかない。操作に習熟し，再現性のよい結果を出したい。

　だから化学オリンピックでも基本的な実験スキルを問う。むろん使える機器や安全面には制約があるので，5時間で終える実験の種類も限られる。

　オリンピック実験課題の作題基準(「戦略篇」p.34)を眺めよう。**既習の実験スキル**(参加生徒の全員がこなせるとみてよい事項)では，以下の**A～E**が「常識」とされている。

A　重量や体積を扱う技術(秤量，溶液調製)と，誤差・精度の評価

　日本の高校では実験結果の数値処理をあまりやらないが，誤差や有効数字の評価法はきちんとつかもう。重量・体積の計量，溶液の調製や希釈，標準溶液の調製・標定も，見た目ほどやさしくはない。

B　実験台上での加熱，還流操作

　試験管やビーカー，三角フラスコを使う簡単な加熱も，還流操作も常識。かき混ぜも，振り混ぜやガラス棒を使う方法に加え，マグネチックスターラーの操作にも慣れておく必要がある。火の正しい扱いも含む。

C　精密で素早い滴定

　容量分析，滴定，安全ピペッターの操作に慣れておこう。

D　pHの扱い(精密・簡易測定法と測定数値の変換)

　pHの測定(pH試験紙，校正ずみpHメーター)をする力と，測定結果を使って計算する力が欠かせない。

E　官能基の定性試験

　代表的な実験をひととおりこなしておきたい。

既習の化学概念とは，課題に応じて必要な操作を選び，操作を組み合わせながら実験を進め，結果を解釈するのに使う考えかたをいう。ふつうの授業時間内には習得しにくいため，課外実験が必須だろう。本章の解説を活用して疑似体験を重ねたい。

　未習の実験スキルと化学概念(準備問題に組みこめば本試験に使えるもの)は，オリンピックの本番で成績に大差がつく項目でもあり，とりわけ次の二つが重要となる。

　A′　有機物質の変換・合成
　B′　手法を高度に組み合わせる無機イオンの特定と精密な定量

　こうした課題をうまく進めるには，可視・紫外分光分析，抽出，カラム分離の原理を知っていなければいけない。

　合成に利用するろ過や生成物の乾燥，薄層クロマトグラフィー(TLC)は，生徒実験のスケールか，それよりやや小さいスケール(質量 1 g 前後，体積 10～50 mL)の操作が想定されている。**マイクロスケールの化学合成**も，直径 5 mm ほどのくぼみが多数あるプレート上の実験ではなく，「やや小さい」スケールと考えてよい。

　いずれにせよ合成の課題では，生成物の純度と収量(収率)がかなりきびしく評価される。物質の重量をこまめに測り，ろ過と乾燥の技術に慣れ，TLC の原理をつかんで実際の操作を繰り返しておきたい。融点の測定も，純度を評価するための大切な要素だと心得よう。

　高度な無機イオン定性分析では，溶液の微妙な変化を追いかける。何度も訓練しておくのが望ましい。定性分析した試料が含んでいる物質を実際にとり出す定量分析を行うには，ろ過のほか，液-液抽出，カラムクロマトグラフィーの原理と操作法に慣れておく必要がある。

　分光光度計も，背景にある理論をつかんだうえ実習しておこう。質量分析や NMR，高速液体クロマトグラフィーなどは，大学の研究では多用しても高校生が触れる機会はまずないため，オリンピックでも準備問題に顔を出す程度となり，実験試験で実際の操作が要求されることはない。ただし，スペクトルやクロマトグラムの解読は実験の一部としても課される。

　第 34～44 回の化学オリンピックに出された実験課題(本試験・準備問題)を大

ざっぱに分類すると，次のようになる。第40回以前と41～44回で，出題傾向にあまり大きな差はない。

表1. 本試験と準備問題に出題された実験課題の内容別出題数

内容＼時期	第34～40回大会 本試験	第34～40回大会 準備問題	第41～44回大会 本試験	第41～44回大会 準備問題
無機化学(定性)	3	11	0	5
無機化学(定量)	3	5	5	6
有機化学(物質変換・合成)	5	8	3	11
有機分析	4	12	1	3
物理化学	0	4	2	2

明らかに有機化学の比率が高い。有機化学の応用としては，単純なビニル系ポリマーとポリエステル，ポリアミドが主体ながら「高分子」も実験力の評価に使われる。無機化学では，高度な定性と，正確な重量の扱いが高率を占める。分析化学と物理化学は，ほかの分野と組み合わせ，実験で正確な結果を出し，結果を評価するのに使うものだと思えばよい。

化学オリンピックを含め，高校の化学実験には実証(確認)的要素が大きい。化学知識と経験をフルに組み合わせ，正確に実験するのが命となる。実験にあたっては，作業の流れ図をつくるなど準備段階にまず力を注ぐ。作業に入ったら，全体の流れと次の段階を頭に描きつつ，操作は大胆に素早く行う。そのためにも，多くの実験を経験しておきたい。

日本の高校化学では，**有機化学**と**定量分析**の実験が決定的に**足りない**。その二つを中心とした過去問8題を下記6ジャンルについて選び，**4.1～4.6**に紹介しよう。

有機物質変換(定性分析も含む) ……… ①
高分子 ……………………………………… ②
反応速度 …………………………………… ③
酸化還元分析 ……………………………… ④
無機重量分析 ……………………………… ⑤
無機定量分析 ……………………………… ⑥

実験試験では，無機・有機・物理・分析化学の知識を総合して実施計画を立てる力，実験結果をまとめる力と，出した結果が評価される。本番の雰囲気を伝えたくて，解答用紙の一部も転載した。オリンピックでは収率や精度も採点され，⑤には，測定値の精度が得点換算される課題を紹介する。

実験というものの性格上，解答より「解説」が主体になる。

4.1 有機物質変換の実験課題

1 *N*-ベンジル-3-ニトロアニリンの合成
（2008 年大会準備問題。第 36 問の抜粋）

次のルートで *N*-ベンジル-3-ニトロアニリンを合成する。

[実験手順]

25 mL の三角フラスコ中，1.1 g の *m*-ニトロアニリンを 10 mL のエタノールに溶かす。その混合物に 1.5 mL のベンズアルデヒドを加え，ときどき振り混ぜる。20 分後，フラスコを氷水の浴に浸す。

①冷やすと固体が沈殿するのを確かめ，②沈殿をガラスフィルターで集める。③フラスコ内に残った固体をフィルター上に流しこむときは，ろ液を使うとよい。生成物はアルコールに少し溶けるため，フィルター上の固体をアルコールで洗わない。④吸引して固体を集め，乾燥させる。

⑤薄層クロマトグラフィー(TLC)用に，少量の試料をとり分ける。残った固体は 100 mL の三角フラスコに入れ，20 mL のエタノールで溶かす。

ゆっくり振り混ぜながら，0.5 g の NaBH₄ を少しずつ溶液に加える。

さらに 15 分間フラスコを振り混ぜ続けたあと，⑥内容物を 50 mL の氷水に注ぎこむ。沈殿をガラスフィルターで集め，冷水で洗う。⑦生成物を風乾して秤量する。

問 1. 出発物質，中間生成物，最終生成物の TLC 展開特性を比較せよ。

⑧ ヘキサン／酢酸エチル＝4：1(体積比)で展開し，シリカプレート上の薄層クロマトグラムを作成せよ。

問2. スポットを可視化するための方法を述べよ。

問3. 中間生成物と最終生成物の純度について考察せよ。

─────────── 解　説 ───────────

問1. 順相(表面が親水性)のシリカゲル薄層板を使うとして，物質の極性と動きやすさを考える。ふつうの展開溶媒を使う場合，順相クロマトでは極性の大きい分子ほど動きにくく，R_f値(注目物質の移動距離÷溶媒の移動距離。0〜1の数値)は小さい。したがってR_f値は次の序列になる。

　　ベンズアルデヒド＞中間生成物＞最終生成物＞出発物質のアミン

問2. いちばん簡便な可視化法では，蛍光剤入りのTLC板に紫外線(254 nm)を当てる。有機物のある位置だけが光らないのでスポットを確認でき，ほとんどの有機物の検出に使える。第二に，ヨウ素を使う，スポットの褐色化がある。容積30 mLほどの容器に数かけらのヨウ素を入れ，TLC板も入れて何分か待てば有機物が褐色になり，スポットを確認できる。着色プレートを外にとり出すと数分で色が消えるし，紫外線法より感度も低いため，すばやく記録しよう。

問3. スポットの濃さから純度を考察する。TLCはたいへん敏感だから，不純物の存在は目視でも見当がつく。

　本実験は重要な技術をずいぶん含む。問題文中に下線をつけた①〜⑧の補足説明をしておこう。

①「冷やすと固体が沈殿する」
　沈殿ができないときは，ガラス棒でビーカーの内壁をこすってみる。ガラスの細かいかけらが核になって結晶化が進む。焼き丸めのやや甘いガラス棒と，ブラシ傷のあるビーカーを使うとよい。それでも結晶が出てこなければ，核になりそうな無機物のかけらを入れる。目的物質の種結晶を入れれば結晶化するが，それは最後の手段となる(本番では減点対象か？)。

②「沈殿をガラスフィルターで集める」

ガラスフィルターではなく「ブフナー漏斗＋ろ紙」を使う場合は，いくつか注意が必要になる。まず，ろ紙のサイズ(ろ紙の縁が上向きに曲がるのは大きすぎ。必要ならカット)と，ろ紙の裏表(滑らかな表と着目層を接触させる)に注意。吸引ろ過の前にはろ紙を溶媒で湿らせる。吸引口にゴム管が入りにくいなら，ゴム管に水を1滴つけて押しこむ。固体はなるべく中央に集め，底が平らなサンプル管などで押しつぶし，結晶のすき間にある液体を押し出す。

③「フラスコ内に残った固体をフィルター上に流しこむときは，ろ液を使うとよい。生成物はアルコールに少し溶けるため，フィルター上の固体をアルコールで洗わない」

　ろ液(母液)で洗うのは，有機化学実験の常識的操作となる。溶媒そのもので洗うと，せっかくの生成物が溶け，収率が激減してしまう。母液は生成物の飽和溶液だから，結晶を溶かす心配はない。フラスコの底に残った結晶を洗い流すのにも母液を使う。ただし，母液はしばしば粘性の高い濃厚溶液になり，べとべとして扱いにくいこともあるため，操作に手間どり，溶媒が蒸発して固体が析出し，フィルターやろ紙の目を詰めたり，精製した結晶を汚したりしやすい。見た目は簡単な操作だが，練習して勘どころを押さえよう。

④「吸引して固体を集め，乾燥させる」

　ブフナー漏斗を使う吸引ろ過は基本操作のひとつ。アスピレーターの使いかたのちがい(水道水か循環ポンプ型か)，減圧から常圧への戻しなどに注意。水道の場合は最大の水量にする。吸引を終えるとき，水流はそのまま弱めずにゴム管を吸引口から引き抜く。

　ろ紙の中央に固体が集まっていれば，まず液体を押し出して，ろ紙の端をスパーテルで少し剥がしたあとピンセットで剥がし，ろ紙ごと紙の上かシャーレ(ペトリ皿)に移す(空容器の重さは必ず測っておく)。集めた固体が漏斗の壁まで詰まるほど大量なら，スパーテルの平らな側を壁と固体の間に何度も差しこんで一周させ，紙や容器に移す。

　ろ紙の上についた固体は，スパーテルなどでこそぎ落とさない(こそぎ落とすと，ろ紙の繊維が混ざってしまう)。ろ紙は注意深く剥がす。真空乾燥器や真空デシケーターが利用できなければ風乾(空気中に放置して

おいて自然乾燥）させる。乾燥処理の前には，集めた固体を紙（ろ紙程度に吸水性のもの）で挟み，上から押しつけて液体をできるだけ除く。

ろ過した固体を移す作業は，ろ紙やガラスフィルターより面積がずっと大きい紙の上で行う（こぼれたときに処理しやすい）。

容器や風袋（ろ紙，薬包紙）の秤量は，最初と最後だけでなく操作の切れ目でも行う（量の異常な変化などに気づいてすぐ対応できる）。

⑤「薄層クロマトグラフィー（TLC）用に，少量の試料をとり分ける」

TLC板はガラスのものがよい。長さ5 cm，幅1〜1.5 cmほどで十分。展開容器にはジャムのびんなどが使える。底に滑り止め用のろ紙を敷き，壁の内側にろ紙の短冊を貼って蒸発を促す。TLC板には，あらかじめ始点と終点の線を鉛筆で軽く引いておく。試料は呈色用反応皿などで溶液にし，先端を平らに切ったキャピラリーで吸い上げ，TLC板の始点上に1.5〜2 mm間隔でスポットする。スポットは1回にとどめる（何度も打つと，展開後にスポットが重なり合って面倒）。展開の前，スポットがきれいにできていることをUV検出器で確かめる。

⑥「内容物を氷水に注ぎこむ」

氷を浮かべた水をかき混ぜながら，そこに少しずつ注ぐ。一気に入れると，不純物を含んだまま固まってしまう。

⑦「生成物を風乾する」

風乾については上に述べた。秤量までは，ろ紙がついたままでもよい。乾燥前の重量も必ず量っておく。

⑧「薄層クロマトグラムを作成せよ」

クロマトグラフィーは標準物質を使う比較分析だから，必ず複数の試料を同時に展開する。

2 β-ジメチルアミノプロピオフェノン塩酸塩の合成
（2006年大会準備問題。第35問）

名高い抗うつ剤のプロザックは，うつ症状を軽くするので「幸福の薬」とも呼ばれる。プロザックの活性成分フルオキセチンは，β-ジメチルアミノプロピオフェノンから4段階の反応で合成する。

β-ジメチルアミノプロピオフェノン　　　　　　フルオキセチン（プロザック）

　三つ以上の物質が段階的に反応する変換は，通常，いくつかの段階ごとに中間生成物を単離精製する（そういう分割をしないと，生成物が複雑な混合物になりやすい）。この連続操作をひとつの容器内で行える合成をワンポット合成という。それと似て，数種類の原料を入れた容器内で進む連続反応をマルチコンポーネント反応（MCR）と呼ぶ。医薬品の製造に利用される人名反応のひとつマンニッヒ反応も，3種類の原料を使って1種類の化合物をつくるマルチコンポーネント反応になる。

　β-ジメチルアミノプロピオフェノンの合成にもマンニッヒ反応を使う。アセトフェノンの存在下，パラホルムアルデヒド（HCHOの重合物）とジメチルアミン塩酸塩を混合すれば，β-ジメチルアミノプロピオフェノンができる。

[試薬] アセトフェノン，濃塩酸，ジメチルアミン塩酸塩，パラホルムアルデヒド，エタノール，ジエチルエーテル，ヘキサン，メタノール，酢酸エチル，炭酸水素ナトリウム，アセトン，過マンガン酸カリウム，塩化亜鉛(II)，塩化鉄(III)，硝酸銀，水酸化ナトリウム，アンモニア水，2,4-ジニトロフェニルヒドラジン，濃硫酸

[器具] 25 mL 丸底フラスコ，50 mL 三角フラスコ，スターラー，温度調節器，マントルヒーター，砂，スタンド，クランプ，クランプホルダー，融点測定器，融点用キャピラリー，攪拌子，還流冷却器，ホース，ブフナー漏斗，吸引びん，ガラス棒，ろ紙，100 mL ビーカー，ガラスの TLC 板（シリカゲル 60F$_{254}$，層厚：250 μm），TLC 用キャピラリー，フタつき展開容器，紫外ランプ

[実験手順]

　ドラフト内でアセトフェノン 2 mL，ジメチルアミン塩酸塩 0.65 g，パラホルムアルデヒド 1.76 g を，25 mL 丸底フラスコに入れる。そこに 4 mL の 95% エタノールを加えたあと，① 40 μL の濃塩酸を加える。撹拌子を入れ，② フラスコに還流冷却器を取りつけたあと，120 ℃ に予熱しておいた ③ 砂浴にフラスコを入れ，2 時間の加熱還流をする。

　反応混合物を 50〜80 ℃ まで冷やし，小さな三角フラスコに注ぎ入れる(生成物がピペット内で固まりやすいため，ピペットは使わない)。フラスコにアセトン 16 mL を加えたあと室温まで冷やし，ガラス棒でかき混ぜる。

　反応混合物を氷浴につけて結晶化させたあと，吸引びんにつないだブフナー漏斗でろ過し，固体を 4 mL のアセトンで洗う(フラスコ内に残った固体を移すため 1 mL のアセトンを使ってもよい)。④ 漏斗上で最低 20 分間，生成物を乾燥させたあと，生成物の質量を測り，⑤ 融点を測る。

　TLC 展開用に，⑥ 塩になっていないアミンを，炭酸水素ナトリウム水溶液を使って有機層に抽出する。まず約 0.1 g の生成物を蒸留水に溶かし，溶液を小さな分液漏斗に移す。次にジエチルエーテルを加え，水層を炭酸水素ナトリウム水溶液で中和する。液性(酸性・アルカリ性)は pH 試験紙で確かめる。こうして得た TLC 用の有機層を，酢酸エチル：ヘキサン(体積比 2：1)または酢酸エチル：メタノール(体積比 2：1)で TLC 展開する。

[定性試験]

　以下の試験を行い，観察結果をまとめよ。

1. バイヤー試験(オレフィンやアセチレン基の検出)

　生成物 30 mg を 2 mL の水に溶かし，その溶液に 0.1 mol L^{-1} 過マンガン酸カリウム水溶液を滴下する。

2. ルーカス試験(第一級・第二級・第三級アルコールの検出)

　塩化亜鉛 136 g を濃塩酸 89 mL に氷冷下で溶かし，ルーカス試薬をつくる。試験管に生成物 30 mg を入れ，ルーカス試薬 2 mL を加える。不溶性の塩化アルキルが油層か乳濁液になる(塩化アルキルの生成には時間がかかる)。

3. 塩化鉄試験(フェノール類の検出)

　水 2 mL か，エタノールと水の混合溶媒 2 mL に生成物 30 mg を溶かし，2.5% 塩化鉄(III)水溶液を 3 滴まで加える。フェノールがあると赤や青，紫，

緑に呈色し，エノールがあると赤や紫，茶褐色に呈色する。

4. トレンス試薬(アルデヒドの検出)

きれいな試験管に，5% 硝酸銀水溶液 2 mL と 10% 水酸化ナトリウム水溶液 1 滴を加える。よく振り混ぜながら，酸化銀の褐色沈殿がちょうど溶解するまで 2 mol L^{-1} アンモニウム水を 1 滴ずつ加える。

調製した試薬の全量に生成物 30 mg (液体なら 1 滴) を加えて試験管を振り混ぜ，室温のもとで 20 分ほど放置する。何も起きない場合は，35 ℃ の水入りビーカー中で 5 分間，試験管を加熱する。

（注）トレンス試薬は，保存中に爆発性の物質ができる恐れがあるため，必ず実験直前に調製する。反応液も保存しない。

5. 2,4-ジニトロフェニルヒドラジン試験(アルデヒドとケトンの検出)

2,4-ジニトロフェニルヒドラジン 3 g を濃硫酸 15 mL に溶かし，それを水 20 mL と 95% エタノール 70 mL の混合溶媒によくかき混ぜながら加え，2,4-ジニトロフェニルヒドラジン試薬をつくる。

固体生成物 100 mg を 95% エタノール 2 mL に溶かし，それをジニトロフェニルヒドラジン試薬 2 mL に加えて，試験管をよく振り混ぜる。沈殿がすぐできなければ，溶液を室温に 15 分ほど放置する。

[結果の整理]

●試薬と生成物（計算過程も書く）

試 薬 (物質名)	分子量	使用量 g または mL	使用量 mmol	当量	物理的性質
アセトフェノン					
ホルムアルデヒド					
ジメチルアミン					
塩化水素					

生成物（モル質量 = _____ g mol^{-1}）
重量：_____ g
収率：_____ %

●融点：_____ ℃（測定値）　　_____ ℃（文献値）

- R_f 値（各スポットの大きさと形状も記録。計算過程も書く）
- 定性試験の結果

試験に使った試薬	試験の結果	
	観察結果	予想した結果
1. KMnO₄ (バイヤー試験)		
2. HCl, ZnCl₂ (ルーカス試験)		
3. FeCl₃ 水溶液		
4. AgNO₃/NaOH/NH₃ (トレンス試薬)		
5. 2,4-ジニトロフェニルヒドラジン試験		

問　マンニッヒ反応の典型的な進みかたを下に描いた。段階を追って反応を説明せよ。また，実験で起きた反応も，電子対の矢印を使ってメカニズムを説明せよ。

（注）破線の枠内に描いたジカチオン（正電荷2個の状態）は，生じても濃度がきわめて低いと思えるため，次の破線枠のような遷移状態を通る反応が進むと考えてもよい。

―――――――― 解　説 ――――――――

　前問と同じく，カルボニル化合物の反応を扱った実験。ただし前問とはちがって，典型的な反応条件を使う合成だといえる。

　実習・習熟すべき基本的な実験操作のうち，前問に登場しなかったものには，「還流操作」，「液-液抽出と酸塩基抽出を利用する極性有機分子の単離精製」，「融点測定」，「有機定性分析」がある。

　カルボニル化合物と窒素官能基からC=N二重結合ができる反応は，弱酸性のもとで進む。弱酸性だと，カルボニル基の酸触媒作用が活性化され，ある程度は遊離アミノ基が存在でき，脱水→二重結合生成が起こる。

　有機の定性分析も，指導者から学んでおきたい。2,4-ジニトロフェニルヒドラジンは，アルデヒドとただちに反応して難溶性のヒドラゾンになる。これは定性試験というより，結晶性物質への誘導と結晶化，続く分解(ほぼ純粋なアルデヒドに戻す)という精製方法の一部をなす。

　本文中に下線をつけた部分の解説をしておこう。
① 「40 μLの濃塩酸を加える」
　40 μL(0.04 mL)は，ピペットの先から落ちる液体1滴の体積に等しい(濃塩酸を1滴加えるという意味)。試薬の添加は油浴上でしないのが望ましいが，やむをえないときは細心の注意を払って行う。
② 「フラスコに還流冷却器を取りつけ」
　本実験では，ジムロー冷却器かアリン冷却器を使う。どちらにしても，冷却水の入口・出口の区別(水を流す方向は決まっていて，逆にしたら抜けやすい)，冷却管接合部の抜けを防ぐ工夫なども評価の対象になる。
③ 「砂浴」
　油浴やマントルヒーターでも代替可。温度の測定は油浴(液体中)のほうが

やりやすい。電熱式も，裸火を使う温度制御も経験してほしい。
④「漏斗上で最低 20 分間，生成物を乾燥させたあと」
　漏斗から出さなくてもよい…くらいの意味。
⑤「融点を測る」
　融点測定に先立ち，結晶試料は吸収板上で押しつぶし，微粉末にしてからキャピラリーに詰める。融点付近では昇温速度を毎分 1 ℃ 程度とし，融け始めと融け終わりを記録する。測定は 0.1 ℃ きざみで行い，論文などには 0.5 ℃ きざみで書く。
⑥「塩になっていないアミン」
　遊離の(フリーな)アミノ基をもつ化合物の意味。アミンは塩の形で精製や保存をし，使用直前に酸塩基抽出で官能基をフリーにすることが多い。

　本問のように理論的な内容を問い，実験の中身をどれほどつかんでいるかを試す実験課題も多い。合成に限らないが，流れ図や反応式をもとに，反応段階それぞれで何が起きるのかを考えつつ操作を進めよう。

A〜E には以下の化学式が入る。

A, B, C, D, E の化学構造式

4.2 高分子の実験課題

3 アクリル樹脂のリサイクル（2004年大会準備問題。第38問の抜粋）

廃棄ポリマーをモノマー（単量体＝重合原料）に分解し，再び重合する方法は，リサイクルの理想形となる。とりわけ，汚れたプラスチックや，多様な着色物が混ざったり添加剤を含んでいたりするプラスチックには役立つ。ただし，加熱でモノマーを回収できるビニルポリマーは多くはない。

ポリメタクリル酸メチル（PMMA。アクリル樹脂の代表）は150 ℃でモノマーに分解し始める。300〜350 ℃では分解が定量的に進み，いろいろな長さの断片分子ができる（Me＝CH₃）。

PMMAの熱分解では，第四級の炭素原子から第三級のラジカルが生じる。第三級のラジカルは，第二級や第一級のラジカルより反応性が乏しい。そのため，第二級・第一級ラジカルのような再結合をしにくく，分解反応が進みやすい。熱分解で得たモノマーを精製ののち重合させると，分解前のポリマーと見分けがつかないポリマーを再生できる。

[器具] ブンゼンバーナー，試験管2本(約3 cm径)，試験管に合う穴あきゴム栓，ゴム栓の穴に差しこむ屈曲ガラス管(約0.5 cm径)，試験管(約2.0 cm径)，その試験管に合う穴あきゴム栓，ゴム栓の穴に挿すまっすぐなガラス管(約0.5 cm径。還流冷却器となる)，冷却用の氷浴，温度計つき蒸留装置と蒸留用50 mLフラスコ，加熱用プレートと砂浴またはマントルヒーター，スタンド

[試薬] ポリメタクリル酸メチル粉末30 g，廃ポリメタクリル酸メチル(粉砕した車の尾灯カバーなど)30 g，過酸化ジベンゾイル($C_{14}H_{10}O_4$) 0.6 g

[安全指針] 操作はドラフト内で行う。生じるメタクリル酸メチルを吸わないよう，皮膚にも触れないよう注意する。メタクリル酸メチルは刺激性があって引火性が高い。過酸化ジベンゾイルは刺激性で爆発性。

[実験手順]
　重さを測った空の試験管に廃ポリメタクリル酸メチルの断片を約3分の1まで入れ，再び重さを測る。下図のように装置を組み，スタンドにクランプで固定する。

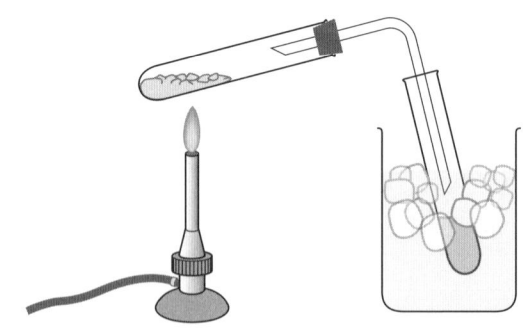

図　PMMAの熱分解装置

　ブンゼンバーナーで廃プラスチック入りの試験管を注意深く熱する(ブンゼンバーナーを常に動かして均一に加熱し，液化プラスチック内に泡ができないようにす

る)。融解物中に泡ができたら強熱して消せるが,過熱にならないよう注意。過熱になると融解物から泡が次々と生じ,蒸気が液化できなくなる。冷却用試験管内には果実臭をもつ凝縮液がたまる。この液体がさまざまな着色を示すのは,廃プラスチックに混ぜてあった色素成分のせい。

　試験管内の凝縮液を蒸留フラスコに移し,沸騰石を入れて砂浴上に固定する。砂の高さは内液の液面にほぼそろえる。大気圧下で蒸留し,メタクリル酸メチルのモノマー(無色)を回収する。メタクリル酸メチルの沸点を測っておく。得られたメタクリル酸メチル8gを乾燥した大きな試験管に入れ,0.6gの過酸化ジベンゾイルを加えたのちガラス棒でかき混ぜる。まっすぐなガラス管(冷却管)を差したゴム栓で試験管にふたをする。試験管をスタンドに固定し,混合物をブンゼンバーナーの弱火で熱すると,発熱反応を起こして,泡を含む硬いプラスチックがたちまちできてくる。

[廃棄物] 分解に使った試験管は同じ実験でまた使える。試験管内にプラスチックが残っていても次回の反応には影響しない。

[想定される失敗とその対策] 回収したメタクリル酸メチルの重合が起きないようなら,混合物を湯浴中で約10分間熱してみる。

問1. 精製メタクリル酸メチルの収量は何gだったか。
問2. メタクリル酸メチルの理論収量は何gか。
問3. 収率(収量÷理論収量)は何%か。
問4. メタクリル酸メチルの沸点は何℃だったか。
問5. 過酸化ジベンゾイルの分解(開始反応)も含め,重合の反応式を書け。

─────── 解　説 ───────

　廃ポリメタクリル酸メチル(PMMA)からは,収率90%以上で粗メタクリル酸メチルが得られる。操作はむずかしくないが,ドラフト内で行う操作に慣れておきたい。メタクリル酸は有害で不快な刺激臭をもつ。蒸気は吸わないようにし,手にもポリ手袋をする。

　廃PMMAが入手しにくいなら,アクリル板を2mmほどの小片にする。薄いアクリル板は金槌でたやすく砕ける(小片の飛散に注意)。

　適量のPMMAを試験管に入れて全体を熱すると,濡れたようになって融け始める。気体が発生し,煙も少し混じる。氷冷の試験管に液体がたまり始

めるが，加熱の試験管内に黒い炭もでき始めるので，バーナーを遠ざけたり炎の位置を変えたりしながら分解させる。淡い黄色の液体をためる。黒い液体がで始めたら操作を終える。

問 2. メタクリル酸メチルの理論収量は，廃 PMMA の質量そのものになる。開始剤の重量は考えなくてよい。

問 4. メタクリル酸メチルの沸点は約 101 ℃ だから，その付近で温度変化を注意深く観察して読みとる。蒸留操作は，粗メタクリル酸メチルが含む廃 PMMA 中の添加物や解重合不十分な PMMA を除き，純粋なメタクリル酸メチルを単離するために行う。

問 5. 重合反応は以下のように書ける。

① 開始剤の熱分解

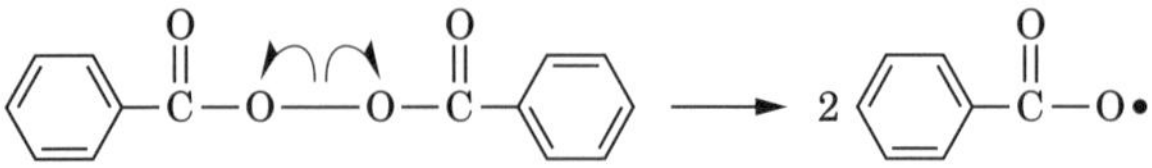

② モノマーラジカルの生成

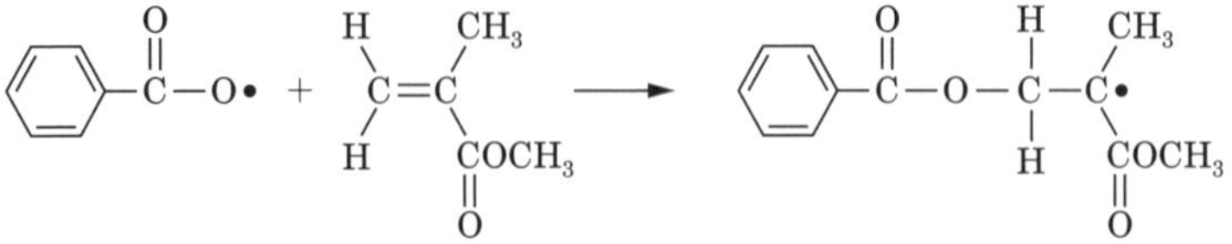

③ ポリマー鎖の生長（連鎖反応）

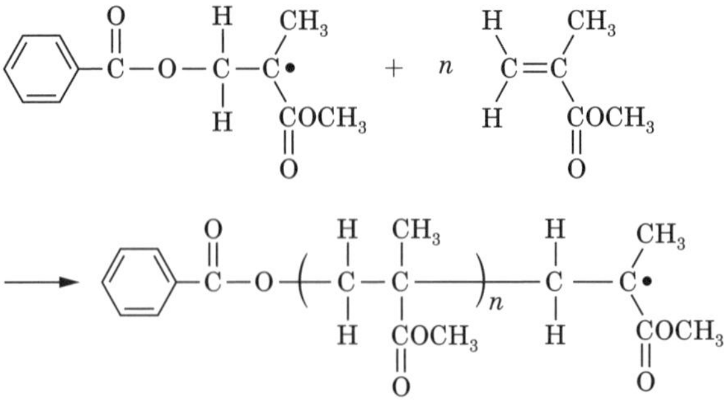

④ 連鎖反応の停止（たとえば，ラジカルの再結合）

$$R\bullet + \bullet R \longrightarrow R-R$$

R• は，次の状態を表す。

【備考】生長反応の途中で不均化反応や連鎖移動反応が起き，重合が止まることもある。

4 高分子の分子量決定（2006年大会準備問題。第33問の抜粋）

　融点（約60℃）の低い生分解性ポリエステルのポリカプロラクトン（PCL）は，2-エチルヘキサン酸スズ(II)（オクタン酸第一スズ）などを触媒に使うε-カプロラクトン（ε-CL）の開環重合（ROP = ring-opening polymerization）で合成する。PCLにデンプンを混ぜると，生分解性ゴミ袋の原料になる。

　PCLは常温・常圧のもとでエステル結合が加水分解されるため，医用材料への期待も集まる。ヒト体内のドラッグデリバリー材料，縫合糸，癒着壁や組織再生修復用の足場素材などにも使える。薬物の放出制御や，目標部位だけに運ぶドラッグデリバリーシステム実現に向け，いろいろな物質をPCLビーズに封入することが試みられている。

　近年，天然のアミノ酸と一緒に熱すればε-CLのROPが進むとわかった。

　4種類の反応時間でROPを行い，さまざまな分子量のポリマーを合成しよう。生成物の重合度（DP = degree of polymerization）はかなり低く，また，各ポリマー分子は中和滴定のできる末端基をもつ。そのため，末端基の分析により，ポリマーの平均分子量が求められる。

　分子量を決める実験では，ポリマーの滴定に適した溶媒を見つけるのが課題となる。PCLの場合，体積比1：4のイソプロピルアルコール/1,4-ジオキサン混合溶媒を使い，KOHで滴定可能。指示薬には，1％フェノールフタレ

インのピリジン溶液を用いる。ポリマーの数平均分子量 M_n は，試料の重量と末端基の量から次式で計算する。

$$M_n = \text{ポリマーの重量(g)} \div \text{末端基の量(mol)}$$

重合時間 t での重合度 DP は，分子量 M_t と，モノマー単位の分子量 M_0 から DP $= M_t/M_0$ と計算できる。

[試薬] L-アラニン，ε-カプロラクトン，水酸化カリウム，テトラヒドロフラン (THF)，メタノール，イソプロピルアルコール，1,4-ジオキサン，1%フェノールフタレイン/ピリジン溶液

[器具] 感度 0.01 g 以上の秤，50 mL フラスコ 4 個，250 mL ビーカー 4 個，試験管，50 mL ビュレット，パスツールピペット，油浴，ホットプレートつきスターラー，真空加熱乾燥装置，mg まで量れる秤

[実験手順]

操作 1：溶媒なしの開環重合

1. 50 mL 丸底フラスコ 4 個のそれぞれに L-アラニン 0.13 g (1.5 mmol) と ε-カプロラクトン 5.13 g (45 mmol) を入れてよく混ぜたあと，油浴中 160 ℃ でかき混ぜる。加圧にならない装置を組んで，フラスコを窒素ラインにつなぐ。

2. 反応開始から 1 時間後，5 時間後，12 時間後，24 時間後にフラスコを 1 個ずつ油浴からとり出し，室温まで冷やす。反応混合物をテトラヒドロフラン 5 mL に溶かし，メタノール/水 (体積比 4/1) の混合溶媒 80 mL に注いでポリマーを沈殿させる。

3. 沈殿したポリマーをろ別し，真空オーブン (加熱乾燥装置) 内で乾燥させる (数時間)。乾燥ポリマーの重量を量る。

操作 2：KOH による滴定

1. イソプロピルアルコール/1,4-ジオキサン混合溶媒を使い，滴定用の KOH 溶液 (約 0.008 mol L^{-1}) を調製する。

2. 上記で得たポリマー試料それぞれを，イソプロピルアルコール/1,4-ジオキサン混合溶媒 5.0 mL に溶かす。ポリマー溶液から 1.0 mL をとり分け，1% フェノールフタレイン/ピリジン溶液を 4 滴加え，KOH 溶液で滴定する。滴定は何度か繰り返す。

3. 滴下体積の平均値から平均分子量 (g mol^{-1}) を計算する。

4. 別のポリマー試料についても操作 **2** と **3** を繰り返す。

ここでは，24 時間後にはモノマーの全部が消費され，アラニンはすべてポリマーにとりこまれるとして計算する。

問 1. アラニンがカプロラクトンと反応したとき，生じる化合物の構造を描け。また，KOH で滴定する理由を説明せよ。

問 2. 反応開始から 1 時間後，5 時間後，12 時間後，24 時間後に得られたポリマー試料について，収量，KOH の滴下量(mol)，ポリマー鎖の数，ポリマーの数平均分子量(M_n，g mol^{-1})，重合度 DP を計算せよ。

問 3. 反応開始から 1 時間後，5 時間後，12 時間後，24 時間後に得られたポリマーの構造式を描け。ポリマー鎖中の繰り返し単位は下記のように表す。

(例) 11-アミノウンデカン酸の表記

$$H_2N-[]_{10}-COOH$$

― 解 説 ―

重合反応では，まずアミノ酸のアミノ基が ε-カプロラクトン (ε-CL) のカルボニル炭素を攻撃し，アミド結合をつくる。同時に ε-CL は開環し，末端にヒドロキシ基をもちアミノ酸が結合した分子になる(重合の開始)。生じたヒドロキシ基は，新たな ε-CL のカルボニル炭素を攻撃するから，開環して末端にヒドロキシ基をもつ鎖が伸びていく。

反応に使ったアミノ酸の全部が重合開始剤となり，ε-CL もすべて重合するため，仕込んだ ε-CL とアミノ酸のモル比で重合度を制御でき，高分子の分子量も予測できる。たとえば ε-CL：アミノ酸のモル比が 30：1 なら，分子量は次のようになる。

(繰り返し単位の式量)×30 ≒ 3.1×10^3

指示どおりに操作すれば高分子ができる。窒素気流中でなく，窒素ガスを入れた風船を反応管につけても重合は起こる。

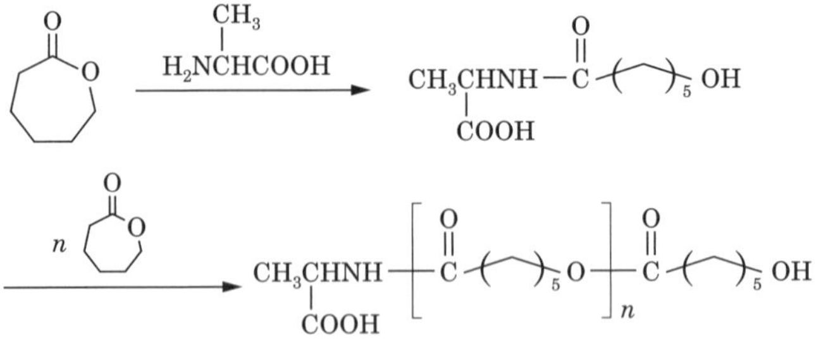

$$\underset{\text{(第1段階)}}{\overset{O}{\bigcirc}} \xrightarrow{\underset{\text{H}_2\text{NCHCOOH}}{\overset{\text{CH}_3}{|}}} \text{CH}_3\underset{\underset{\text{COOH}}{|}}{\text{CHNH}}-\overset{O}{\overset{\|}{\text{C}}}()_5\text{OH}$$

$$\xrightarrow{n \overset{O}{\bigcirc}} \text{CH}_3\underset{\underset{\text{COOH}}{|}}{\text{CHNH}}-\left[\overset{O}{\overset{\|}{\text{C}}}()_5 O\right]_n \overset{O}{\overset{\|}{\text{C}}}()_5\text{OH}$$

問1. 上図の第1段階で生じる物質を指す。KOH で滴定するのは,生じた高分子の末端にあるカルボキシ基の数を中和滴定で求めるため。高分子を溶かせる溶媒に KOH がよく溶けることも理由のひとつ。

問2. 指示のとおりに計算すればよい。

問3. 問2で得た n を,上図の第2段階で生じるポリマーの式に代入する。

4.3 反応速度の実験課題

5 カタラーゼの酵素反応速度（2006年大会準備問題。第36問の抜粋）

触媒反応は,化学と化学産業のほか,生化学でも大きな役割を演じる。生化学反応の触媒を酵素という。ジャガイモ汁が含むカタラーゼによる過酸化水素の分解（$2H_2O_2 \longrightarrow 2H_2O + O_2$）について,ミカエリス–メンテン型の反応速度を調べよう。1分子のカタラーゼは,毎秒4000万個もの過酸化水素分子を分解できる。

[試薬・材料] 過酸化水素,新鮮なジャガイモ,カタラーゼ,（中性）洗剤水溶液,ポリ手袋

[器具] ミキサー,氷浴,沸騰した湯浴,チーズクロス（搾り布）,ビュレット,ゴム栓（ビュレット用）,三角フラスコ,ゴム栓（三角フラスコ用［管つき］）,ゴム管,ゴムスポイト

[実験手順]

1. 30% の過酸化水素水を脱イオン水で薄め,0.5, 1, 2, 3, 4, 6% の過酸化水素溶液をつくる。

2. ジャガイモにほぼ同じ重さの水を混ぜてミキサーにかけ,汁をつくる。

チーズクロスで汁を搾り，氷浴に入れておく。

3. 過酸化水素水それぞれの 30 mL に 2 mL のジャガイモ汁を加えて振る。対照には 30 mL の脱イオン水を使う。振りかたはなるべく同じにする。

4. 下図の装置を使い，発生した酸素の体積を室温で測る。ゴム球でシャボン玉をつくり，一定体積(たとえば 20 mL)の酸素をつくるのに必要な時間を測る。下図は，ビュレットのコックを外してコックの穴をゴム栓でふさぎ，反対の穴をゴム管につないで，洗剤溶液入りのゴムスポイトをビュレット先端につけるところ。気体が漏れないよう，きちっとはまるものを使う。

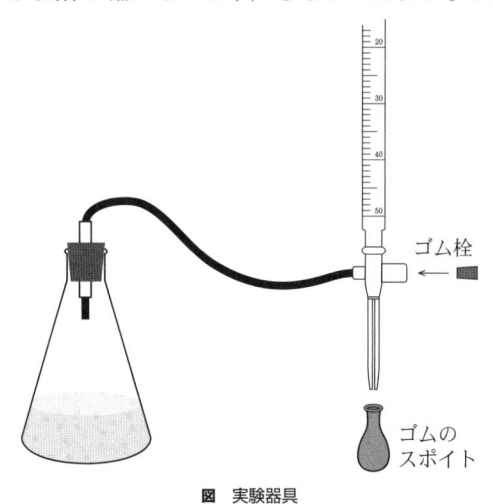

図 実験器具

5. 沸騰湯浴で 10 分間加熱した(酵素を変性させた)ジャガイモ汁を使い，6% 過酸化水素溶液で同じ実験を行う。

6. 純粋なカタラーゼが用意できれば，濃度のわかっている(たとえば 1 mmol L^{-1} の)カタラーゼを使い，すべての実験を繰り返す。

問1. 過酸化水素の濃度[S](mol L^{-1} 単位)を計算せよ。

問2. それぞれの[S]につき，測定時間内に生じた酸素の量(mol 単位)を計算せよ。

問3. それぞれの[S]に対する反応速度 v (mol s^{-1} 単位)を計算せよ。

問4. [S]に対して v をプロットし，最大値に近づくかどうか確かめよ。

問5. K_M と v_{max} を求めるためのラインウィーバー–バークプロットを描け。

問6. 酵素の総濃度 $[E]_{total}$ と $v_{max} = k_2[E]_{total}$ の関係から，速度定数 k_2 を計算せよ。カタラーゼは1秒間に何回の反応を進めるか。

―――― 解 説 ――――

酵素の能力は，ミカエリス定数 K_M と最大反応速度 v_{max} に反映される。本実験はフラスコ内の酵素反応を扱う。反応式からは2分子の過酸化水素が反応しているように見えても，一次反応の速度式に表せて，ミカエリス-メンテン型の速度式が使える。ミカエリス-メンテン型の酵素反応は，「物理化学」の筆記試験(p.87)にあるので参照しよう。

実験では次のことに注意する。

① 高濃度の過酸化水素水はポリ手袋をして扱う。

② ジャガイモは皮をむき，おろし金でおろし精製水を加えたあと手ぬぐいでこしてもよい。鮮度が悪いとよいデータは出ない。汁は変色しやすいので，なるべく早く使う。

③ 気体の発生速度を測るには，ビュレットにシャボン玉をつくり，ゴム管側から空気を入れてスムースに上昇するのを確かめておく。泡の動きが悪いなら，薄めた洗剤をビュレットの上から少し流して壁面を濡らす。また，ゴム管やビュレットの先が塞がれていないか洗剤で調べる。

④ 反応速度にはかき混ぜの度合いが大きく効くため，三角フラスコの首をもって均一に回すように振る。

問1. 過酸化水素の濃度は，密度を $1.0\,\mathrm{g\,mL^{-1}}$ とみて計算する。

問2. 大気圧・室温のもと，一定体積の発生に要する時間を測る。気体の状態方程式から酸素の量を計算できる。

問3. 反応速度 v は，問2で求めた酸素の量を，発生に要した時間で割って求める。濃度[S]のそれぞれについて v を計算する。

問4. 実測例を図に示す。[S]の増加につれ v が最大値に近づけば問題ないが，そうならないなら実験をやり直す。図1は基質も触媒も共通だが，かき混ぜの度合いなどが反応に差をつけている。

問5. ラインウィーバー-バークプロットから K_M と v_{max} を得る(図2)。

　　数回の実験をして，$K_M \fallingdotseq 0.5\,\mathrm{mol\,L^{-1}}$，$v_{max} \fallingdotseq 3\times 10^{-3}\,\mathrm{mol\,L^{-1}\,s^{-1}}$ を得た。

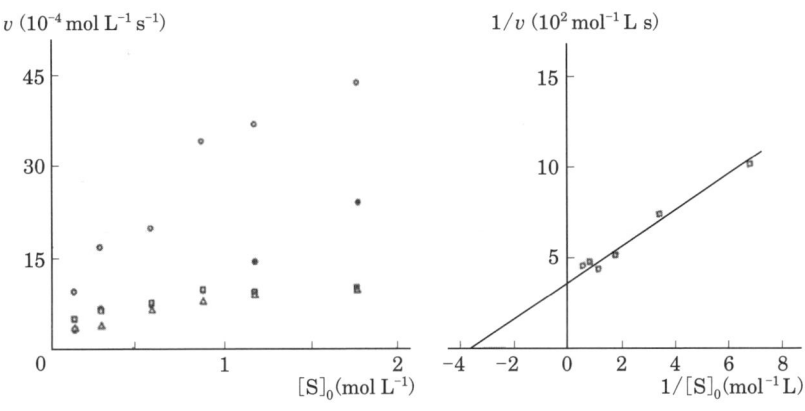

図1. 過酸化水素の仕込み濃度と O_2 発生の初期速度 (1013 hPa, 27 ℃)

図2. ラインウィーバー–バークプロット

問6. 純粋なカタラーゼを使って同様な実験をすれば $[E]_{total}$ を算出でき，$v_{max} = k_2[E]_{total}$ から酵素反応の速度定数 k_2 がわかる（注：準備問題には速度定数を k_3 と書いてあるが，「物理化学」p. 85 の表記に合わせ k_2 とした。ラインウィーバー–バークプロットについても「物理化学」を参照）。

カタラーゼ分子が1秒間に何個の分子を処理するかは，（生成物の量 mol）÷（酵素の量 mol）÷（時間 s）で計算できる。課題の導入部には「毎秒4000万分子」とあるけれど，$2 \times 10^5 \, s^{-1}$（毎秒20万分子を処理）という文献値もある。後者のほうが現実に近いだろう。

4.4 酸化還元分析の実験課題

6 滴定によるアスコルビン酸の定量（2003年大会。課題2を抜粋・改変）

アスコルビン酸（通称ビタミンC $[C_6H_8O_6]$。以下 $AscH_2$ と略記）は弱酸で，下記の2段階解離を示す。

$$AscH_2 \rightleftharpoons AscH^- + H^+ \qquad K_{a1} = 6.8 \times 10^{-5} \, mol \, L^{-1}$$
$$AscH^- \rightleftharpoons Asc^{2-} + H^+ \qquad K_{a2} = 2.7 \times 10^{-12} \, mol \, L^{-1}$$

アスコルビン酸はたやすく酸化されてデヒドロアスコルビン酸になる。その電子授受反応は次式に書ける。

$$C_6H_8O_6 \rightleftharpoons C_6H_6O_6 + 2H^+ + 2e^-$$

アスコルビン酸($C_6H_8O_6$)　　デヒドロアスコルビン酸($C_6H_6O_6$)

　アスコルビン酸を酸化還元滴定で定量するには，滴定試薬としてヨウ素酸カリウム KIO_3 をよく使う。1 M HCl (M = mol L^{-1}) 中で滴定すると，次の反応が進む。

$$3C_6H_8O_6 + IO_3^- \rightarrow 3C_6H_6O_6 + I^- + 3H_2O$$

　滴定の終点では，溶液中に生じたヨウ化物イオンが過剰のヨウ素酸イオンと反応して，ヨウ素 I_2 になる。ヨウ素がデンプン溶液を青くする現象から，終点を判定できる。

$$IO_3^- + 5I^- + 6H^+ \rightarrow 3I_2 + 3H_2O$$

[試薬] ヨウ素酸カリウム溶液(モル濃度を試薬びんに表記)，2 M 塩酸，デンプン溶液

[器具] 50 mL ビュレット 1 本，ビュレット台，クランプ，250 mL メスフラスコ 1 本，250 mL 三角フラスコ 3 個，メスシリンダー(25 mL または 50 mL)，デンプン溶液入りの滴びん，500 mL 脱イオン水，25 mL ホールピペット 1 本，ゴム製の安全ピペッター

[実験手順]

　ビュレットの準備：ビュレットは脱イオン水で少なくとも 3 回洗う。ヨウ素酸カリウム溶液で共洗いを 2 回したのち，ヨウ素酸カリウム溶液(滴定液)を入れる。滴定液の初期体積($V_{initial}$)を記録せよ。

　試料の滴定：濃度未知の試料溶液をきれいな 250 mL メスフラスコに入れる。自分の試料溶液の番号を記録しておく。脱イオン水で標線まで希釈し，よく振り混ぜる。試料溶液 25.00 mL をホールピペットで 250 mL 三角フラスコに入れ，2 M 塩酸 25 mL をメスシリンダーで加える。40 滴のデンプン溶液を加え，滴下で現れた青色が消えなくなるまでヨウ素酸カリウム溶液を滴下する。当量点の滴定液の体積(V_{final})を記録せよ。十分と思える回数の滴定を繰り返す。試料溶液のアスコルビン酸濃度(mg $C_6H_8O_6$ mL^{-1})を計算せよ。ビュレット内の滴定液はそのつど補充する。

問1. 滴定を 5 M 塩酸中で行うと，次式の反応が進む。
$$C_6H_8O_6 + IO_3^- + H^+ + Cl^- \rightarrow C_6H_6O_6 + ICl + H_2O$$
上記の化学式それぞれに係数をつけ，解答欄に記入せよ。

問2. 配布されたアスコルビン酸溶液 25.00 mL の滴定に要する KIO_3 溶液の体積が，1 M HCl 中で V_1，5 M HCl 中では V_2 だったとき，V_1 と V_2 の間には一定の関係が成り立つ。正しい関係は次のどれか。

① $V_2 = \dfrac{3}{2} V_1$　　② $V_2 = \dfrac{2}{3} V_1$　　③ $V_2 = V_1$　　④ その他

― 解 説 ―

大学の化学や論文中では濃度の単位 mol L^{-1} を，簡単に書ける大文字 M で代用することが多い。初めて出合ったときあわてないよう，記号 M を使っている実験課題を紹介した。

滴定操作やメスフラスコの扱いにはよく慣れておきたい。共洗いの意味や，ビュレットの目盛と有効数字の関係もつかんでおこう。

滴定操作を繰り返すときは，そのつど溶液を入れ，ビュレットのほぼ同じ部分を使うようにする。同じ試料を何度か滴定し，滴下量の差が 0.03 mL 以内に納まるのが理想。

アスコルビン酸は安全で後処理もしやすく，オリンピックの頻出素材だから，何度も実験してみるとよい。過去 8 年間の準備問題だけ見ても，37 回大会の**第31問**(ビタミンC錠のアスコルビン酸定量)，39 回大会の**第29問**(アスコルビン酸水溶液の濃度を決め，それを標準溶液にして鉄を分析)，40 回大会の**第34問**(錠剤からビタミンCを単離し含有量を計算)，同大会の**第35問**(アスコルビン酸による酸化還元滴定)，44 回大会の第 32 問(アスコルビン酸の酸化反応速度決定)がある。

終点の判断にも注意しよう。終点で青色とはかぎらず，デンプンの種類によっては赤っぽい色になる。水溶性のデンプン試薬を購入して精製水に溶かし，上澄みだけを使えばきれいな青色がつく。また，溶液が青色になる点は当量を少し超えているため，1 滴前の滴下量を当量点とみてもよい。

アスコルビン酸分子のどの炭素が酸化されたかわかるよう，炭素の酸化数の決めかたを学んでおこう。電子授受反応式のつくりかたも同様。

問1. IO_3^- が I^+ になるので，① とりあえず両辺とも I の係数を 1 にする。

② +5価のIが+1価のIになるため，4個の電子e^-を左辺に足す。
③ 左辺にH^+を加え，両辺の電荷をそろえる。④ 右辺にH_2Oを足す。

以上より半反応式は次のように書けて，1 mol のIO_3^-が4 mol の電子e^-を受けとる。

$$IO_3^- + 6H^+ + 4e^- \rightarrow I^+ + 3H_2O$$

すなわち

$$2C_6H_8O_6 + IO_3^- + 2H^+ + Cl^- \rightarrow C_6H_6O_6 + ICl + 3H_2O$$

問 2. 1 M 塩酸中では 1 mol のIO_3^-が6 mol の電子を受けとるから$6V_1 = 4V_2$となって$V_2 = \dfrac{3}{2}V_1$（①）が正解。

なお，100 mL あたりのビタミンC量を「200 mg」「100 mg」と表示してある市販の健康飲料を滴定してみたところ，実測値は表示より少し多く，それぞれ「約210 mg」「約170 mg」だった。

4.5 無機重量分析の実験課題

7 研磨剤中の炭酸イオンとリン酸水素イオンの定量
（2007年大会。課題2の抜粋）

粉末の研磨剤は，Na_2CO_3，$CaCO_3$，Na_2HPO_4を含む。2種類の中和滴定で，炭酸イオンCO_3^{2-}とリン酸水素イオンHPO_4^{2-}を定量しよう。

まず，正確な量がわかっている過剰の塩酸を加えて試料を溶かし，リン酸水素イオンをH_3PO_4に，炭酸イオンをCO_2に変える。

CO_2は煮沸で除く。試料が含んでいたカルシウムイオンは溶液中に残り，以後の分析を妨害しかねないため，CaC_2O_4として沈殿させ，ろ別する。

次にリン酸を，2種類の指示薬ブロモクレゾールグリーン(BCG)とチモールフタレイン(TP)を使い，濃度既知のNaOHで滴定する。

最初の滴定でH_3PO_4を$H_2PO_4^-$にする（過剰なHClも中和する）。終点で溶液はやや酸性($pH \simeq 4.5$)になり，BCGが黄色から青に変わる。

二つ目の滴定では完全にHPO_4^{2-}とする。TPが無色から青に変わるところが終点($pH \simeq 10$の弱アルカリ性)。

試料が含んでいたCO_3^{2-}イオンの量は，以下二つの滴下量の差から出る。

① 試料を溶かすために加えたHClに相当する滴下量

② 二つ目の終点(TP の変色点)に対応する滴下量

HPO$_4^{2-}$ の含有量は，終点二つ(TP の変色点，BCG の変色点)における滴下量の差から計算する。

[実験手順]

段階 1. 試料の溶解，CO$_2$ の除去

粉末研磨剤の試料を時計皿で覆ったビーカーに入れ，約 1 mol L^{-1} の塩酸 10.00 mL を加える(ピペットを使って正確に。飛び散らないよう，時計皿を外さずに行う。塩酸の正確な濃度はラベルで確認)。激しい気体発生がほぼ収まったら，ホットプレート上で溶液(時計皿つき)を注意深く熱し，気体発生が終わるまで熱し続ける。最後に 2～3 分ほど沸騰させる。

段階 2. カルシウムの沈殿

ビーカーをホットプレートから下ろす。時計皿についた水滴を蒸留水でビーカーに回収する。1～2 mL の 15% K$_2$C$_2$O$_4$ 溶液をメスシリンダーからビーカーに加える。ビーカーは沈殿生成がほぼ終わるまで(10～20 分)脇に置いておく。待ち時間に，滴定用 NaOH 水溶液の濃度を決める(下記)。

段階 3. NaOH 溶液の濃度決定

塩酸 10.00 mL をピペットにとり，100 mL メスフラスコに移す。標線まで純水を加えて混ぜる。ビュレットに NaOH 溶液を入れる。ピペットを使い，薄めた塩酸 10.00 mL をメスフラスコから三角フラスコに移す。TP 溶液を 1～2 滴加えたのち，軽く振り混ぜたとき青色が 5～10 秒間つくようになるまで NaOH 水溶液を滴下する。

必要に応じて滴定を繰り返す。最大滴下体積と最小滴下体積の差が 0.10 mL 以内になることが必要。最終的な体積は精度 0.01 mL で記録する。

問 1. 解答用紙の表を完成させよ。

問 2. NaOH 溶液の濃度(mol L^{-1})を計算せよ。

段階 4. シュウ酸カルシウムのろ別

CaC$_2$O$_4$ の大部分が沈殿したら沈殿をろ過し，ろ液を 100 mL メスフラスコに集めながらろ過する。少量のシュウ酸カルシウムは滴定を妨害しないため，ろ液は少し濁っていてもよい。ろ紙を蒸留水で洗う。標線まで蒸留水を加えて混ぜ，溶液を調製する。ろ紙は指定容器に捨てる。

段階5. 指示薬にブロモクレゾールグリーン(BCG)を使う滴定

段階4で得た試料溶液 10.00 mL をピペットでメスフラスコからとり，三角フラスコに移す。BCG 溶液を3滴加える。別の三角フラスコに 15～20 mL の蒸留水を入れ，15% NaH_2PO_4 と BCG 溶液を3滴ずつ加えて基準(参照)溶液とする。基準溶液と同じ色になるまで，試料溶液に NaOH 溶液を滴下する。

問3. 解答用紙の表を完成させよ。

段階6. 指示薬にチモールフタレイン(TP)を使う滴定

段階4で得た試料溶液 10.00 mL をピペットでメスフラスコからとり，三角フラスコに移す。TP 溶液を2滴加える。軽く振り混ぜたとき青色が5～10秒間つくようになるまで，試料溶液に NaOH 溶液を滴下する。

問4. 解答用紙の表を完成させよ。

段階7. 計算

問5. 試料中の CO_3^{2-} の質量を計算せよ。

問6. 試料中の HPO_4^{2-} の質量を計算せよ。

段階8. 追加問題

以下の問いに答えよ。

問7. Ca^{2+} イオンが共存したまま試料の分析を行った場合，分析を妨害する反応をひとつ書け。

問8. 解答用紙の表に，各段階で起こりうるミスを列挙した。CO_3^{2-} や HPO_4^{2-} の含有量決定で，ミスが大小どちらの誤差を生じさせるか述べよ。誤差が生じない場合は「0」，真の値より大きい値になる場合は「＋」，真の値より小さい値になる場合は「－」を記入する。

【解答用紙】

問1. NaOH 溶液の濃度決定

滴定回	ビュレットの読み (滴下前，mL)	ビュレットの読み (滴下後，mL)	NaOH 溶液の滴下体積 (V_1, mL)
1			
2			
3			
NaOH 溶液の滴下体積(V_{1f}, mL)：決定値			

問2．NaOH 濃度の計算

計算式

$$c_{NaOH} = \underline{\qquad} \text{ mol L}^{-1}$$

問3．最初の滴定(指示薬 BCG)

滴定回	ビュレットの読み (滴下前，mL)	ビュレットの読み (滴下後，mL)	NaOH 溶液の滴下体積 (V_2, mL)
1			
2			
3			
NaOH 溶液の滴下体積(V_{2f}, mL)：決定値			

問4．二つ目の滴定(指示薬 TP)

滴定回	ビュレットの読み (滴下前，mL)	ビュレットの読み (滴下後，mL)	NaOH 溶液の滴下体積 (V_3, mL)
1			
2			
3			
NaOH 溶液の滴下体積(V_{3f}, mL)：決定値			

問 5. CO_3^{2-} の質量計算

計算式

$$m(CO_3^{2-}) = \underline{} \text{ g}$$

問 6. HPO_4^{2-} の質量計算

計算式

$$m(HPO_4^{2-}) = \underline{} \text{ g}$$

追加問題

問 7.

問 8.

ミス	段階	誤　差	
		CO_3^{2-} 含有量	HPO_4^{2-} 含有量
CO_2 の除去が不完全	1		
$K_2C_2O_4$ の用量が過剰	2		
終点判定が遅すぎ(滴下しすぎ)	3		
CaC_2O_4 のろ過で洗浄が不十分	4		
滴下しすぎ	5		
滴下しすぎ	6		

（酸解離の pK_a 値）

H_2CO_3 　　pK_{a1} = 6.35,　　pK_{a2} = 10.32

$H_2C_2O_4$ 　　pK_{a1} = 1.25,　　pK_{a2} = 4.27

●───────────────〔 解　説 〕───────────────●

　操作の流れを整理しよう。最初の塩酸処理では，以下の反応 ①〜③ が進み，生じる気体の CO_2 は系外に出てしまう。

$$Na_2CO_3 + 2HCl \rightarrow 2NaCl + H_2O + CO_2 \qquad ①$$

$$CaCO_3 + 2HCl \rightarrow CaCl_2 + H_2O + CO_2 \qquad ②$$

$$\text{Na}_2\text{HPO}_4 + 2\text{HCl} \rightarrow 2\text{NaCl} + \text{H}_3\text{PO}_4 \qquad ③$$

次に，以後の滴定を妨害する Ca^{2+} を，シュウ酸塩として沈殿させ，ろ別する（カルシウム量の決定にもなる）。

$$\text{CaCl}_2 + (\text{COOK})_2 \rightarrow 2\text{KCl} + \text{Ca(COO)}_2 \qquad ④$$

こうして，塩酸酸性の試料溶液が調製できた。それに NaOH 水溶液を加えて段階的に以下の反応を進ませ，⑥ と ⑦ を完結させるのに必要な NaOH の量を指示薬の色変化で判断する。

$$\text{HCl} + \text{NaOH} \rightarrow \text{NaCl} + \text{H}_2\text{O} \qquad ⑤$$
$$\text{H}_3\text{PO}_4 + \text{NaOH} \rightarrow \text{NaH}_2\text{PO}_4 + \text{H}_2\text{O} \qquad ⑥$$
$$\text{NaH}_2\text{PO}_4 + \text{NaOH} \rightarrow \text{Na}_2\text{HPO}_4 + \text{H}_2\text{O} \qquad ⑦$$

⑥ や ⑦ に要した NaOH の量だけでは塩酸の量もリン酸の量も決まらないが，⑥ と ⑦ の滴下量の差からリン酸の量がわかる（滴下量の差を3倍した値がリン酸の量に相当）。その結果と，⑥ か ⑦ の滴下量（絶対値）から，残っていた塩酸の量も計算できる。

以上のことは，次頁のように図示すればわかりやすい。

塩酸の物質収支を考えると

$$a = b + 2c + 2d + 2e$$

が成り立つから，b 以外の値を求めて b の値を出す。係数に注意すればむずかしくない。

問1〜問6は，具体的な実験結果をもとに答える。

問7. リン酸水素イオンやリン酸二水素イオンと Ca^{2+} が結合し，水素イオンを放出する反応。下記のどれかを書けばよい。

$$\text{Ca}^{2+} + \text{H}_2\text{PO}_4^- \rightarrow \text{CaHPO}_4 + \text{H}^+$$
$$3\text{Ca}^{2+} + 2\text{HPO}_4^{2-} \rightarrow \text{Ca}_3(\text{PO}_4)_2 + 2\text{H}^+$$

問8. 表中に記入する記号は次のようになる。

段階1	−	+
段階2	0	0
段階3	−	−
段階4	+	−
段階5	0	−
段階6	−	+

この実験課題は，実験精度を重視して採点された。滴下量は 0.01 mL 単位の記録を要求され，真値との差が 0.1 mL 以内なら満点。0.25 mL 以内なら誤差に応じて配点され，0.25 mL を超えたら 0 点だった。

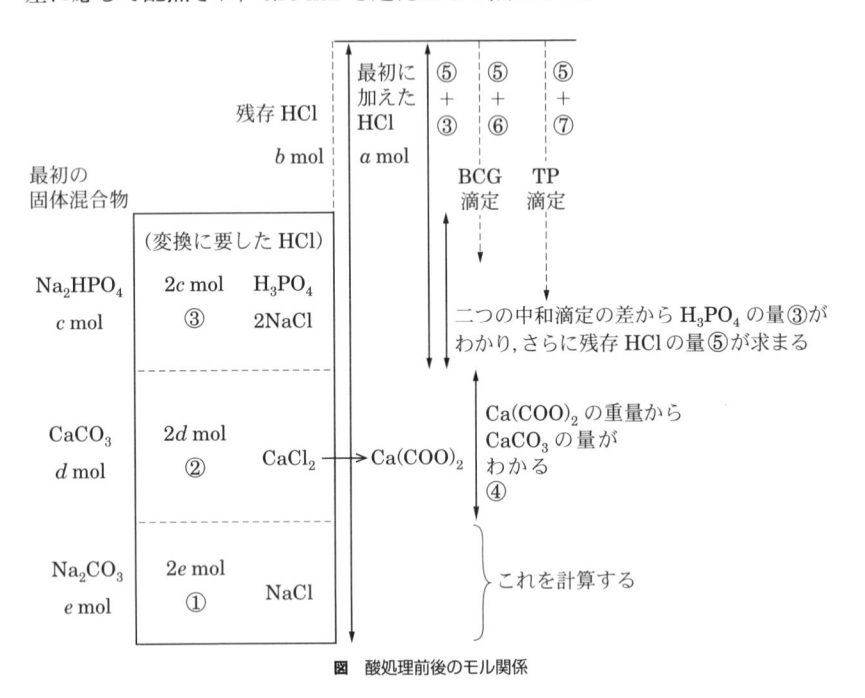

図 酸処理前後のモル関係

段階それぞれの精度が最終結果にどう影響するか(追加問題の**問 8**)は，上図のような整理をすればつかみやすい。

本実験はかなり高度なスキルを要求する。しかし滴定実験は頻出だから，さまざまな中和(ないし酸化還元)系や指示薬を使う実験を繰り返し，勘を養っておきたい。なお，同様の実験問題が 2002 年の化学グランプリ二次試験に出ているので参考にしよう。

4.6 無機定量分析の実験課題

8 目視による比色分析を使う Fe^{2+} と Fe^{3+} の定量 (2010 年大会。課題 2)

磁鉄鉱(マグネタイト)を溶かした水溶液の模倣品となる「サンプル溶液」(ラ

ベル：Sample solution) 中の Fe^{2+} と Fe^{3+} を定量する。

Fe^{2+} に 2,2′-ビピリジン (bpy) が配位すると，鮮赤色の $Fe(bpy)_3^{2+}$ 錯体になる。その呈色反応を使い，目視による定量比色分析を行う。$Fe(bpy)_3^{2+}$ 錯体の量はネスラー比色管(高さ目盛入り蓋つき平底試験管)を利用して定量する。

分光光度計の普及前に使われた簡単な手法だが，±5% 以内の精度を示す。操作には2本のネスラー比色管を使う。1本には標準用の参照溶液を，別の1本には測定対象となる溶液(測定対象溶液)を入れる。両溶液の色が同じ濃さになるよう，測定対象溶液の高さを調節する。両溶液の色が同じ濃さに見えるとき，ランベルト-ベールの法則を念頭に，参照溶液の濃度と液柱2本の高さから，測定対象溶液の濃度を見積もれる。

ランベルト-ベールの法則は，A を吸光度，c をモル濃度，l を光路長，ε をモル吸光係数とした次式に書ける。

$$A = \varepsilon c l$$

操作のやりかたを習得するため，まず**測定A**と**B**を行う。次に**測定C**と**D**を行い，Fe^{2+} と Fe^{3+} の濃度を求める。

[実験手順]

① それぞれ適切なピペットを使い，酢酸緩衝液 5 mL，リン酸水素二ナトリウム水溶液(Fe^{3+} が検出されないようにする) 5 mL，2,2′-ビピリジン溶液 5 mL，試料溶液 10.00 mL を 50 mL メスフラスコに入れる。標線まで水を加えて希釈する。メスフラスコに栓をし，溶液をよく混ぜる。完全に呈色するまで20分以上は置く。この溶液を「試料1」という。

② 酢酸緩衝液 5 mL，2,2′-ビピリジン水溶液 5 mL，サンプル溶液 5.00 mL を 50 mL メスフラスコに入れる。次に，Fe^{3+} を Fe^{2+} に還元するチオグリコール酸ナトリウム粉末 20 mg(過剰量)を加える。標線まで水を加えて希釈し，メスフラスコに栓をして溶液をよく混ぜる。完全に呈色するまで20分以上は置く。この溶液を「試料2」という。

③ 下記の説明に従い，目視による比色分析の**測定A～D**を行う。

[目視による比色分析測定の説明]

LED光源(袋に入れたままで使う)の上に置いたネスラー比色管立てに，一組のネスラー比色管を置く。次に光源を点灯させる(p. 222 の図参照)。一方のネスラー比色管に，用意してある「標準 $Fe(bpy)_3^{2+}$ 溶液1」(ラベル：Standard

Fe(bpy)$_3^{2+}$ solution 1)を，底からの高さが適切な値(70〜90 mm)となるように入れる(ネスラー比色管に刻まれた目盛が底からの高さを示す)。その溶液を**測定A〜D**用の参照溶液とする。

　他方のネスラー比色管に測定対象溶液を入れ，真上から両方の溶液を通してLED光源を見ながら，色の濃さを比べる。駒込ピペットで溶液を加えるか除くかし，測定対象溶液の液柱の高さを調節して，測定対象溶液の色の濃さが参照溶液と同じになるようにする。目盛は1 mmまで読む。色の濃さの差は，一定範囲以上でしか識別できないことに注意しよう。測定対象溶液の適切な高さhは，その範囲を考えて決める。たとえば，測定対象溶液を加えていくだけ(または除いていくだけ)で液柱の高さを決めると，真の高さより小さすぎる(または大きすぎる)値が得られてしまう。真の値を求めるには，下限値と上限値の平均をとるのがよい。

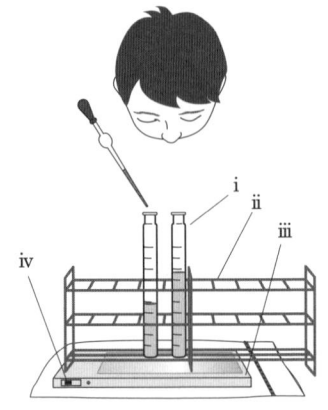

図 目視による比色分析の操作。i：ネスラー比色管，ii：ネスラー比色管立て，iii：ジッパーつきビニル袋に入れたLED光源，iv：電源スイッチ

[測定A] 参照溶液と測定対象溶液の両方を標準Fe(bpy)$_3^{2+}$溶液1として測定を行う。まず，一方のネスラー比色管に，適切な高さとなるよう参照溶液を入れる。続いて，他方のネスラー比色管に測定対象溶液を入れ，両方の溶液の色の濃さが同じになるようにする(濃さが一致したとき，原理的には両者の液柱の高さがそろう)。さらに，両方の溶液の色の濃さに差がついたと見えるところまで，測定対象溶液を加えていく。色の濃さが参照溶液と同じに見えるときの液柱の高さの下限値と上限値を記録せよ。

（1） **測定 A** の結果を，解答用紙の表に記入せよ。

[**測定 B**] 測定対象溶液に「標準 Fe(bpy)$_3^{2+}$ 溶液 2」(ラベル：Standard Fe(bpy)$_3^{2+}$ solution 2)を，参照溶液に「標準 Fe(bpy)$_3^{2+}$ 溶液 1」を使って測定を行え(**測定 C，D** も同様)。

（2） **測定 B** の結果を，解答用紙の表に記入せよ。

[**測定 C**] 試料 1 の測定を行え。

（3） **測定 C** の結果を，解答用紙の表に記入せよ。

[**測定 D**] 試料 2 の測定を行え。

（4） **測定 D** の結果を，解答用紙の表に記入せよ。

（5） 参照溶液の濃度を c'，液柱の高さを h' とし，測定対象溶液の濃度を c，液柱の高さを h とする。c'，h'，h を用いて c を表せ。

（6） サンプル溶液中の Fe^{2+} と Fe^{3+} の濃度を $mg\,L^{-1}$ 単位で求めよ。

解　説

ふつうは機器測定を使う分光定量分析につき，濃さを目視で判定させ，ランベルト－ベールの法則を別の角度から眺めさせる課題。酸化還元により吸収ピーク波長が変わる現象を使い，試料が含む Fe^{2+} と Fe^{3+} の量を視覚的に決める。実験の流れをつかみ，落ち着いて操作を進めれば結果が出せる良問だろう。日本の高校の実験室でも再現できると思える。

補足　実験課題の傾向と対策

2012 年大会まで数年間の傾向として，環境負荷の低減に配慮した実験や，追加試薬の要求に対するペナルティーの廃止などがある。具体例をもとに，そのあらましを付記しておきたい。

有機溶剤を使わない有機合成(2009 年大会。課題 1) 昨今，環境負荷の小さい化学プロセスの重要性が強調され，化学界もその方向に努力してきた。本実験も「環境負荷低減」の趣旨に合わせたものだろう。

2 種の有機固体(ケトンとアルデヒド)を混ぜると液体になる。固体の水酸化ナトリウムを入れてかき混ぜると反応が起き，固体化する。以後，塩酸を使う洗浄，吸引ろ過，乾燥，再結晶，……と通常の有機反応操作を行い，実験者は化学オリンピックではもう常識の TLC と粗収量で結果を評価し，主催

側は乾燥収量とNMR，TLCで評価する。純度と収量が得点のポイントだ。

交差アルドール反応と続く脱水反応を扱い，生成物の立体化学を考えさせるなど高度な素材だが，内容をきちんとつかみ，溶液内反応の操作と比べながら合成を仕上げる総合力が求められる。

重原子効果：アセトンと重アセトンのヨウ素化反応の速度（2012年大会。課題1）
アセトンのヨウ素化反応速度を調べて，重原子効果を決める物理化学の課題。原料の重水素化化合物は高価なため高校化学の教材にはなりにくいけれど，文章上で疑似体験する課題としては有意義だろう。

化学オリンピックでは，実験課題の最中に追加の試薬や器具を要求し，提供を受けてもペナルティーはない（ただし1度目だけ。2度目からはペナルティーを課す）。本課題はその特例となり，重アセトンの追加だけには1度目からペナルティーが課された。

化学オリンピック
に参加しよう！

LET'S CHALLENGE THE INTERNATIONAL
CHEMISTRY OLYMPIAD!

1 化学オリンピックの歴史

　化学オリンピックは，1968年にチェコスロバキア，ハンガリー，ポーランドの3ヶ国(生徒12名)がプラハで開いて以降，1971年を除き毎年開催されている。第11回までは旧東欧諸国だけが開いたため「東側」の学力コンテストという色合いが濃かったけれど，第6回(1974年)に「西側」初のスウェーデンが加わり，第12回がオーストリアで開かれるなど，西欧諸国や米国・カナダ，さらには中国やシンガポールなどのアジア諸国へも拡大した。参加国数と代表生徒数の推移を図1に示す。いまや70以上の国・地域から300名近い生徒が参加する文字どおりの国際大会だ。

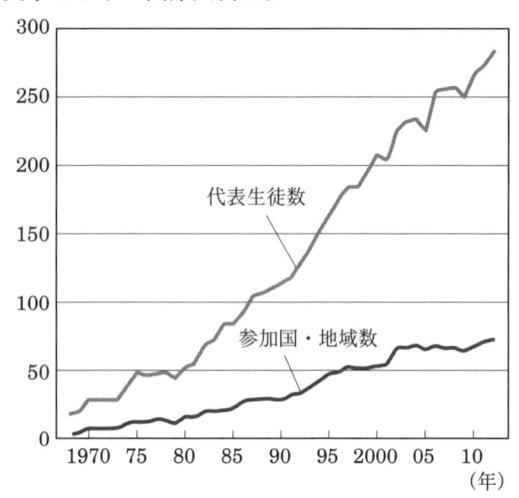

図1. 化学オリンピックの代表生徒数と参加国・地域数

　第44回米国大会(2012年)までの開催地は，ヨーロッパ33回，アジア7回，北米3回，オセアニア(オーストラリア)1回。ヨーロッパでの開催が多く，うち21回までが旧東欧諸国だった。アジア開催は，総数こそ少ないものの中国(北京，第27回，1995年)，タイ(バンコク，第31回)，インド(ムンバイ，第33回)，台湾(台北，第37回)，韓国(慶山，第38回)，そして日本(東京，第42回)，トルコ(アンカラ，第43回)と，最近はラッシュの感がある。なお2013年の第45回大会は7月14～23日にロシア(モスクワ)で，2014年の第46回大会もベトナムでの開催が決まっている。

2 化学オリンピックの実施形態

　化学オリンピックに参加できるのは，「20歳以下の高校生」と決められている（5参照）。代表生徒は各国4名まで，メンターと呼ばれる引率者は2名以内が登録でき，その6名が各国の標準的参加人数になる。必要ならもう1名か2名を「オブザーバー」として追加可能。オブザーバーは問題の検討や採点，得点調整の討議に参加できても，投票権はない。引率者をもっと増やしたい場合は「ゲスト」の扱いになる。

　大会は毎年7月に開かれ，会期はふつう10日間。例として2010年に日本で開催された第42回大会の日程を表1にあげた（p.228参照）。表を見ながら，行ったつもりになって流れをみよう。

　まず会場の最寄り空港などに着くと，各国チーム専属の「ガイド」が出迎えてくれる。ガイドは会期中つきっきりで各国生徒の世話をする。可能であればその国の言葉を話せる語学系学科の学生や留学生，そして次善の策としては英語を話せるガイドがつく。

　ガイドに連れられて移動し，参加登録や宿のチェックインなど手続きをすませたあと歓迎パーティに出る。翌日は午前中から開会式。ここまでは代表生徒もメンターも一緒だが，以後メンターは実験会場のチェックや問題内容の検討，翻訳，採点にあたるため，両者は完全隔離されてそれぞれの日程をこなす。宿舎もふつうは数十kmほど離してある。日本大会では生徒は代々木の国立オリンピック記念青少年総合センターに，引率者は幕張市の海外職業訓練協力センターに泊まった。また会期中は生徒たちの携帯電話も一時没収するなど「情報統制」が敷かれる。

　肝心の試験は，戦略篇にも述べたとおり，5時間ずつの実験試験と筆記試験がそれぞれ4日目と6日目にある（日本大会では実験試験を早稲田大学の西早稲田キャンパス，筆記試験を東京大学の駒場キャンパスで行った）。長丁場だから飲み物などを用意した休憩室もあるけれど，参加した生徒たちに聞くと，無我夢中であっという間に過ぎるという。

　会期中，生徒と引率者の忙しさは「オモテ・ウラ」の関係になる。「ウラ」つまり自由時間には主催国が「エクスカーション」という行事を用意する。歴史遺産の見学や伝統芸能の体験など文化的なもの，博物館の見学や研究機

表1 2010年日本大会の日程

日時		代表生徒	メンター・オブザーバー
7月19日(月)		到着, 登録, 歓迎パーティ	
7月20日(火)	午前	開会式(代々木・オリンピックセンター)	
	午後	観光(都内)	実験会場チェック
	夜	自由時間	実験問題検討会
7月21日(水)	午前	エクスカーション (鎌倉)	実験問題の翻訳
	午後		
	夜		
7月22日(木)	午前	安全講習	観光(都内)
	午後	実験試験 (早大・西早稲田)	筆記問題検討会
	夜	自由時間	
7月23日(金)	午前	レクリエーション (日本文化体験・ 博物館)	筆記問題翻訳
	午後		
	夜		
7月24日(土)	午前	筆記試験 (東大・駒場)	エクスカーション(鎌倉)
	午後	自由時間	
	夜	再会パーティ(横浜)	
7月25日(日)	午前	レクリエーション (スポーツ・日本 文化体験)	採点
	午後		エクスカーション(千葉)
	夜		運営会議
7月26日(月)	午前	エクスカーション (日光)	得点調整
	午後		自由時間
	夜		メダル授与判定会
7月27日(火)	午前	自由時間	
	午後	閉会式・表彰式(早大・大隈講堂)	
	夜	お別れパーティ	
7月28日(水)		出発	

関の訪問など学術的なもの，さらにスポーツやオリエンテーリングなどレクリエーション的なものまでさまざまだ。日本大会では，日光，鎌倉や浅草へのエクスカーションや，折り紙や書道，柔道の体験などを行った。生徒たちはずっと同じ宿舎に泊まるため，試験やエクスカーションなど行事の合間をぬった自由時間に，他国の仲間とじっくり交流できる。こうした交流の意義はたいへん大きいが，共通語は英語になるから，試験そのものは母語で受けても，適度な英語力をつけているほうがよい。流暢には話せなくても，身振り手振りで言いたいことが伝われば十分だけれど。

生徒たちが羽を伸ばしているとき，メンターたちは問題の翻訳や採点に苦しむ。採点の場合，主催者側がまず全員の採点をしたあと，メンター側が行った自国生徒の採点結果をつき合わせて最終得点を決める(arbitration＝得点調整)。自国生徒に主催者が低い点をつけた場合，メンターは自らの採点の正当性を主張して加点交渉をする(その逆なら黙っているのがふつう)。

実験・筆記とも終わった夕刻，代表生徒とメンターはいっとき再び合流する。それを再会パーティ(Reunion Party または Gala Night)という。以後，最終判定会議を経た確定成績を閉会式で発表し，成績優秀者を表彰する。上位ほぼ10%が金メダル，次の20%が銀メダル，次の30%が銅メダルをもらい，ほかに敢闘賞(惜しくも銅メダルに届かなかった10名程度)もある。なお表彰は個人単位とし，国別の合計点を競う「団体戦」ではない。その基本方針は，第1回に決まってからずっと保たれている。

数百人の生徒＋引率者が盛りだくさんの10日間を過ごす大会の財政面にも少し触れておこう。参加国が主催国に払う登録費は，代表生徒4名とメンター2名分で数百ドル(参加経過年数に100ドルをかけた額)になる。つまり初参加時は100ドル，翌年は200ドル……と年々増え(上限は1000ドル)，自国開催の翌年は100ドルに戻る。参加費を多少の助けにして主催国は，全参加者の入国から会期終了までに必要な経費をすべて負担しなければいけない。宿泊や移動，食事，試験，行事(開会式，閉会式，エクスカーション)にかかる総額は「億円」の桁となる。また，作題や300名近い規模の実験，ガイドや移動手段・宿泊施設の手配，開会式，閉会式やエクスカーションなど行事の企画運営には，膨大なスタッフと，仕事を円滑に進める体制づくりも要する。2010年の日本大会では，開催に向けて数年前から準備を進め，実施に至った。その状況な

どを次節で紹介したい。

3 日本の取り組み

　旧東欧諸国が始めた化学オリンピックも十余年のうちに参加国が増え，国際大会として認知されるようになった。1980年代の末には，日本も参加すべきとの機運が日本化学会に生まれた。オリンピック規則によると，新参加を希望する国は，2年続けて大会にオブザーバーを派遣し，3年目から生徒を派遣できる。そこで日本化学会は1988年のフィンランド・ヘルシンキ大会と翌89年の旧東独・ハレ大会にオブザーバーを派遣し，参加はたいへん有意義だとの帰国報告を受けた。しかし当時の国内には，代表生徒の選抜やトレーニングの実施，財政的支援体制が整っていなかったこともあり，参加は見送られることとなった。

　一方で1993年から，化学系4団体が化学の普及・啓発を目的に始めた「夢・化学—21」活動の一環として，高校生にオリンピックレベルの問題を課して力試しをさせる「全国高校化学グランプリ」が企画・実施された(くわしくは次節)。それを通じて代表選抜などの環境も徐々に整ったため，2000年には日本化学会・化学教育協議会に化学オリンピックWGをつくり，参加をにらんだ体制づくりが進んだ。正式参加には2年間のオブザーバー派遣を要するが(上記)，80年代末の派遣2回分が評価され，2002年第34回大会(オランダ・フローニンゲン)へのオブザーバー派遣を経て，翌年の第35回大会(ギリシア・アテネ)から正式参加できた。

　日本代表生徒の成績を表2にまとめてある。2012年まで10回参加しているが，全員がなんらかの賞をもらっている。その点は大健闘といえるけれど，有力国(中国，韓国などアジアが多い)は，4名全員が金メダルをとって当然という状況にある。米国代表などにもアジア系の生徒が多い。

　いったん参加を果たしたからには，いずれ主催が回ってくる。上記のとおり主催には，財政面や運営面も含めてそうとうの準備を要する。そのため米国や中国といった大国も大会の主催は，初参加後10年くらい経ってからというケースが多い。日本国内の関連委員会などでも，さまざまな立場からの議論が行われた。

表2 日本代表生徒の成績

回数	会期	開催国	開催地	成績
第35回	2003.7.5-14	ギリシア	アテネ	銅メダル2, 敢闘賞2
第36回	2004.7.18-27	ドイツ	キール	金メダル1, 銅メダル3
第37回	2005.7.16-25	台湾	台北	銀メダル1, 銅メダル3
第38回	2006.7.2-11	韓国	慶山	金メダル1, 銀メダル3
第39回	2007.7.15-24	ロシア	モスクワ	銅メダル4
第40回	2008.7.12-21	ハンガリー	ブダペスト	銅メダル4
第41回	2009.7.18-27	イギリス	ケンブリッジ	金メダル2, 銀メダル1, 銅メダル1
第42回	2010.7.19-28	日本	東京	金メダル2, 銀メダル2
第43回	2011.7.09-18	トルコ	アンカラ	金メダル1, 銀メダル3
第44回	2012.7.21-30	米国	ワシントンD.C.	金メダル2, 銀メダル2

　財政面をいうと，グランプリは「夢・化学21」事業を通じ日本化学工業協会の支援を受けていたが，科学技術の振興，とりわけ若者の理科教育振興という政策方針のもと，文部科学省や科学技術振興機構(JST)なども支援プログラムを創設し，化学を含む科学オリンピック全体を支援する機運が生まれた。それを踏まえ，国際大会誘致のためのWGが実務担当者を中心に組織されて具体的検討が始まり，2005年12月の化学オリンピック運営委員会(韓国

図2. 日本大会に参加した各国の代表生徒(2010年7月25日)

開催)で2010年の日本主催が正式承認された。主催準備を担う日本委員会は2007年に設置され，全体を仕切る組織委員会(野依良治委員長)と，実務を担当する実行委員会，科学委員会(作題や試験実施・採点を担当)，財務委員会，募金委員会が設置された。また，政府の主導で2007年に日本科学オリンピック推進委員会(JSOC)も設立され，科学オリンピック全体への支援体制も整備が進んだ。そして2010年の7月19日から，上述のような日程で68か国から267名の代表生徒を集めて成功裡に開催された(図2)。

4 グランプリと化学オリンピック代表選抜

　全国高校化学グランプリ(以下「グランプリ」)について紹介しよう。グランプリは1998年に関東地区と東北地区で試行され(131名参加)，翌年から全国規模の行事となった。一次選考(筆記試験)の会場数と参加生徒数の推移を図3と図4に示す。いまや3000名を超す生徒が参加し，2012年は一次選考参加者が3202名，二次選考(実験試験)進出者が83名にのぼり，最終成績の上位から大賞5名，金賞15名，銀賞20名，銅賞43名を表彰した。賞に応じてノートパソコンや図書券などの副賞もある。

　グランプリは毎年4～6月に参加を受けつけ，7月の「海の日」に筆記試験を行い，上位者が二次選考に進む。二次選考は全国からの参加者を集め，8月に泊まりがけで行う。期間中は試験のほか特別講演やレクリエーションなどもあるため，ちょっとしたオリンピック気分が味わえる。なおグランプリの参加費は無料で，一次選考では交通費を自己負担してもらうが，二次選考進出者には旅費・交通費と宿泊費も運営側が負担する。

　オリンピック代表はグランプリの成績上位者から選ぶ。2003年の初参加時だけは，諸般の状況を考えて例外的に，グランプリ参加生徒の成績上位4名の合計点が高い高校から4名を選んだものの，翌年からは個人ベースにした。また2004年と05年は代表4名だけを選んだが，06年以降はグランプリの成績上位者を「候補者」とし，2回の選抜を経て翌年春までに4名に絞る3段階選抜方式をとっている。2013年のロシア大会に向けては，2012年のグランプリ参加者3202名のうち1・2年生の成績上位20名程度を中心に，日本化学会の支部からの推薦者も加えて代表候補を選定する。選ばれた生徒たち

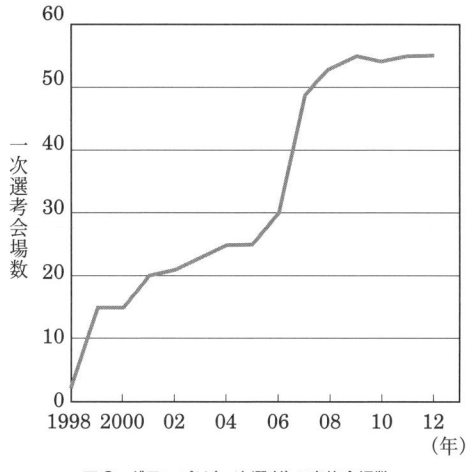

図3. グランプリ(一次選考)の実施会場数

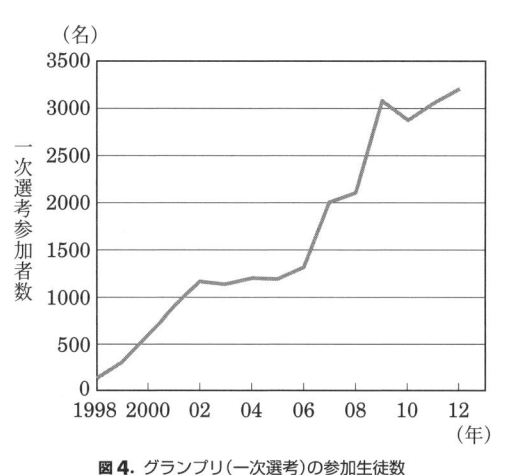

図4. グランプリ(一次選考)の参加生徒数

はさらに学習を重ねて力をつけ，3月の最終選考合宿に臨むことになる。

　代表選抜のための最終選考合宿の日程の例を**表3**に示す。ぎっしり詰まったスケジュールの中にも，エクスカーションなどの行事が用意されている。

　オリンピックへの第一関門となるグランプリに参加する生徒諸君は，全員がオリンピックを目指す必要はない。各自のペースで，化学のほんとうのおもしろさを知るため，ぜひグランプリを活用してほしい。

表3 日本代表最終選考合宿日程の例

	1日目	2日目	3日目
7:00		7:00～8:00 朝食	7:00～8:00 朝食
8:00			
9:00		8:50～10:20 講義3：分析化学	9:00～ エクスカーション
10:00			
11:00		10:30～12:00 講義4：無機化学	
12:00	12:30～　受付	12:00～12:45 昼食	12:00～13:00 昼食
13:00	13:00　集合 オリエンテーション	13:00～18:00 選抜試験	13:00～14:00 講演
14:00	14:00～15:30 講義1：物理化学		14:00　結果発表
15:00			解散
16:00	15:45～17:15 講義2：有機化学		
17:00			
18:00	18:00～19:00 夕食	18:00～ 懇親会	
19:00	19:00～ 自由質問時間		
20:00			
21:00			

5　国際化学オリンピック規則

　化学オリンピックの運営は，いわば「憲法」とみてよい「国際化学オリンピック規則」に従って進む．2008年7月18日改訂の最新版につき，要点を以下に抜粋してまとめた．

第1条 目 的

IChO (International Chemistry Olympiad) の大会では，中等学校（以下「高校」）の生徒が化学の実力を競い，諸国の生徒と交流する。独創性を発揮しつつ問題に挑戦する生徒が，実力の向上に役立てるほか，世界の仲間たちとつくる友好・協力関係を通じて国際理解の増進につなげることも目的とする。

大会の開催

第2条 主催と参加
(毎年7月に開催，新規参加時のオブザーバー参加の規定など)

第3条 参加国の代表団

参加国の代表団は，原則として生徒4名と引率者 (メンター mentor) 2名からなる。オブザーバー (scientific observer) 2名を加えてもよい。

生徒は大学生であってはならず，化学専門校でない高校の生徒にかぎる。開催年の5月1日以前に卒業した生徒の参加可否は，主催国に卒業年月を伝えて判断を仰ぐ。また生徒は，開催年の7月1日時点で20歳未満とする。

生徒は参加国の旅券を有する者か，同国の高校に1年以上在籍した者でなければならない。

(以下，メンター，オブザーバー等についての規定)

第4条 主催国の任務
(日程の確定や運営に関する内容など)

第5条 経費の負担
(参加国と主催国の経費分担など)

運営組織

第6条 国際審議会 (International Jury)
(全体の運営に関わる国際審議会の構成や議決の方法など)

第7条 国際審議会の任務
(国際審議会の任務や守秘義務など)

第8条 運営委員会 (Steering Committee)
(運営委員会の構成や進め方など)

第9条 国際情報センター

IChO の第1回 (1968年) 以降の情報を収集し，要請があれば提供する国際情報センターの事務局をスロバキア国ブラチスラバ市に置く。

試験の実施

第10条 準備問題と本試験

　主催国は開催年の1月に，英語版の準備問題一式を全参加国に送る。準備問題は，本試験問題の内容と難易度を，安全面(第12条と付録B)も含めて伝える役割をもつ。準備問題には可能なかぎり SI(国際単位系)を使う。

　準備問題の筆記問題は 25 問以上，実験問題は 5 課題以上とする。

　参加生徒の全員が既習と考えてよい化学の概念と実験技術を付録 C にまとめた(本書・戦略篇参照)。付録 C の枠内であれば，本試験の筆記問題も実験問題も自由に作成してよい。

　主催国は，付録 C の範囲外となる 6 分野以内の筆記問題，2 分野以内の実験問題を本試験の出題に含めてよい。そのとき準備問題には，各分野の問題 2 題以上を含めたうえ，必要な実験スキルも盛りこむ。そうした「枠外分野」の例も付録 C にあげた。例に記載されていない分野をとり上げる場合は，その分野が記載例と同程度の範囲になるようにする。準備問題に枠外の設問を含める場合は，各設問の冒頭に分野名を明記する。付録 C に記載がない分野の理論式が解答に必要なら，その式を試験問題の本文に記す。

　付録 D には，参加生徒の全員が既習と考えてよい化学知識をあげた(本書・戦略篇参照)。これ以上の知識が必要な問題には，その知識を本試験の問題文中に記載するか，準備問題の本文および解答中に明記する。

　派遣前の訓練や特別教育は，代表となる生徒 4 名を含めた 50 名以下を対象に，2 週間以内で行うものとする。

第11条 本試験の実施要領

　IChO の試験は次の 2 種類とする。
　a) 第一部：実験試験
　b) 第二部：筆記試験

　実験試験も筆記試験も 4～5 時間で行い，両者間には 1 日以上を空ける。

　生徒は希望する言語の問題を受けとり，その言語で解答してよい。

　メンターは，問題案の受領後に生徒と接触してはならない。試験前も試験中も，試験問題に関する情報はいかなる形でも生徒に伝えてはならない。

　主催国が解答用に渡す電卓は，プログラム機能がないものとする。

　主催国は参加生徒の全員に安全指針を伝えて守らせる。

　第 3 条②，第 10 条⑤，第 11 条④-⑥に反する行為があった場合は，解答の全部ないし一部を無効とする。

第12条 安全への配慮
(実験試験でのゴーグル着用，試薬の扱いなど)

第13条 本試験問題の作成要領と確定手続き
(主催国が問題を作成する際の要領や内容の確定手続きなど)

第14条 採点

筆記試験は 60 点満点，実験試験は 40 点満点(計 100 点満点)で評価する。

答案は出題者と各国メンターが独立に採点する。ある解答ミスが，続く設問の解答ミスを誘っている場合，二重に減点されることがないよう採点する。出題者がまず採点結果を示し，次に各国メンターが採点する。両方の結果をつき合わせる協議(arbitration)のあと最終評価に合意する。主催国は採点答案の原本を保存しなければならない。

採点結果は国際審議会の議に付し，最終成績を確定する。

起こりうる採点ミスについての疑念を払拭するため，閉会式に先立って主催国は，生徒の総合点リストを各国メンターに手渡す。

第15条 最終成績の確定と表彰

最終成績と授与メダル数は国際審議会で議決する。

生徒総数の 8〜12% に金メダル，18〜22% に銀メダル，28〜32% に銅メダルを与える。

授与メダル数は，生徒を特定できない成績表(グラフ)を全員が閲覧したうえで決める。

メダリストは主催国からメダルと賞状を受けとる。

メダル授与のほかに付加的な賞を設けてもよい。

メダリストを除く生徒の上位 10% に選外賞(敢闘賞)(honorable mention)を与える。

参加生徒の全員に参加証明書を与える。

メダリスト以外を表彰する際は，名前(姓)のアルファベット順にコールする。

総合成績の国別順位は発表しない。

主催国は，報告書に最終成績表を添付する。

第16条 付 則

(発効日など)

6 まとめ

化学オリンピックのあらましを，「国体」にあたる化学グランプリも含めて紹介した。末尾で紹介した「国際化学オリンピック規則」も含め，オリンピックやグランプリのデータや最新情報は，日本化学会のホームページ(http://icho.csj.jp, http://gp.csj.jp)に載せてあり，いずれも定期的にアップデートされている。また，2010 年の日本大会の開催記録については，化学オリンピック日本委員会のホームページ(http://www.icho2010.org)に情報がある。ぜひ訪問してほしい。

完全攻略 化学オリンピック 第2版
かんぜんこうりゃく かがく

発 行 日	2009 年 4 月 10 日　第 1 版第 1 刷発行
	2013 年 2 月 25 日　第 2 版第 1 刷発行
編 著 者	渡辺 正
著　　者	上野幸彦・菅原義之・本間敬之・森 敦紀・米澤宣行
発 行 者	串崎 浩
発 行 所	株式会社 日本評論社
	170-8474　東京都豊島区南大塚 3-12-4
電　　話	03-3987-8621（販売）　03-3987-8599（編集）
印　　刷	精興社
製　　本	難波製本
ブックデザイン	Malpu Design

© Tadashi Watanabe *et al.* 2013
Printed in Japan
ISBN978-4-535-78704-9

JCOPY

〈(社) 出版者著作権管理機構 委託出版物〉
本書の無断複写は著作権法上での例外を除き禁じられています。
複写される場合は,そのつど事前に, (社) 出版者著作権管理機構
（電話 03-3513-6969, FAX 03-3513-6979, e-mail: info@jcopy.or.jp）
の許諾を得てください。また,本書を代行業者等の第三者に依頼して
スキャニング等の行為によりデジタル化することは,
個人の家庭内の利用であっても,一切認められておりません。

完全攻略 数学オリンピック［増補版］

秋山 仁＋ピーター・フランクル／共著

数学オリンピック対策の定番。視覚化、対称性、場合分けなどのIMOの問題以外にも有力な戦略篇、分野別に問題を整理した実践篇に、演習篇（1日3題からなる模擬試験）と基礎知識をまとめた知識篇を増補。

◆ISBN978-4-535-78320-1／A5判／定価2310円（税込）

数学オリンピック 2008-2012

数学オリンピック財団／監修

2012年アルゼンチン大会までのIMOと日本予選・本選の問題と解答、アジア太平洋数学オリンピック2012年の問題と解答をすべて収録。

◆ISBN978-4-535-78699-8／A5判／定価2310円（税込）

高校で教わりたかった化学

渡辺 正・北條博彦／著

化学は暗記科目と誤解されているが、物質の性質や変化の「なぜ？」をつかむだけで十分。「なるほど！」と思えるように、化学のしくみがわかる。（シリーズ 大人のための科学）

◆ISBN978-4-535-60030-0／A5判／定価1995円（税込）

日本評論社　　http://www.nippyo.co.jp/